崩岗区土壤系统退化特征及防控技术效益评价

王军光 著

中国农业出版社

北 京

图书在版编目（CIP）数据

崩岗区土壤系统退化特征及防控技术效益评价／王
军光著 . —北京：中国农业出版社，2022.12
ISBN 978-7-109-29826-2

Ⅰ．①崩… Ⅱ．①王… Ⅲ．①崩岗－土壤退化－研究
Ⅳ．①S158.1

中国版本图书馆 CIP 数据核字（2022）第 146844 号

崩岗区土壤系统退化特征及防控技术效益评价
BENGGANGQU TURANG XITONG TUIHUA TEZHENG JI FANGKONG JISHU XIAOYI PINGJIA

中国农业出版社出版
地址：北京市朝阳区麦子店街 18 号楼
邮编：100125
责任编辑：魏兆猛　　文字编辑：张田萌
版式设计：杨　婧　　责任校对：张雯婷
印刷：北京大汉方圆数字文化传媒有限公司
版次：2022 年 12 月第 1 版
印次：2022 年 12 月北京第 1 次印刷
发行：新华书店北京发行所
开本：700mm×1000mm　1/16
印张：14.5
字数：265 千字
定价：60.00 元

崩岗作为我国南方热带和亚热带丘陵区一种特殊的土壤侵蚀地貌，是在水力和重力共同作用下山坡土体受破坏而崩塌和冲刷的侵蚀现象，长期以来一直受到学者们的高度关注。典型的崩岗主要分布在南方花岗岩母质发育的红壤地区，其他母质类型发育较少，其分布大致上自东南向西北方向逐渐减少，主要包括广东、福建、江西、广西、湖北、湖南和安徽共7个省（自治区）。南方红壤区大、中、小型崩岗数量总计约达到了24万个，崩岗防治总面积2 436 km²，且88.9%属于活动型崩岗。崩岗侵蚀发展迅速，严重威胁着南方丘陵区的生态安全、人居安全、粮食安全、国土安全，认识崩岗侵蚀退化机理、界定主控环境因子、加快构建治理体系、制定适宜治理措施已成为我国南方丘陵区生态环境建设的重要内容之一。

本书从崩岗侵蚀退化特征与生态恢复框架构建入手，以典型崩岗侵蚀区小流域的典型样点为研究对象，基于大量的野外调查、原位试验、室内分析及人工模拟降雨试验，应用土壤科学、土壤侵蚀学、水土保持学、生态学、水文土壤学、水土保持工程学等学科理论和方法，较为系统地探讨了典型崩岗侵蚀区土壤系统退化特征，构建了防控技术的效益评估框架体系。基于上述研究内容，全书共分为九个章节。

第一章，综述了我国南方红壤区崩岗侵蚀的概况，具体从崩岗侵蚀面积及数量分布、崩岗侵蚀的形态与分类、崩岗侵蚀研究现状开展。其中，崩岗侵蚀研究现状涉及了崩岗侵蚀类型与过程研究、崩岗侵蚀成因及崩岗侵蚀治理三个方面。

第二章，介绍了典型崩岗侵蚀区土壤系统退化特征，重点探讨了典型崩岗侵蚀区不同发育阶段崩岗水分渗透特性、崩岗各部位土壤抗剪强度分布特征及崩岗区生态系统土壤质量状况。

第三章和第四章，详细分析了典型崩岗侵蚀区坡面侵蚀过程与机理和花岗岩红壤坡面细沟侵蚀形态演变与产沙机制，分别从土壤内因（土壤质地、土壤层次、不同区域的土壤）和侵蚀外因（径流冲刷、降雨动能、连续降雨、降雨＋径流）的角度系统研究了崩岗形成阶段花岗岩红壤坡面侵蚀演变动力机制。

第五章，介绍了基于崩岗形态参数的侵蚀强度评价，辨析了不同纬度带崩岗形态参数的分布特征和变化规律，选取了基于形态参数的侵蚀强度评价方法，并分析了不同纬度带不同类别的崩岗数量和面积的分布特征，揭示了不同纬度带崩岗侵蚀强度的差异性。

第六章，详细阐述了环境因素与崩岗侵蚀的关系，从气候、母质、地形、土壤植被和人为活动等内在和外在因素展开了广泛的探讨，明确了不同地理环境条件中崩岗侵蚀驱动的因素和引起侵蚀强度差异的主控因子。

第七章至第九章，介绍了典型崩岗治理区的生态恢复特征与效益评价。第七章，分析了三种不同治理模式崩岗（生态防护型、产业经济型及修复完善型）土壤质量的恢复情况，评价了不同治理模式崩岗的综合效益。第八章，基于崩岗侵蚀的典型特征与现有的崩岗治理体系，总结划分了三种典型的崩岗治理模式，并构建了三种治理模式的效益评价指标体系。第九章，进一步构建了三种不同治理模式崩岗的效益评价指标体系框架，涉及了土壤侵蚀模数、植被覆盖度、径流系数、土壤肥力指数、产投比、投资回收期、恩格尔系数、土地生产率等生态、社会和经济方面效益的有关指标，进行综合效益评价。

特别提及的是，本书研究过程中得到了华中农业大学蔡崇法教授、史志华教授、李朝霞教授、郭忠录教授、丁树文副教授的悉心指导，并且其参与了本研究中实验设计和部分试验工作；感谢研究生倪世民、邓羽松、文慧、冯舒悦、徐鑫所做的大量野外实验和室内分析及总结工作；同时，野外工作得到江西省赣县、湖北省通城县、广东省五华县及福建省长汀县水土保持相关部门的大力帮助与支持，在此表示衷心的感谢！

　　本书研究工作得到了国家重点研发计划项目（2017YFC0505404）和国家自然科学基金（41630858、41771304）资助，在此表示诚挚的感谢！

　　本书引用了相关资料，因篇幅有限，未能逐一列出，在此谨向其作者们表示深切的谢意。鉴于崩岗侵蚀过程与生态因子的复杂性及受作者知识水平的局限，书中难免有疏漏或不妥，敬请广大读者批评指正。

王军光

2022 年 1 月于武汉

第一章
崩岗侵蚀概况及研究现状

　　南方红壤区是我国水土流失的严重区域之一，其中花岗岩区面积在 20 万 km² 以上，崩岗侵蚀是危害最严重的土壤侵蚀地貌（图 1-1），长期以来一直受到学者们的高度关注。据已有的资料记载，新中国成立前 50 年就有崩岗发生，主要由山林遭受破坏、草木稀少、红土裸露造成（方华荣和郭廷辅，1965）。对于崩岗侵蚀的关注，可追溯到 20 世纪 40 年代，为防治土壤退化，福建省长汀县建立了水土保持观测机构——福建省研究院土壤保肥试验区（邓羽松，2018）。曾昭璇教授于 1960 年首次在其《地理学原理》一书中提出"崩岗"这一专业表述，指出其为花岗岩风化壳上形成的"崩口"地形，多数分布在低丘陵地区（曾昭璇，1960）。现今这一术语已广泛应用在土壤学、水土保持学、地理学等科学文献中，学者们普遍认为崩岗一词确切地描述了我国南方花岗岩红壤区的这种特殊侵蚀的特点。1996 年，许炯心等将这个土壤侵蚀现象介绍给国际同行（Xu，1996），并认为我国的崩岗侵蚀地貌与马达加斯加"lavaka"地貌相似。类似地貌在国外也有较多的报道，相关学者称之为崩坡（landslide 或 derrumbes）、崩沟（collapsed gully），也有人称之为劣地（badland）（Imeson et al.，1980；Bertolini et al.，2005；Costa et al.，2007；De et al.，2010；Derose，2015）。近几十年来，相关学者对于崩岗侵蚀的危害和机理开展广泛研究，完善了崩岗的相关定义，指出其是在水力和重力共同作用下，山坡土体受破坏而崩塌和冲刷的侵蚀现象（史德明，1984）。崩岗作为我国南方热带和亚热带丘陵区一种特殊的土壤侵蚀地貌，不等同于地质地貌中的切沟或是冲沟，其命名具有发生学和形态学上的双重意义，"崩"是指以崩塌作用作为主要的侵蚀方式和发展过程，"岗"是指发生这种侵蚀的原始丘陵地貌类型（史德明，1984；吴志峰等，1997）。崩岗侵蚀发展迅速，突发性强，侵蚀剧烈，危害严重，治理难度大，各级政府和人民群众均关注并企盼崩岗能得到有效治理。2005 年，水利部组织完成了南方崩岗调查；2009 年，水利部对《南方崩岗防治规划》（2008—2020 年）做了批复，崩岗的治理进入新的历史时期。

图 1-1　中国南方地区典型崩岗侵蚀地貌

第一节　崩岗侵蚀面积及数量分布

　　崩岗发生在华南地区并非偶然，因为崩岗侵蚀的发展与华南热带和亚热带地区的湿热气候密切相关。2005 年水利部组织南方红壤区各级水保部门开展的全国崩岗调查数据显示，这种特殊的侵蚀地貌主要分布在南方花岗岩母质发育的丘陵地区，其他母质类型发育较少。崩岗的分布广泛，发育程度大致上自东南向西北方向逐渐减弱，主要包括广东、福建、江西、广西、湖北、湖南和安徽共 7 个省（自治区）（冯明汉等，2009）。据相关学者调查研究，崩岗侵蚀大多数发生于海拔 200～500 m 的丘陵地区，海拔 500 m 以下的崩岗占崩岗总量的 95% 以上。从崩岗数量分布情况看，南方红壤区大、中、小型崩岗数量总计达到了 239 125 个，崩岗侵蚀沟总面积为 1 220.05 km²，崩岗防治总面积 2 436 km²，且 88.9% 属于活动型崩岗，治理难度大（水利部，2011）。其中，崩岗数量最多以及面积最大的均为广东省，其崩岗面积占总防治面积的 67.8%，崩岗分布数量占全国总数的 45.1%；其次为江西省（分布数量 20.1%）、广西壮族自治区（11.6%）、福建省（10.9%）、湖南省（10.8%）、湖北省（1.0%）及安徽省（0.5%）。

　　崩岗侵蚀威胁着丘陵区的生态安全、人居安全、粮食安全、国土安全。由于南方红壤区风化母质残积物深厚，其土体抗侵蚀能力弱，加上地势较陡、降雨量大以及人为植被破坏的诱导，崩岗发展速度快，突发性强（梁音等，2009）。崩岗在水土流失面积中所占的比例虽然不大，但产沙量和危害程度远大于面蚀和沟蚀,崩岗侵蚀最显著的危害方式是坡面土地资源的破坏,其次是崩岗侵蚀产生的泥沙随着沟道经历搬运和沉积的过程。崩岗侵蚀的存在严重威胁了我国的国土安全,其侵蚀模数一般达 3 万～5 万 t/(km² · 年)及以上,远远超过南方容许土壤流失量 500 t/(km² · 年)(阮伏水,1996)。沉积的泥沙对林地、农田、河道、水库、道路等民用工程措施造成不同程度的毁坏,严重威胁到崩岗区域的农业产量,阻碍着社会经济的协调持续发展(鲁胜力,2005)。根据调查数据可知,湖南 1990—2004 年由于崩岗产沙淤积的水库高达 76 座、坝塘 348 座,江西赣县田村镇河床平均抬高了 1.1～1.7 m(梁音,2009)。福建安溪的锁蛟水库,库区周围崩岗分布近百个,沟壑面积大,占库区集雨面积的 12.4%,由于不能及时治理,仅二十年时间就无法使用(冯明汉,2009)。据估计,在南方崩岗侵蚀区,70～120 年内可能有 92.9 亿 t 土壤和泥沙被排出崩岗侵蚀区域,产沙量约为每年 6 723.9 万 t(水利部,2011)。崩岗已经成为我国南方最重要的地质与生态灾害,对崩岗的研究已经迫在眉睫。具体来讲,崩岗侵蚀的危害主要包含以下几个方面(水利部,2011;陶禹,2020)。

(1)崩岗侵蚀的发生导致侵蚀区域土壤生产能力和土地肥力下降,侵蚀区的土壤最终会变成毫无土地生产力的不毛之地,有的甚至基岩裸露,生态环境被极度破坏。在早期历史上,江西兴国、宁都等县由于崩岗侵蚀所形成的沙丘荒漠被人们称为"江南沙漠"。某些地区,崩岗也被人们称为"生态溃疡",严重威胁了侵蚀区的生态安全。

(2)崩岗侵蚀多由水力侵蚀导致的冲沟发育而来。地表植被被严重破坏后,伴随着降雨径流的侵蚀过程,土壤表层的稳定层次被侵蚀、冲刷掉,地表以下的松散残积物裸露出来。这些残积物在被地表径流侵蚀、搬运的过程中,形成了高含沙量水流,流向河道下游,造成河道淤塞,极易形成严重的洪涝灾害,淹没村庄和道路,毁坏桥梁、水库、铁路等各种工程设施,威胁人民群众的生命和财产安全。

(3)崩岗侵蚀的存在严重威胁了我国的粮食安全。崩岗产生的泥沙会毁坏基本农田,威胁红壤区的粮食生产。红壤区的人均耕地面积仅 0.06 hm²,低于全国人均耕地面积。人均耕地资源本就尤为稀缺,崩岗侵蚀使南方红壤区人地矛盾更加突出。崩岗侵蚀产生的大量泥沙被径流带入农田后,会在熟作层上堆积一层沙或黏土,淤埋原熟化的耕作层,使耕地被泥沙压埋,对沿途的农田造成毁灭性打击。此外,还有一些崩岗直接发源于坡耕地,直接导致耕地面积减少。

(4)崩岗侵蚀极大地破坏了地形的完整性,导致树枝状冲沟密集发育、沟壑纵横,坡面被切割得支离破碎。崩岗侵蚀破坏土地资源,崩岗侵蚀区的年均土壤侵蚀模数达 4.91 万 t/(km² · 年)。崩岗侵蚀不仅使坡面表土层流失,沙土层、碎屑层也会被侵蚀及剥离,造成土壤养分大量流失,土地资源质量严重下降。到了崩岗侵蚀后期，地面被切割得支离破碎，地形完整性遭到严重破坏，呈现出千沟万壑、峭然耸峙的侵蚀劣地地貌（图 1-2）。

图 1-2　崩岗侵蚀危害严重

第二节　崩岗侵蚀的形态与分类

崩岗是一个复杂的侵蚀系统。曾昭璇（1960）最早对崩岗的形态进行了描述，认为每个崩岗后缘有弧形崩壁，坡度一般在 70°以上，崩壁下方有很短的冲沟，在沟口有大小不等的堆积扇。随后，相关学者概括崩岗为崩壁、崩积堆以及洪（冲）积扇三部分（吴志峰等，1999）。但同时吴克刚等（1989）研究认为崩岗应具有沟头、沟壁、崩积堆、沟床以及洪积扇五个部分，这个观点得到不少学者的引用，并逐步界定为崩岗的系统组成包括上方的集水区、后缘的崩壁、中部的崩积堆、下部的沟道和沉积区的洪积扇共五个部分（图 1-3）（阮伏水，2003；夏栋，2015；Xu，1996；Sheng et al.，1997；邓羽松，2018）。在崩岗整个发育的过程中，由于每个崩岗所处自然地理要素和人为干扰不同，其组成部分或残存的地貌有所差异，比如当崩岗崩壁的崩塌后退超过分水岭时，集水区这一构成单元就会消失（夏栋，2015）。

组成崩岗的五个基本单元具有不同功能。集水区位于整个崩岗系统的最上方，也称为集水坡面。集中降雨条件下，该区域产生的径流和能量是崩岗形成和发育的原始动力，是崩岗侵蚀的起源区（夏栋，2015）。崩壁是崩岗发育最为活跃的部位，位于崩岗侵蚀的后缘，该区域主要受到重力和水力的共同作用。崩塌过程产生大量侵蚀物是崩岗危害的主要表现形式。崩积堆位于崩岗的中部，又称为崩积体，该区域主要由崩壁崩塌的土体和原始坡面冲刷的侵蚀物

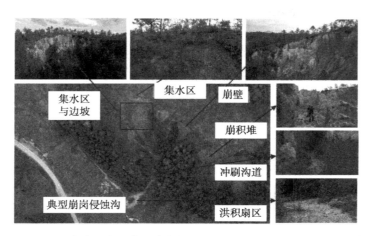

图 1 - 3　花岗岩红壤区典型崩岗侵蚀沟（江西赣县）及其各组成要素

质堆积而成，极易发生二次侵蚀，土壤可蚀性较大。沟道位于崩岗的下部，是由土壤侵蚀下切形成的窄长地形，是崩岗侵蚀物质运输的通道。洪积扇位于崩岗的沉积区，产生的侵蚀物质呈扇形堆积在这个部位。

崩岗的分类比较复杂，为进一步认识崩岗，学者们基于外在形貌和侵蚀强度两个方面对崩岗进行了分类。20 世纪 60 年代，姚庆元等（1966）对崩岗开展调查和研究，将崩岗按照形态特征分类，主要划分为瓢形崩岗、条形崩岗、新月形崩岗和复合式崩岗 4 种类型。吴克刚等（1989）在研究广东省德庆县的崩岗时，也划分了 4 种类型，分别为箕形崩岗、分支形崩岗、条形崩岗和瓢形崩岗。而后，丘世钧（1994）研究该区域崩岗类型和成因时，将崩岗分为 5 种类型，分别为条形崩岗、叉形崩岗、瓢形崩岗、箕形崩岗和劣地状崩岗。现在的科研工作者根据研究的需要按照崩岗形态将其划分为 5 种崩岗类型：条形崩岗、瓢形崩岗、弧形崩岗、爪形崩岗和混合型崩岗（图 1 - 4）（丁光敏，2001；冯明汉等，2009；邓羽松，2018；Wei et al.，2021）。在南方 7 个省（自治区）共计约 23.91 万个崩岗中，弧形崩岗占总数的 20.54%，占总面积的 12.54%；瓢形崩岗占总数的 21.71%，占总面积的 22.95%；条形崩岗占总数的 25.76%，占总面积的 16.56%；爪形崩岗占总数的 8.28%，占总面积的 10.82%；混合型崩岗占总数的 23.71%，占总面积的 37.13%。另外，一些学者根据崩岗侵蚀的发展阶段和侵蚀程度也对崩岗进行了分类。史德明（1984）将其分为三个发育阶段，分别为初期阶段、中期阶段与末期阶段。牛德奎（2009）则将其划分为网状细沟、阶梯沟、深沟与扩展 4 个阶段，同时应用于崩岗类型的分类，分别概括为发展型崩岗、剧烈型崩岗、缓和型崩岗和停止型崩岗。

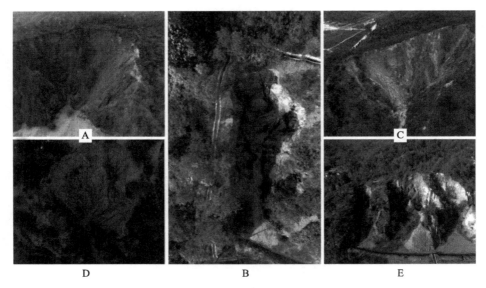

图 1-4　典型崩岗侵蚀地貌的形态与分类 （Wei et al. ，2021）
A. 弧形崩岗　B. 条形崩岗　C. 瓢形崩岗　D. 爪形崩岗　E. 混合型崩岗

第三节　崩岗侵蚀研究现状

一、崩岗侵蚀类型与过程研究

从崩岗的侵蚀类型来看，崩岗是在径流和重力共同作用下形成的，二者互相联系又互相促进（史德明，1984；牛德奎，2009）。崩岗的演变过程是这两种作用力推动的结果，两者共同塑造出不同阶段崩岗地貌的形态特征（张大林等，2011）。其中，水力侵蚀和重力侵蚀既有差异，又有联系（廖义善等，2018）。二者在侵蚀方向上有所差异，前者主要受地表径流的影响，其侵蚀方向与地表径流的方向一致，为向下切、侧向侵蚀和向上溯源；而后者的发生需要一定高差的陡壁存在，其侵蚀多发生于沟床之上的沟壁和沟头，而不像水力侵蚀可沿沟道底部纵向下切。同时，水力侵蚀和重力侵蚀又相互联系。水力侵蚀通过径流的下切作用，可增大沟壁落差和不稳定性，并在流水侵蚀的作用下，破坏风化壳节理，加大风化壳裂隙的长、宽（史德明，1984），诱发或促进重力侵蚀发生。而重力侵蚀所产生的崩积体，土质疏松，是崩岗水力侵蚀的主要沙源地。重力侵蚀为水力侵蚀提供了有利的侵蚀条件和被侵蚀物质，部分径流可在重力侵蚀土体上进行二次侵蚀，进而产沙。

从崩岗的侵蚀演变过程来看，崩岗是一种具有阶段性的地貌过程，其演变过程可分为崩岗"形成"和"发展"两个阶段：崩岗的形成是指由非崩岗的地貌或地貌过程逐渐发育形成崩岗的过程，常见的如沟蚀等；崩岗的发展则是指具有独特形态、规模和侵蚀机制的崩岗已经形成，在此基础上，崩岗地形受外力作用进一步发展并完成整个生命周期的过程（张大林等，2011）。大多数崩岗都是由发育在花岗岩风化壳之上的沟蚀发展而来的，换句话说，崩岗的形成阶段在多数情况下指的就是沟蚀形成并向崩岗发展转化的过程，属于沟蚀的范畴。但并不是所有的沟蚀都能最终发展成为崩岗，必须具备适当的气候、地质、地形、人为干扰等条件。

在崩岗的形成与发展过程中，水力侵蚀所起的作用是塑造和维持有利于崩壁进行重力侵蚀的特殊地貌形态（张大林等，2011）。崩岗形成阶段经历了片蚀—细沟侵蚀—沟蚀阶段，作为一种以水力侵蚀为先导的侵蚀类型，崩岗的形成往往都是以片蚀开始的，并由冲沟进一步发展而成。但在花岗岩低山丘陵区，片蚀能否向线状细沟侵蚀发展，起决定性的是植被因素（Liao et al.，2019）。花岗岩风化壳上的植被被大面积破坏后，局部坡面出现较大的有利于集流的微地形，面蚀加剧，多次强降雨、径流导致表土层和红土层（淀积层）被侵蚀并形成细沟和浅沟，之后迅速演变成为冲沟（张萍等，2007）。土壤风化壳中最松散易蚀的是底层的母质风化层，一旦侵蚀沟切穿表土层、红土层及过渡层进入风化母质层，便会造成沟蚀加剧、基底不稳。随着冲沟的不断加深和扩大，其宽深比不断减少，下切作用进行的速度比侧蚀的速度快，冲沟下切到一定深度时形成具备一定高差的陡壁。坡面上的径流在陡壁处转化为瀑流（曾昭璇，1993），瀑流强烈地破坏其下的土体，在松散的沙土层中很快形成溅蚀坑，溅蚀坑不断扩大，逐渐发展成为"龛"（图1-5）。龛上的土体吸水饱和，内摩擦角随之减小，抗剪强度降低，在重力作用下便发生崩塌，形成雏形崩岗。随着崩岗不断发展扩大，崩壁不断后退并逼近分水岭，崩岗上部的集水区逐渐缩小，水力对崩壁主体的侵蚀作用在此过程中逐渐减弱。崩塌产物大部分被流水带走，使沙土层再次暴露出来，在地面径流和瀑流的影响下又形成新的龛，再度发生崩塌，如此反复，最终发展到崩岗阶段（丁树文等，1995）。

目前，已有研究依据崩岗的主导侵蚀类型或崩岗沟头所处坡面部位，对崩岗的发育阶段进行划分，但对崩岗发育阶段与崩岗变化趋势的关系还缺乏定量研究。特别是将细沟、浅沟侵蚀阶段视为崩岗的初期或幼年期，还有待商榷，因为并非所有细沟、浅沟均能发育成崩岗，崩岗的初期或幼年期应为崩岗形成之后的阶段。此外，崩岗启动之前的坡面侵蚀阶段对崩岗侵蚀发生、发展的影响及其坡面侵蚀形态演化的发展趋势等方面还有待进一步研究。

图 1-5　沟头与崩壁上的"龛"状地貌

二、崩岗侵蚀成因

作为崩岗防治重要的理论基础,成因机理研究一直是崩岗侵蚀的热点问题。崩岗侵蚀的形成机理、发生发展过程极其复杂,同时受到了土壤、母质、气候、地形、植被和人为活动等内在和外在作用的综合影响(牛德奎,1990)。我国对崩岗形成机理的研究最早始于20世纪中期,由于崩岗发生的机理比较复杂,一直没有形成确定的结论。随着研究技术以及研究方法的进步,研究人员对崩岗侵蚀的认识越来越深。早期研究人员单一地把崩岗侵蚀归为水力侵蚀或者重力侵蚀(张淑光等,1990)。随着认识的加深,目前研究人员达成了一个共识:崩岗是水力作用和重力作用共同造成的复合侵蚀类型。崩岗发生的早期主要受坡面水力作用的影响,到崩岗侵蚀的中后期即崩塌开始发生时,主要受重力作用的影响。关于崩岗侵蚀形成的机理,研究者提出崩岗的形成是地质、植被、土壤、水文、人类活动等多种因素共同作用的结果(牛德奎,1990)。一般认为崩岗侵蚀是由以下几种因素共同作用的结果。

(一)地质、土壤因素

崩岗的发生不同于黄土崩塌,主要在于发育的基础不同,崩岗的发生依赖于花岗岩风化壳特殊的岩土特性等因素。从微观角度分析,疏松深厚的花岗岩风化壳是产生崩岗侵蚀的物质基础和内在原因，而降雨及其产生的径流在崩岗侵蚀过程中起到了动力作用（阮伏水，1991，1996；Xu et al.，1996；Luk et al.，1997）。花岗岩、砂砾岩、泥质页岩、千枚岩、玄武岩等风化作用强烈，较易形成厚层风化壳，特别是粗晶粒花岗岩，这些地区崩岗最为严重（史德明，1984；阮伏水，1996）。牛德奎（1990）将花岗岩风化壳剖面划分为四个诊断层，即表土层、红土层、网纹层和母质层。任兵芳等（2013）则将崩岗崩壁的各土层自上而下按照淋溶层、淀积层、过渡层和母质层来划分（图1-6）。当前，对花岗岩风化壳层次的划分主要依据风化程度和土层的表观性质等，普遍认为除表土层外，剖面中自上而下依次为红土层、沙土层（亦称网纹层）、碎屑层以及裂隙风化层（史德明，1984，1991；吴克刚等，1989；张淑光等，1990；Luk et al.，1997；吴志峰等，2000）。

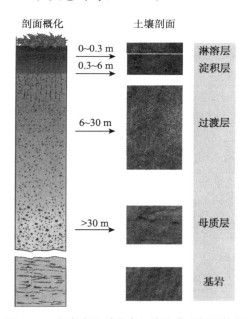

图1-6 花岗岩母质发育红壤的典型剖面特征

根据对花岗岩土壤的研究，花岗岩风化壳各个层次土壤在矿物成分、风化程度、土体结构、粒度、颜色等方面均有明显差异，抗冲抗蚀能力与土体稳定性不同（吴志峰等，2000；赵辉等，2006；夏栋，2015；邓羽松，2018）。研究表明，花岗岩风化壳土体黏粒含量少，胶结物含量低，结构强度低，结构疏松。原生矿物主要为石英和长石，有少量黑云母。土体还包含次生黏土矿物、铁铝氧化物等。胶结物质对岩土及其母质结构的稳定性有着深刻的影响（Li et al.，2005；Chen et al.，2018），风化壳的胶结程度与黏粒含量呈正相关（邓羽松，2018）。风化壳的稳定性与黏性成分的相对富集位置有关，当黏性矿物在两层风化层中含量相差悬殊时，其界面常成为易滑面。吴志峰等（1997）用分形维数来表现土壤的粒度分布，表明花岗岩风化壳机械组成有从上到下变粗的趋势。有研究者还将土壤颗粒组成、分形维数、土壤胶体等与崩岗发育速度或者泥沙含量建立了关系（Irfan，1996；Xu，1996；Lan et al.，2003；Sioh et al.，2013），并做了关于土壤可蚀性方面的研究（王艳忠等，2008；刘希林等，2013；邓羽松等，2016）。王艳忠等（2008）研究粤西典型崩岗的土壤可蚀性，发现花岗岩由表土层至碎屑层，土体的质地逐渐变粗，而可蚀性 K 值表现为逐渐增加的趋势。刘希林等（2013）研究得出广东五华崩岗土壤的可蚀性 K 值平均为 0.26，比花岗岩红壤地区的平均可蚀性 K 值高 0.03～0.05。邓羽松等（2016）在鄂东南崩岗区红壤研究亦证明可蚀性 K 值自土壤向风化岩体呈增加的趋势。另外，当土壤含水量发生变化时，花岗岩风化壳这种粗粒结构的力学特性也随着发生显著变化，使得土壤黏聚力和内摩擦角减小，抗冲抗蚀能力下降，在外力作用下很容易失稳崩塌（张晓明等，2012；邓羽松等，2015；刘希林等，2015）。林敬兰等（2013）采用三轴剪切仪对福建安溪崩岗的土壤进行研究，表明土壤的黏聚力随着土壤含水量的变化而呈现规律性变化。林金石等（2015）通过对比不同剪切方式研究崩岗红土层的抗剪特性表明，土壤体积含水量在 10%～15% 时，黏聚力的最高值达80 kPa，随着土壤含水量逐渐增加，黏聚力和内摩擦角逐渐降低。

从宏观角度分析，地质地貌条件是崩岗发育的背景，气候条件是崩岗发育的动力。已有研究表明，崩岗发育与地质地貌联系密切（Luk et al.，1997）。牛德奎等（2000）认为崩岗侵蚀区主要属南华构造区和闽浙沿海构造区及扬子构造区的江南亚区，并提出崩岗的发育方向受到地质构造格局的直接影响。葛宏力等（2010）通过对福建省典型崩岗的实地调查和钻探分析，探讨了花岗岩风化壳的形成地质因素，结果表明构造运动是花岗岩区形成深厚风化壳的主导因素。节理是指岩石裂开而裂面两侧没有发生明显相对位移的一种构造，属于断裂构造的一类（刘凡，2009）。节理构造与深厚风化壳的形成有密切关系。花岗岩体中大量节理与裂隙使得矿物与水气接触面大大增加，风化介质可以进入深层，加速岩体风化作用向深部发育，使风化速度大于侵蚀速度，从而形成疏松深厚的风化母质层（葛宏力等，2010）。高温多雨的条件下，花岗岩风化速度快，风化物深厚疏松，节理发育，形成节理网络（牛德奎，2009），在成土过程中发育为水分优先流通道，导致土体湿胀，自重增加，剪切应力增加而抗剪强度降低，抗变形能力和稳定性减少，有效促使崩塌的产生，增加崩岗发育的速度（吴志峰等，1997）。综上，学者们对节理与崩岗侵蚀的发育做了较多研究，但节理对崩岗沟道的影响机制还尚未见报道，定性的分析较多而定量的分析较为匮乏。

（二）气候、植被、人为等因素

关于崩岗侵蚀的外在因素，目前相关研究者已经进行了大量的报道，并根据各自研究区域重点对其进行了比较广泛的研究。气候是造成水土流失最关键的环境因素。牛德奎（2009）分析了崩岗的分布特征与气候条件，指出崩岗主要分布在等温线或等雨量线以南的地区，年平均气温的临界值为 18 ℃，年平均降雨量为 1 600 mm。李双喜等（2013）指出崩岗主要分布在年平均降雨量为 1 300～2 000 mm 的区域，经统计，超过 95％的崩岗分布在该区域。

气候不仅在崩岗的分布上造成了地带性差异，同时也在崩岗发生的过程中通过降雨起到驱动力作用。中国南方花岗岩地区降雨量较大，暴雨次数多且较集中，为崩岗的发育和形成提供了十分有利的外部条件（Xu，1996）。现一般认为大部分崩岗的产生由面蚀乃至沟蚀引发，此阶段主要为水力侵蚀占主导作用；当崩岗侵蚀进入以崩塌为主的阶段时，重力侵蚀起主导作用（钟继洪等，1991）。在水力侵蚀阶段，持续性降雨是崩岗侵蚀发生、发展的动力，尤其是在短历时集中降雨和强径流条件下，降雨形成的径流非常容易对坡面产生下切侵蚀并形成侵蚀沟（丁树文等，1995；张大林等，2011；Luffman et al.，2015）。持续性降雨作用导致土壤黏粒不断流失，破坏了土壤结构，加快了岩土节理面的发育，为崩岗的发生和发育创造了条件。Woo 等（1997）和 Scott 等（1997）通过对广东德庆崩岗的研究，均提到降雨促进了崩岗侵蚀的发育，径流冲刷在整个过程中起到决定性的作用。王彦华等（2000b）通过广东地区崩岗成因机理的研究，从土体力学稳定性的角度提出在降雨作用下，水分进入土体内部，导致土体的自重增加，不仅提高了崩岗土体的重力势能，同时导致土体抗剪强度的降低，增加了土体崩塌的概率。

植被覆盖度、林草植被的结构与特性等对崩岗侵蚀的影响较大。良好的植被条件能够削减降雨的能量，降低雨滴对地面的作用力，可以有效地分散雨水，减少坡面的汇水量，制约水土流失的发生。同时，良好的植被根系固土作用能够降低土体的崩塌概率，植被覆盖物更能保护坡面的土壤。相反，植被环境差则会促进崩岗的发育（夏栋，2015）。吴志峰等（1997）认为阳坡与阴坡的植被差异是导致崩岗在不同坡向上存在差异的直接原因。阴坡上以芒其为主，覆盖度很高，能减缓或阻止崩岗的发育；而阳坡马尾松、岗松、鹧鸪草稀疏分布，覆盖度相比于阴坡要低很多，为崩岗发育提供良好条件。丁光敏（2001）指出大部分崩岗的形成是由面蚀、沟蚀引发的，而植被的破坏能加速面蚀和沟蚀的形成。牛德奎等（2000）也提出花岗岩丘陵区在原生植被遭到破坏的条件下，植被多退化，成为疏林地或裸地，崩岗侵蚀较容易发生。阮伏水（1996）研究指出福建省大多数崩岗的发育主要是因为近百年来丘陵区坡地的自然植被遭破坏，径流冲刷坡地和沟道系统，逐渐由小沟演变成崩岗。坡面植

被的破坏，加快了径流汇集的速度，同时也加大了土壤侵蚀强度，花岗岩土壤
被侵蚀到抗蚀性更弱的碎屑层后，土体的不断崩塌促进崩岗的发育。

不合理的人为活动在水土流失中扮演着重要的角色。我国南方的大量人口
生活在低山丘陵区，人们的生产和生活依赖于对自然的索取，这种索取造成坡
地不同程度的破坏，开挖边坡、乱砍滥伐就是对自然最严重的破坏手段，既破
坏了边坡土体稳定性，又造成坡面裸露在外（图 1-7）。Woo 等（1990，
1997）、Xu（1996）指出花岗岩风化壳区的原始植被和次生植被被破坏扰动
后，坡地遭受侵蚀作用加强。坡面破坏并不同程度裸露，诱发并促进了崩岗的发
生（张淑光等，1990；刘瑞华，2004；黄艳霞，2007）。吴志峰等（1997）研究
发现植被的差异直接导致了崩岗在不同坡向上选择性发育，并发现崩岗与人类活
动有着必然的关系。葛宏力（2007）、林敬兰（2012）对福建省崩岗集中区域统
计发现，崩岗主要发生区域与海拔和人类的活动区域密切相关。我国南方丘陵区
柴草历来是最主要的生活和生产（如烧制砖瓦、陶瓷、煮饭等）的能源来源。我
国近百年来人口剧增、生产大发展，人们对林木的消耗不断增加，山林遭到过度
开发以及防治意识缺乏是崩岗侵蚀现象大发生的重要外因。1958 年、1968 年和
1978 年，华南地区曾经有过较严重的乱砍滥伐行为，破坏了山林，促进了崩岗
的发育（何溢钧，2014）。总之，我国南方热带、亚热带花岗岩地区特殊的基岩、
土壤特性、气候条件以及人为活动影响造就了崩岗在该区域内的广泛发育。

图 1-7　人为砍伐植被与崩岗侵蚀

以上研究表明，崩岗侵蚀受自然和人为双重作用影响，自然因素是崩岗发
育的先决条件，人为因素可加速或延缓崩岗的产生。但当前研究多基于短历时
降雨试验，忽略了长历时降雨对坡面水蚀和入渗过程的影响。加强持续性强降
雨条件下坡面侵蚀过程观测试验，将有助于进一步评估降雨、径流对崩岗侵蚀演变的
驱动作用。

三、崩岗侵蚀治理

崩岗危害形式变化无常，治理难度大，是南方低山丘陵区生态恶化的主要威胁。目前，南方崩岗的防治已经被列作水土流失治理的焦点问题之一。国内有不少学者从不同切入点研究了崩岗的治理，涉及如崩岗形态、发育程度、组成部分、崩岗治理的不同措施以及崩岗综合治理的模式等方面。目前，水利部也相当重视我国南方崩岗的综合治理工作，在《全国水土保持生态环境建设规划》中将崩岗治理纳入南方崩岗地区治理工程和国家优先实施的工程项目。此外，南方各省（自治区）也有针对性地部署了崩岗治理的整体规划。2008年11月，国家标准化管理委员会颁布了修订后的《水土保持综合治理　技术规范　崩岗治理技术》，并于2009年2月1日实施，该技术规范为我国科学防治崩岗危害提供了规范性指导，有利于崩岗综合治理的规划与实施。

早在1977年，就有学者针对中国东南部花岗岩地貌与水土流失问题提出"崩山削级，台阶绿化，级内开坑，坑内造林"综合治理办法（曾昭璇等，1977）。经过多年的努力，许多学者及各地群众研究、创新和总结了很多有效的崩岗治理措施及模式。目前总结了一套较为经典的治理方案，即"上拦、下堵、中削、内外绿化"，如图1-8所示。

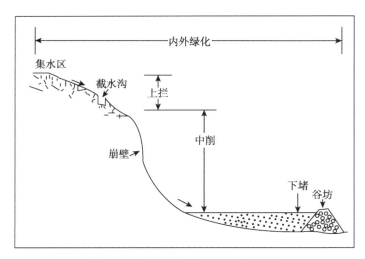

图1-8　崩岗侵蚀经典治理方案示意

（1）上拦，即在崩岗周围坡地（集水区）实行封禁治理，同时在集水区上营造一定宽度的植物保护带，修筑截水沟、竹节水平沟等沟头防护措施，拦截集水区汇集的大量径流并将其引排到其他安全区域，从而阻断径流流入崩岗体，防止冲刷崩壁导致崩壁倒塌。

（2）中削，即将陡峭的崩壁、崩积体等由上到下修筑台地或修筑等高条带，以减缓崩壁坡度或使崩壁台阶化，消除崩岗崩塌的隐患，从而减少崩塌、稳定崩壁，创造绿化崩岗内部的条件。

（3）下堵，即在崩岗出口处修建拦挡措施（谷坊等），起到抬高崩岗侵蚀基准面、拦截泥沙、稳定崩脚等目的。

（4）内外绿化，指在工程措施的基础上，配套相应的生物措施，以迅速绿化崩岗，达到标本兼治的目的。

总的来说，对崩岗的治理主要是采取工程措施、生物措施或生物措施与工程措施相结合的治理措施（钟继洪等，1991）。工程措施是崩岗治理中必不可少的措施，但在崩岗治理的工作中，仅采用工程措施进行治理的案例较少。生物措施治理崩岗才是治本的措施，工程措施仅是治标措施，其最终目的还是为崩岗侵蚀地区植物的恢复提供适宜的环境。常见的植物有香根草及麻竹等（丁光敏，1989）。谢建辉（2006）使用抗逆性强、根系发达的狗牙根等草本植物治理崩壁，实施芒萁、香根草和糖蜜草混种并间种竹、马尾松、相思等的立体治理措施治理崩岗沟底与崩积堆，同样成效显著。阮伏水（2003）还论述了通过种草、移植果树茶树、营造水土保持林等多种方式对崩岗进行治理的模式。大量研究表明，采取生物措施与工程措施相结合是目前治理崩岗最有效且合理的办法。在工程措施中沟头防护工程与沟谷防护工程的合理布设十分重要，沟头防护工程以截水沟为主要形式，沟谷防护工程则以拦沙坝、谷坊为主要形式；同时，应根据不同的崩岗部位及其所处环境，选取适宜植物种类，具体布设时应合理搭配，包括沟头植物措施、崩壁植物措施、沟谷植物措施、洪积扇植物措施和崩坡植物措施。只有因地制宜、合理搭配两大措施才能防治崩岗危害（图1-9）。

图1-9　江西省赣县田村镇金钩形小流域崩岗侵蚀治理

此外，有些学者根据崩岗的发育状况、侵蚀程度、地形、规模等，结合所处区域的自然条件、社会经济发展状况，将崩岗治理划分为不同的模式来开展。

按照崩岗的活动情况（或发育程度）进行治理（曾国华等，2008）：①活动剧烈的崩岗进行工程与植物措施并举的强化治理模式；②半稳定型崩岗以植被修复为主或采取封禁结合补植套种等生物修复措施的方式进行治理；③混合型崩岗包括 2 种及以上不同类型的崩岗，在治理过程中需考虑崩岗的整体性，结合工程与生物措施对崩岗各部位进行治理。

按崩岗的规模大小进行分别治理（肖胜生等，2014）：①小型崩岗通常处于发育初期，主要采取生物措施为主、工程措施为辅的方式；②中型和大型崩岗的发育活动较为剧烈，需以整体性为原则，综合考虑工程和生物措施对崩岗进行治理，在条件允许的情况下可进行一定的开发利用。

按崩岗的开发类型进行治理（黄斌等，2018）：①变崩岗侵蚀区为水保生态区，通过工程和生物措施形成良好的园区生态环境，形成生态旅游园区；②变崩岗侵蚀区为经济作物区，对土地进行削坡整理，种植果树、茶树或其他经济作物，如麻竹、茶、脐橙等（图 1 - 10）；③变崩岗侵蚀区为工业园区，对侵蚀区进行机械整平，并配置一定排水、拦沙和道路设施，整理成为工业用地；④其他开发途径，包括与鱼类养殖等配合形成多种农业复合生产经营区、土地推平后用于农村住宅建设等。

图 1 - 10　崩岗侵蚀治理与经济开发型治理措施

总体而言，现有的崩岗治理仍局限于针对特定区域采取相应治理措施，与生产协调发展仍是难点，探索二者相耦合的区域治理模式将是未来相关研究工作的重点（史志华等，2018）。

第二章

典型崩岗侵蚀区土壤系统退化特征

土壤退化是在不利自然条件与不合理的人类活动等因素影响下，所发生的不同程度的水土流失，致使土壤质量、土地生产力及土壤环境恶化的过程。花岗岩发育的崩岗具有突发性、自然性和剧烈性的特点，其危害严重且难以治理。崩岗带来的水土流失造成土壤退化，土壤有机质含量等降低，总生产力下降，加剧水土流失区生态环境的恶化。本文以赣南花岗岩崩岗发育集中的侵蚀区作为研究对象，通过对南方花岗岩崩岗区基本信息进行收集分析，结合野外实地调查，选取不同发育阶段崩岗与未受侵蚀坡面的表土为试验材料，开展土壤基本理化性质、水分入渗特性、饱和抗剪强度、根系密度和土壤分离速率分析测定，基于试验结果将多个土壤指标采用主成分分析法进行降维、减少变量，并通过加权分析获取土壤质量指数，进行了花岗岩崩岗侵蚀区土壤退化及土壤分离速率机制研究，为花岗岩崩岗侵蚀区的恢复重建工作奠定基础。

第一节　不同发育阶段崩岗水分入渗特性

土壤入渗速率为单位时间内通过地表单位面积渗入土壤中的水量，能够反映土壤的入渗性能。不同发育阶段崩岗的土壤入渗速率随时间的变化如表 2 - 1 所示。在初始入渗阶段（0～1.5 min），由于土壤基质势梯度大，表土处于湿润阶段，土壤入渗速率相对较大，波动幅度也大；随着入渗时间的推移，土壤基质势梯度不断减小，重力势对入渗过程的影响逐渐增大，入渗速率有明显降低趋势；在入渗约 5 min 后开始下降且下降幅度越来越小，并逐渐趋于稳定，此时土壤基质势梯度趋近于零，入渗速率即为土壤稳定入渗速率（Hillel，1998；Scott，2000）。

表 2 - 1 不同发育阶段崩岗土壤的入渗特性

试验区	压力水头/ cm	前 1.5 min 平均入渗速率/ cm/min	前 5 min 平均入渗速率/ cm/min	土壤稳定入渗速率/ cm/min
IG	−9	0.42	0.27	0.15
	−6	0.41	0.30	0.20
	−3	0.72	0.48	0.32
	0	4.86	1.30	0.65
AG	−9	0.42	0.25	0.09
	−6	0.29	0.18	0.13
	−3	0.41	0.26	0.19
	0	1.91	0.82	0.41
SG	−9	0.27	0.18	0.11
	−6	0.36	0.23	0.15
	−3	0.53	0.35	0.21
	0	1.19	0.63	0.37
NS	−9	0.36	0.21	0.11
	−6	0.39	0.25	0.18
	−3	0.39	0.26	0.19
	0	1.02	0.54	0.33

注：IG 为初期崩岗；AG 为活跃期崩岗；SG 为稳定期崩岗；NS 为非侵蚀坡面。

不同发育阶段崩岗土壤入渗特性差异显著（图 2 - 1）。在压力水头为 −9 cm、−6 cm 和 −3 cm 时，集水区的土壤初始入渗速率以活跃期崩岗最大，为 1.17 cm/min，初期和稳定期崩岗较小，非侵蚀坡面最小，为 0.24 cm/min；而集水区的土壤稳定入渗速率随着崩岗的发育呈现逐渐减小的趋势，以初期崩岗最大，为 0.22 cm/min，活跃期崩岗和非侵蚀坡面较小，稳定期崩岗最小，为 0.10 cm/min。在边坡的水分入渗过程中，初期崩岗的初始入渗速率为 1.16 cm/min，稳定期崩岗的初始入渗速率为 0.84 cm/min，显著大于活跃期崩岗和非侵蚀坡面。沟道的土壤物理性质较差，尤其活跃期崩岗的孔隙大，保水储水能力弱，其初始入渗速率和稳定入渗速率为其活跃期崩岗的孔隙大，保水储水能力弱，其初始入渗速率和稳定入渗速率为 5.87 cm/min 与 4.46 cm/min。

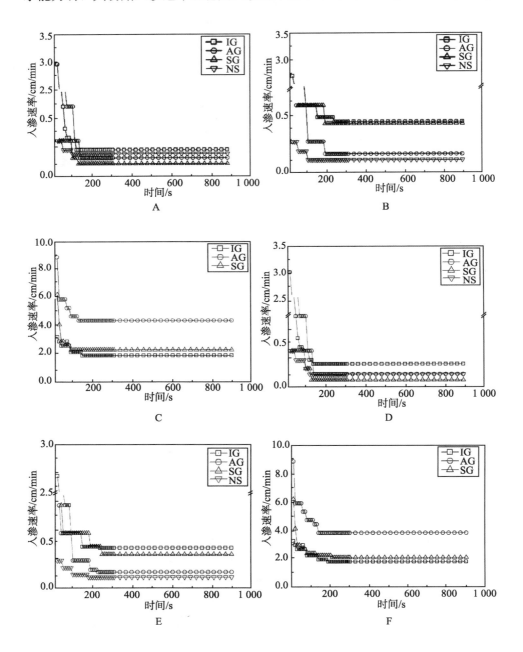

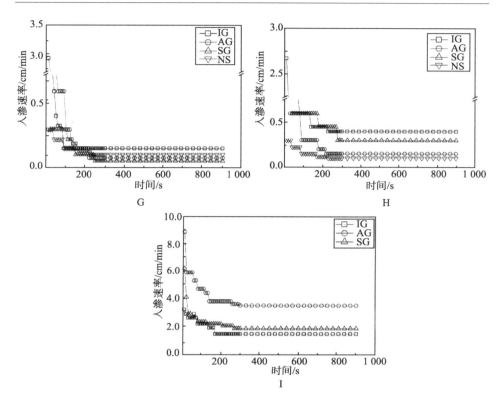

图 2-1　不同发育阶段崩岗土壤入渗速率空间分异

A. 压力水头−9 cm（集水区）　　B. 压力水头−9 cm（边坡）　　C. 压力水头−9 cm（沟道）

D. 压力水头−6 cm（集水区）　　E. 压力水头−6 cm（边坡）　　F. 压力水头−6 cm（沟道）

G. 压力水头−3 cm（集水区）　　H. 压力水头−3 cm（边坡）　　I. 压力水头−3 cm（沟道）

在压力水头为−9 cm、−6 cm、−3 cm 时，崩岗系统内的土壤初始入渗速率和稳定入渗速率从大到小依次为沟道、边坡和集水区。集水区土壤受侵蚀程度相对较小，孔隙小，土壤结构较好，因此集水区的稳定入渗速率小于其他空间部位。发育初期、活跃期和稳定期崩岗在不同负压水头下，变化趋势基本相同。随着负压的降低，土壤入渗速率逐渐减小，原因是负压的增加导致土壤内的小孔隙逐渐被排干，更多的土壤孔隙丧失导水功能，因此土壤的入渗能力降低（李晓峰等，2010；吕玉娟等，2013）。而活跃期崩岗的入渗速率比稳定期崩岗略高，其主要原因可能是处于活跃期的崩岗受侵蚀状况严重，导致土壤的保水能力减弱。

土壤导水率、孔隙大小分布 Gardner 常数 α 等水力性质是反映土壤入渗能力的重要参数，为研究不同发育阶段崩岗对土壤导水率和孔隙大小 Gardner 常数 α 的影响，对其进行了方差分析，如表 2-2 所示。测得的土壤饱和导水率

K_s 从大到小依次为非侵蚀坡面、初期崩岗、稳定期崩岗、活跃期崩岗，而其他压力水头下测得的土壤导水率在 3 个不同发育阶段崩岗中的大小排序不同，表明不同发育阶段崩岗土壤孔隙分布差异明显。发育初期崩岗植被生长状况良好，土壤微生物活动频繁，大孔隙较多，测定的 K_s 和 K_3 均显著大于其他 2 个发育阶段崩岗（$P<0.05$）。活跃期崩岗由于侵蚀剧烈、土壤频繁受到扰动，结构破坏严重，测定的 K_3、K_6 和 K_9 均小于其他 2 个发育阶段崩岗。3 个发育阶段崩岗的土壤导水率随着压力水头的减小而减小，变异系数 CV 在 23.64%~94.38%，表明土壤导水率有较强的空间异质性（佘冬立等，2010；郭丽俊等，2011）。随着压力水头的减小，崩岗土壤导水率变异程度呈逐渐减小趋势。不同发育阶段崩岗的土壤导水率 K_s、K_3、K_6、K_9、Gardner 常数 α 均有显著差异。

表 2-2　土壤导水率和 Gardner 常数 α 的方差分析

样点	土壤导水率/Gardner 常数 α	平均值	最大值	最小值	CV/%
IG	K_s/cm/h	0.09	0.11	0.07	23.82
	K_3/cm/h	0.06	0.08	0.04	26.21
	K_6/cm/h	0.04	0.05	0.03	25.41
	K_9/cm/h	0.03	0.03	0.02	24.62
	α/cm^{-1}	0.14	0.14	0.14	2.53
AG	K_s/cm/h	0.04	0.04	0.04	94.38
	K_3/cm/h	0.03	0.03	0.02	64.91
	K_6/cm/h	0.02	0.03	0.01	54.32
	K_9/cm/h	0.02	0.02	0.01	44.67
	α/cm^{-1}	0.11	0.17	0.07	96.58
SG	K_s/cm/h	0.06	0.09	0.02	41.07
	K_3/cm/h	0.04	0.06	0.02	34.64
	K_6/cm/h	0.03	0.04	0.02	28.26
	K_9/cm/h	0.02	0.03	0.01	23.64
	α/cm^{-1}	0.12	0.15	0.06	34.44
NS	K_s/cm/h	0.09	0.12	0.06	34.82
	K_3/cm/h	0.05	0.08	0.03	27.21
	K_6/cm/h	0.04	0.06	0.04	28.41
	K_9/cm/h	0.02	0.03	0.02	29.62
	α/cm^{-1}	0.13	0.14	0.11	11.53

注：IG 为初期崩岗；AG 为活跃期崩岗；SG 为稳定期崩岗；NS 为非侵蚀坡面。K_3、K_6、K_9 分别为压力水头为 -3 cm、-6 cm、-9 cm 下的导水率。

孔隙大小分布常数 α 的平均值变化范围在 $0.11\sim0.14$ cm^{-1}，变异系数在 $2.53\%\sim96.58\%$，表现出强烈的空间异质性，土壤孔隙大小分布不均匀。由表 2-2 可知，初期崩岗的土壤 α 较大，为 0.14 cm^{-1}，高于非侵蚀坡面的土壤 α（0.13 cm^{-1}），高于稳定期崩岗的 α（0.12 cm^{-1}），高于活跃期崩岗的 α 值（0.11 cm^{-1}）。

崩岗系统的土壤孔隙大，前 1.5 min 内为土壤的初始入渗阶段，此时土壤基质势梯度大，土壤入渗速率高，初始入渗阶段与稳定过渡阶段的水分运移快、耗时短，随入渗时间的推移，5 min 后入渗速率逐渐趋于稳定。不同发育阶段崩岗的饱和导水率从大到小顺序为：初期、稳定期和活跃期。崩岗系统的土壤入渗速率受压力水头和崩岗发育的交互影响。入渗速率随负压的增大逐渐增大，当压力水头从 -3 cm 降至 -9 cm，对土壤导水率起决定作用的孔隙尺寸逐渐减小。因此，从土壤导水率变异系数随压力水头的减小而减小的结果可知，大孔隙的变异程度大于小孔隙，即随着孔隙度变小，孔隙分布越来越均匀。

第二节　崩岗各部位土壤抗剪强度分布特征

各发育阶段崩岗黏聚力和内摩擦角分布如图 2-2 所示，研究结果表明：随着发育程度的加深，崩岗各阶段的抗剪强度参数均表现为递减趋势。发育初期崩岗各部位的黏聚力均显著大于活跃期和稳定期（上坡除外），可能原因是初期崩岗土体在与根系的缠绕和固结过程中，因形成一定的土壤结构形式、根系分泌产生的有机胶结剂等因素，增加了土壤颗粒间的结合强度，在初期崩岗的下坡部位土壤黏聚力达到峰值，即 14.98 kPa；随着发育的进行，物种变化明显，植被稀少，各部位黏聚力具有明显下降趋势，以稳定期崩岗的沟道部位最低，即 4.87 kPa。处于稳定期的崩岗，因生态平衡逐渐恢复，土壤有机质等含量逐渐上升，胶结物质增多，因此稳定期崩岗各部位间黏聚力下降缓慢，为活跃期崩岗的 $88.59\%\sim99.40\%$，并在下坡部位有一定的回升趋势。

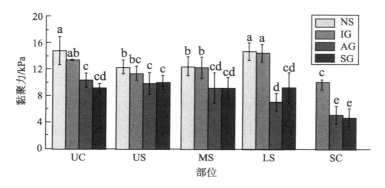

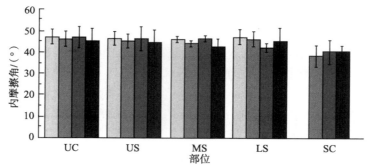

图 2-2　各发育阶段崩岗黏聚力和内摩擦角分布

注：IG 为初期崩岗；AG 为活跃期崩岗；SG 为稳定期崩岗；NS 为非侵蚀坡面；

UC 为集水区；US 为上坡；MS 为中坡；LS 为下坡；SC 为沟道。

此外，内摩擦角的变化趋势同黏聚力相似，但其下降的趋势较为缓慢，由各发育阶段不同部位间的对比发现，以集水区部位的内摩擦角最高，沟道部位最低。对应土壤本身的容重及孔隙度可知，当容重减小或孔隙度增大时，土体的密度降低，土壤颗粒间摩擦力随之减小，内摩擦角也变小，这与陈晓安（2015）研究结果相似。而同一发育阶段不同部位间，内摩擦角随地势高低呈现不规则的减小趋势。这是由于饱和原状土中的水分含量充足，被软化的胶结物质可作为润滑剂，在土壤颗粒间起到润滑作用，当坡面受到水流的剪切和冲刷作用时，粗颗粒滞留在集水区和上坡区域，细颗粒被夹杂着带到坡下和沟道，使得沟道部位土壤颗粒间的粗糙度降低，减小了摩擦力，进而降低了土壤内摩擦角。

表 2-3 显示了五个空间部位抗剪强度参数的显著变化（即黏聚力为 4.87～14.99 kPa，内摩擦角为 38.22°～46.89°）。其中，以沟道部位的抗剪强度最小，相对于其他空间部位差异较大，可能是由不同空间部位的土壤性质和根系的生长状况造成的。土壤性质以土体密度、总孔隙度、颗粒组成、有机质含量以及根系密度为代表，在不同空间部位的各个发育阶段崩岗上存在很大差异。特别是沟道的黏粒含量和根系密度与其他部位相比明显减少，在各个发育阶段，沟道根系密度较其他四个空间部位减少 27.0%～41.0%（图 2-3），黏粒含量较其他四个空间部位减少 24.0%～53.7%。

表 2-3　不同部位抗剪强度的统计参数

参数	部位	最小值	最大值	平均值	标准误	变异系数	样本数
黏聚力/kPa	UC	9.52	13.84	11.37	2.22	0.20	15
	US	10.14	11.78	10.75	0.89	0.08	15
	MS	9.48	12.60	10.54	1.79	0.17	15
	LS	7.34	14.99	10.61	3.94	0.37	15
	SC	4.87	10.07	6.74	2.89	0.43	15

（续）

参数	部位	最小值	最大值	平均值	标准误	变异系数	样本数
	UC	44.82	46.89	45.94	1.05	0.02	15
	US	44.78	46.31	45.43	0.79	0.02	15
内摩擦角/(°)	MS	42.70	46.54	44.43	1.95	0.04	15
	LS	42.28	46.21	44.48	2.00	0.05	15
	SC	38.22	40.38	39.63	1.23	0.03	15

注：UC 为集水区；US 为上坡；MS 为中坡；LS 为下坡；SC 为沟道。

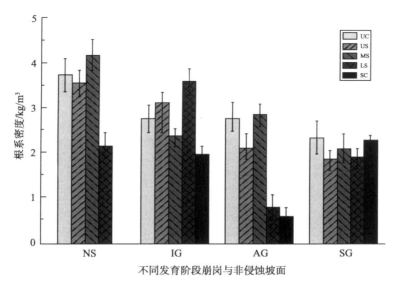

图 2-3　不同发育阶段崩岗中各空间部位的根系密度

注：UC 为集水区；US 为上坡；MS 为中坡；LS 为下坡；SC 为沟道。

　　剪切完的环刀土样过筛冲洗后，测得的根系密度如图 2-3 所示。不同发育阶段崩岗的根系密度具有明显的空间异质性，范围在 0.57～4.09 kg/m³。其中，在崩岗发育的初期阶段，根系密度从大到小的顺序为下坡、上坡、集水区、中坡、沟道。对于整个坡面区域，植被虽以马尾松和铁芒萁分布为主，群落结构较为单一，但铁芒萁耐酸耐瘠，株丛密集，生物量大，为地表凋落物覆盖提供了物质基础，进而促使土壤有机质含量提高，为表土养分的保育固持提供有效屏障。

　　崩岗侵蚀区因生态系统严重退化，土壤基本性质恶劣，降雨时土壤水分快速达到饱和，保水及供水能力差，容易被水流剪切，从而发生侵蚀（Knapen et al.，2007；Weiler，2017）。土壤干旱时的储水保水能力低，无法满足植被正常生长所需的水分，使得植被难以生长，土壤退化更加严重，其抵抗水流剪切能力更弱（刘窑军等，2013）。因此，研究崩岗区土壤各性质参数与抗剪强度指标的关系，对于指导崩岗侵蚀治理和加快侵蚀区的生态恢复建设具有重要意义。

表 2-4 为土壤各性质参数与抗剪强度参数间的相关关系，可知：土壤的容重、根系密度和粒径配级等与抗剪强度之间存在高度相关关系。其中，根系密度、砾石含量、容重、总孔隙度与内摩擦角之间的关系密切，呈极显著相关（$R^2 > 0.60$，$P < 0.01$），相关性由大到小为砾石含量、根系密度、容重、总孔隙度；毛管孔隙度与内摩擦角呈负显著相关；黏粒含量、根系密度与黏聚力呈极显著相关（$R^2 > 0.60$，$P < 0.01$）。

表 2-4　土壤基本性质与抗剪强度参数的相关关系矩阵

	BD	CP	OP	Gravel	Sand	Silt	Clay	pH	OM	RD
C	0.57*	-0.17	-0.42	0.48	-0.44	-0.25	0.65**	-0.50	0.54*	0.67**
φ	0.67**	-0.63*	-0.65**	0.86**	-0.32	-0.29	0.57*	-0.40	0.50	0.68**

注：* $P < 0.05$（双侧），** $P < 0.01$（双侧）。C 为土壤黏聚力；φ 为内摩擦角；BD 为容重；CP 为毛管孔隙度；OP 为总孔隙度；Gravel 为砾石含量；Sand 为沙粒含量；Silt 为粉粒含量；Clay 为黏粒含量；pH 为酸碱度；OM 为有机质含量；RD 为根系密度。下同。

将上述选取的参数分别与内摩擦角和黏聚力进行拟合，发现砾石含量、黏粒含量与内摩擦角呈现出良好的幂函数关系，根系密度与黏聚力呈现出良好的线性相关关系（图 2-4），这一结果与李慧等（2017）和李建兴等（2013）关于植物根系对抗剪强度的影响研究中得出的结论相似。虽然粉粒含量与内摩擦角的相关关系较低，但相较其他参数，粉粒含量在回归分析时对内摩擦角的贡献度较高。因此，选用砾石含量、粉粒含量、黏粒含量和根系密度四个参数来描述土壤抗剪强度的变化特征。表 2-5 为土壤基本性质与抗剪强度指标的函数关系。

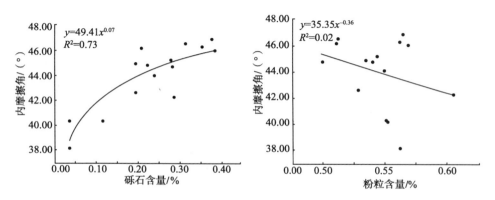

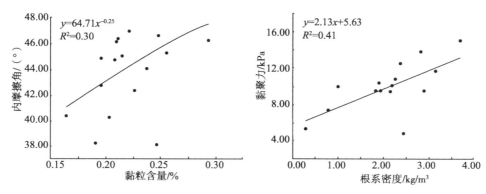

图2-4　土壤基本性质与抗剪强度指标的关系

表2-5　土壤基本性质与抗剪强度指标的关系

参数	函数	R^2	P
$Gravel$, φ	$\varphi = 49.41\,Gravel^{0.07}$	0.73	<0.01
$Silt$, φ	$\varphi = 35.35\,Silt^{-0.36}$	0.02	$=0.29$
$Clay$, φ	$\varphi = 64.71\,Clay^{-0.25}$	0.30	<0.05
RD, C	$C = 2.13\,RD + 5.63$	0.41	<0.01

注：样本数 $n=15$。

土壤基本性质与抗剪强度存在十分密切的关系。综合其他研究者的结论，土壤颗粒与微结构间的胶结力能够抵抗外营力作用带来的土壤离散，植物根系能网络固持土壤，增强土壤稳定性。从土壤基本性质定量分析抗剪强度，以内摩擦角 φ 为目标函数，选取上述拟合结果较好的砾石含量、粉粒含量和黏粒含量作为自变量建立多元回归模型：

$$\varphi = 48.65\,Gravel^{0.07}\,Silt^{-0.26}\,Clay^{0.10}, \quad R^2 = 0.87, \quad P < 0.01$$

$$(2-1)$$

以决定系数（R^2）、均方根误差（RMSE）来衡量拟合函数的有效性，其中 R^2 为 0.87、RMSE 为 0.92，拟合结果达到预测精度要求。从试验的综合结果看，砾石含量是影响崩岗土体内摩擦角的主导因子，其次为黏粒含量和粉粒含量，土壤中粗颗粒物质增多，保水保肥能力随之下降，而适量的水分对土壤有一定的黏结力，黏结力减小，土壤颗粒间的移动较为容易，摩擦力降低。

由上式拟合结果结合根系密度与黏聚力的拟合结果，对土壤基本性质参数与饱和抗剪强度的关系进行拟合分析，建立基于土壤基本性质预测的饱和抗剪强度模型，结果如下：

$$S = 1.93\,RD + P\tan(49.12\,Gravel^{0.06}\,Silt^{-0.26}\,Clay^{0.08}) + 7.14,$$
$$R^2 = 0.89, P < 0.01$$

$$(2-2)$$

其中，P 表示垂直压力，即土壤滑动面积与垂直载荷的比值。拟合结果显示，土壤基本性质参数对于饱和抗剪强度有较好的预测效果（$R^2 > 0.75$，$P < 0.01$）。在提高土壤抗剪切能力、增强土壤稳定性中，根系密度、砾石含量、粉粒含量和黏粒含量起着至关重要的作用。由于根系与土壤颗粒间的接触面积越大，结合越紧密，且根系的分泌物对土壤颗粒也起到一定的黏结作用，从而提高了土体的黏聚力，而土壤粗颗粒物质增多，使得土体密度降低，间接降低土壤内摩擦角，故根系密度、砾石含量、粉粒含量和黏粒含量是影响土壤抗剪强度的重要参数。

在此试验中，以各个发育阶段崩岗为研究对象，针对崩岗各部位土壤基本性质的差异性，通过测量其饱和状态下土壤的抗剪强度，建立基于崩岗土壤基本性质与饱和抗剪强度的土壤侵蚀预报模型，拟合得到最优的抗剪强度预报方程。将预测模型的模拟值与实测值进行对比（图 2-5），结果发现密切程度较高（$R^2 > 0.88$，$P < 0.01$），预测值与实测值具有良好的重叠度，方程的可信程度较好（$RMSE = 8.79$），说明本试验通过土壤的粒径级配与根系密度参数所构建的饱和抗剪强度预测方程精度较高，预测效果较理想。

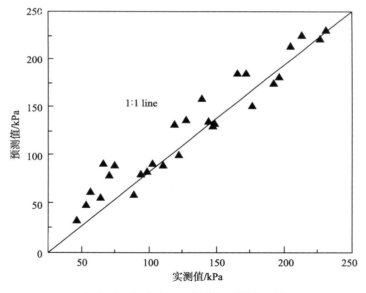

图 2-5　拟合方程实测值与预测值对比

受土壤根系环境及颗粒组成的影响，花岗岩崩岗土壤抗剪强度存在一定的空间异质性，崩岗各部位黏聚力和内摩擦角的变化趋势有近似的规律，均随着崩岗的发育呈明显下降趋势，当崩岗发育到稳定期时，因植被恢复使得根-土复合体提高土壤黏聚力，从而使抗剪强度有一定的回升趋势，其中以集水区部位达到峰值，沟道部位达到最小值。除初期崩岗外，活跃期和稳定期崩岗的黏聚力和内摩擦角随地势的降低大致呈现逐渐降低的趋势。

综合试验结果，以土壤基本性质对饱和抗剪强度的影响进行统计分析，结果表明，砾石含量、粉粒含量和黏粒含量是表征崩岗土体内摩擦角的最佳参数，可以用幂函数表示它们之间的关系，根系密度与黏聚力有很好的线性相关关系。试验以根系密度和粒径配级来表征土壤饱和状态下的抗剪强度，建立了崩岗发育过程抗剪强度的预报方程，结果显示方程可信度较好、预测精度较高，能够合理模拟饱和条件下崩岗表土的抗剪切特性，具有一定的参考价值，为崩岗土壤基本性质与抗剪强度的响应机制研究提供了一定的理论依据。

第三节　崩岗区生态系统土壤质量状况

通过主成分分析将测量的 18 个土壤指标分成 5 个组别（表 2-6）。根据 Kaiser 准则（Kaiser，1960），保留特征值大于 1 的 5 个主成分，分别占总方差的 35.45%、20.91%、10.86%、8.21% 和 5.34%，共解释总方差的 80.77%。第 1 主成分中的全磷、全氮、碱解氮和阳离子交换量是高加权指标。它们的因子载荷值在最高载荷值的 10% 变化范围内（表 2-7），其中，对该主成分贡献最大的是全磷，进一步使用相关分析剔除其他冗余变量后，仅有全磷在最小数据集中。同样地，在第 2 主成分中，选择土壤黏聚力。但考虑到根系密度对土壤质量贡献较高，且既不是土壤物理性质，也不是化学性质，因此没有被排除在最小数据集之外。在第 3 主成分、第 4 主成分和第 5 主成分下，最小数据集保留了毛管孔隙度、沙粒含量和 pH。在所有被剔除的指标中全氮显示出最小的相关性，因此也被选入最小数据集中。最终，最小数据集是由全氮、全磷、pH、毛管孔隙度、沙粒含量、土壤黏聚力和根系密度确定。

表 2-6　土壤指标的主成分分析结果

统计结果	主成分 1	主成分 2	主成分 3	主成分 4	主成分 5	分组
特征值	6.74	3.97	2.06	1.56	1.02	
解释变量百分比/%	35.45	20.91	10.86	8.21	5.34	
累计百分比/%	35.45	56.36	67.22	75.43	80.77	
变量载荷值						
TN	**0.79**	0.43	−0.12	0.04	−0.30	1
TP	**0.86**	0.14	−0.05	−0.11	0.28	1
AN	**0.83**	0.24	−0.24	0.07	−0.16	1

（续）

统计结果	主成分 1	主成分 2	主成分 3	主成分 4	主成分 5	分组
AP	0.69	−0.11	0.35	0.13	−0.12	1
AK	0.61	0.22	−0.47	−0.11	−0.18	1
OM	0.51	0.69	−0.22	−0.12	−0.06	2
pH	0.19	−0.37	0.12	0.01	**−0.81**	5
CEC	**0.76**	0.30	0.28	0.08	0.09	1
BD	−0.01	0.62	−0.57	0.05	0.15	2
CP	−0.12	−0.06	**0.80**	0.06	0.21	3
OP	−0.01	−0.40	0.66	0.32	0.03	3
Clay	0.27	**0.79**	−0.05	−0.47	0.12	2
Silt	−0.33	−0.77	0.03	−0.44	0.03	2
Sand	0.01	−0.15	0.03	**0.95**	−0.17	4
Gravel	−0.50	0.12	−0.65	−0.18	0.23	3
C	0.05	**0.88**	−0.11	−0.28	0.01	2
HC	0.09	−0.15	0.40	0.74	−0.03	4
RD	0.29	**0.79**	−0.32	−0.16	0.08	2

注：加粗的部分代表指标高度加权。TN 为全氮；TP 为全磷；AN 为碱解氮；AP 为有效磷；AK 为速效钾；OM 为土壤有机质；CEC 为阳离子交换量；BD 为容重；CP 为毛管孔隙度；OP 为总孔隙度；Clay 为黏粒含量；Silt 为粉粒含量；Sand 为沙粒含量；Gravel 为砾石含量；C 为土壤黏聚力；HC 为导水率；RD 为根系密度。

表 2-7　五个主成分中具有高载荷的因子相关关系矩阵

	TN	TP	AN	pH	CEC	CP	Clay	Sand	C	RD
TN	1									
TP	0.598**	1								
AN	0.859**	0.670**	1							
pH	0.256	−0.116	0.096	1						
CEC	0.616**	0.677**	0.570*	0.076	1					
CP	−0.209	−0.168	−0.191	−0.090	0.054	1				
Clay	0.484*	0.478*	0.337	−0.363	0.385	−0.211	1			
Sand	0.029	−0.197	0.069	0.211	0.032	0.064	−0.602**	1		
C	0.418	0.223	0.248	−0.274	0.343	−0.177	0.852**	−0.377	1	
RD	0.560*	0.415	0.465*	−0.358	0.337	−0.341	0.760**	−0.295	0.698**	1
相关总和	5.029	3.944	2.976	2.372	2.151	1.793	3.214	1.672	1.698	1

通过主成分分析选择最小数据集，确定最小数据集中的每个土壤质量指标的权重（表2-8），运用评分函数计算最小数据集中每个土壤指标的隶属度，最终通过式（2-3）进行计算，得出每种处理的土壤质量指数（SQI）。

$$SQI = \sum_{i=1}^{n} S_i \cdot k_i \qquad (2-3)$$

式中，S_i 为指标隶属度值；k_i 为指标的权重。

表2-8　MDS中土壤指标的公因子方差及权重

指标	公因子方差	权重
TN	0.908	0.259
TP	0.845	0.259
pH	0.849	0.039
CP	0.705	0.079
$Sand$	0.945	0.060
C	0.863	0.152
RD	0.846	0.152

注：TN 为全氮；TP 为全磷；pH 为酸碱度；CP 为毛管孔隙度；$Sand$ 为沙粒含量；C 为土壤黏聚力；RD 为根系密度。

从图2-6中可以看出：最大的 SQI 出现在非侵蚀坡面，其平均值为 0.64，显著高于其他发育阶段崩岗的 SQI，不同发育阶段崩岗土壤 SQI 均小于 0.50，土壤质量属于中等偏下，而活跃期崩岗 SQI 的平均值最低，为 0.40。活跃期崩岗的土壤退化严重，是因为剧烈的降雨及径流带来的土壤侵蚀导致表层土壤不稳定，容易发生崩塌。此外，发育初期崩岗和稳定期崩岗，因为侵蚀程度较低于活跃期崩岗，属于轻度侵蚀，所以它们的 SQI 相似且没有显著差异。

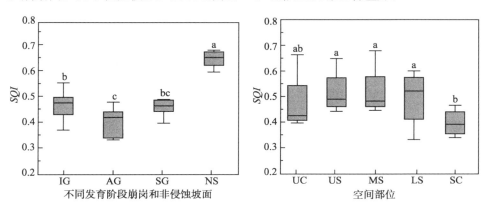

图2-6　不同发育阶段崩岗与不同空间部位的 SQI

注：IG 为初期崩岗；AG 为活跃期崩岗；SG 为稳定期崩岗；NS 为非侵蚀坡面；
UC 为集水区；US 为上坡；MS 为中坡；LS 为下坡；SC 为沟道。

研究区域 *SQI* 具有比较明显的空间变异，这些变异可能来源于土壤崩塌的发生程度。随着地势的降低，从上坡到沟道，*SQI* 逐渐降低。上坡和中坡的 *SQI* 在 0.44～0.68，下坡 *SQI* 的平均值在五个空间部位中最高（0.52）；集水区的 *SQI*（平均值 0.42）低于上坡、中坡和下坡的 *SQI* 平均值，这可能是由于集水区的植被覆盖度较低于整个坡面区域；沟道的 *SQI* 最低（0.39），相比于其他空间部位，平均减少了 7%～25%。

利用土壤性质参数的 *SQI* 绘制雷达图，穿过 7 个轴的线代表不同发育阶段或不同空间部位，其中雷达图网周边的值代表较好的土壤质量和较低的土壤退化状况，而越接近原点表明土壤质量越低，土壤退化程度越高。对不同发育阶段或不同空间部位土壤质量的初步分析表明，许多土壤质量指标具有显著差异，差异最明显的是土壤黏聚力和根系密度，其次是全氮、全磷和沙粒含量，pH 和毛管孔隙度的差异不明显。这说明土壤的性质较容易受崩岗的发育过程影响。

研究区域中土壤质量关键指标的变化情况如图 2-7 所示。其中，多数指标的最大值多出现在非侵蚀坡面，而与非侵蚀坡面相比，不同发育阶段崩岗的土壤理化性质遭受了不同程度的退化。研究表明，全氮、全磷、pH 和毛管孔隙度为初期崩岗土壤质量的主要限制因素，而根系密度、土壤黏聚力和沙粒含量是土壤质量的主要贡献因素；活跃期崩岗全氮、根系密度和土壤黏聚力是其土壤质量的主要限制因素；当崩岗的发育趋于稳定时，土壤质量通常趋向于良好的趋势，关键贡献指标为全氮、全磷、pH、毛管孔隙度。

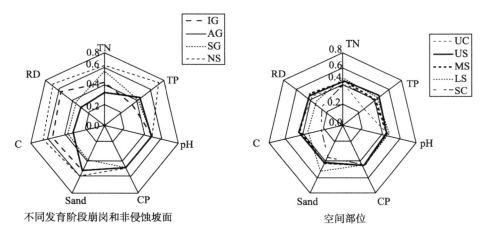

图 2-7　不同发育阶段崩岗与不同空间部位关键指标的变化

注：IG 为初期崩岗；AG 为活跃期崩岗；SG 为稳定期崩岗；NS 为非侵蚀坡面。UC 为集水区；US 为上坡；MS 为中坡；LS 为下坡；SC 为沟道。

此外，在崩岗侵蚀区的空间部位中，集水区土壤质量的主要限制因素为全磷，贡献度远低于其他空间部位，其值约为其他部位的 60%；上坡和中坡的整体土壤质量相似，结合 SQI 进行比较，每个关键指标对土壤质量的贡献度均较高；随着地势的降低，沙粒含量是下坡土壤质量的主要贡献因素，其贡献度显著高于其他部位，为集水区和上坡部位的 1.21 倍、沟道的 1.40 倍；下坡和沟道的主要限制因素为根系密度和土壤黏聚力，整体而言，沟道的土壤质量相比其他空间部位较差，指标的贡献度较低，土壤质量退化较快。

根据主成分分析和加权分析，将所测的 18 个土壤指标经过筛选，保留全氮、全磷、pH、毛管孔隙度、沙粒含量、土壤黏聚力和根系密度作为土壤质量的最小数据集，并能够解释所有测量指标所代表土壤性质的 80.77%。通过对不同发育阶段崩岗的土壤质量指数进行计算分析，发现崩岗的土壤质量与崩岗的发育过程密切相关，也受崩岗空间部位的显著影响。在崩岗侵蚀区和非侵蚀坡面之间，土壤质量的差异显著（$P<0.05$）。随着崩岗的发育，土壤质量指数呈现先减小后增加的趋势，其中土壤化学指标，尤其是土壤养分含量存在显著差异，有机质和养分含量的大量流失发生在活跃期，且活跃期崩岗土壤质量指数最低，土壤退化明显，初期和稳定期崩岗的土壤质量指数略高于活跃期。总体而言，与非侵蚀坡面相比，发育初期、活跃期和稳定期崩岗的土壤质量指数分别下降了 27.85%、37.78% 和 29.29%。而随着地势的降低，土壤物理性质比土壤养分更容易遭受侵蚀的影响，沟道的土壤质量指数最低，土壤退化最严重，崩岗不同空间部位的土壤质量指数随地势增高大致呈逐渐增加的趋势。

第四节　崩岗区土壤分离速率及可蚀性研究

土壤分离是土壤侵蚀的初始阶段，是指地表土壤颗粒脱离原土体的过程。试验前供试土壤均泡至饱和，土壤表面状况基本一致，分离过程主要受土壤结构和水流剪切应力的影响。不同发育阶段崩岗与非侵蚀坡面的土壤分离速率呈现显著变化（图 2-8），其从大到小的顺序为活跃期崩岗＞稳定期崩岗＞初期崩岗＞非侵蚀坡面。活跃期崩岗的土壤物理性质极其恶劣，当遭遇降雨和水流冲刷时土壤水分很快达到饱和，容易发生严重的水土流失，导致生态系统严重退化，其土壤分离速率为 0.40 kg/(m² · s)，分别比初期崩岗、稳定期崩岗和非侵蚀坡面高 5.05 倍、4.05 倍和 6.41 倍。而非侵蚀坡面的土壤黏粒含量较高，孔隙发育完全，水分入渗状况较好，有机质含量高且土壤紧实，不易被水流冲刷分离，因此，其土壤分离速率为 0.054 kg/(m² · s)，显著低于其他发育阶段崩岗。

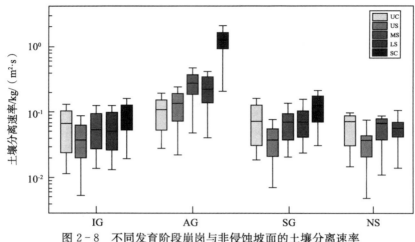

图 2-8　不同发育阶段崩岗与非侵蚀坡面的土壤分离速率

注：UC 为集水区；US 为上坡；MS 为中坡；LS 为下坡；SC 为沟道。

　　不同空间部位土壤分离速率的统计参数如表 2-9 所示，结果表明在五个空间部位中土壤分离速率变化显著，其从大到小的顺序为沟道＞中坡＞下坡＞集水区＞上坡，最小值在 0.005～0.020 kg/(m² · s)，最大值在 0.199～2.155 kg/(m² · s)。其中，三个发育阶段崩岗的沟道土壤分离速率均显著高于其他空间部位（$P<0.05$），其平均土壤分离速率为 0.483 kg/(m² · s)，分别比集水区、上坡、中坡和下坡高 4.96 倍、6.54 倍、3.09 倍和 3.35 倍。沟道表层土壤大多来自水流冲刷后产生的沉积物，其土质松散且含有较多的粗颗粒物质（Gong et al.，2011），因此，沟道的土壤较易脱落；相对于集水区与坡面部位的原始土壤，沟道中受侵蚀产生的沉积物以沙粒和粉粒为主，其含量范围分别为 23.9%～26.60% 和 53.54%～55.61%；除此之外，沟道的土壤黏聚力和黏粒含量与其他空间部位相比明显减少。集水区的土壤分离速率略高于上坡；随着地势的降低，平均土壤分离速率的离散程度较大，其变化大致呈现出逐渐增加的趋势；中坡和下坡土壤分离速率显著高于集水区和上坡，表层土壤更容易从地表分离。

表 2-9　不同空间部位土壤分离速率的统计参数

空间部位	最小值/ kg/(m² · s)	最大值/ kg/(m² · s)	平均值/ kg/(m² · s)	标准差/ kg/(m² · s)	变异系数	n
UC	0.012	0.199	0.081	0.055	0.683	15
US	0.005	0.251	0.064	0.064	1.003	15
MS	0.014	0.478	0.118	0.126	1.066	15
LS	0.014	0.422	0.111	0.110	0.994	15
SC	0.020	2.155	0.483	0.678	1.404	15

　　注：UC 为集水区；US 为上坡；MS 为中坡；LS 为下坡；SC 为沟道。

当水力条件相同时，土壤的基本性质和根系特征成为影响土壤分离速率的主要因素，从土壤自身性质的角度分析土壤分离速率的影响因子结果如表 2-10所示。土壤分离速率与容重、黏聚力、黏粒含量、有机质含量和根系密度呈负相关关系（$P<0.01$ 或 $P<0.05$），与总孔隙度呈正相关关系（$R^2=0.358$，$P=0.005$）。基于上述研究发现，非侵蚀坡面的土壤容重、黏聚力、黏粒含量、有机质含量和根系密度均大于不同发育阶段崩岗，较高的根系密度可以通过生物作用和化学作用改善土壤结构，通过根系网络固结土壤颗粒，有机质和黏粒含量可以加快土壤团粒结构的形成，增强土壤透水性，使土壤结构良性发展，土壤的固结作用与黏结作用增加，抵抗水流侵蚀的稳定性随之增加，因此，具有较好结构、较高养分和较丰富根系的土壤更难分离（Cao et al.，2009；Wang et al.，2014）。

表 2-10　土壤分离速率与土壤性质和根系密度的相关关系

	容重	毛管孔隙度	总孔隙度	黏聚力	沙粒含量	粉粒含量	黏粒含量	pH	有机质	根系密度
相关系数	−0.544**	0.136	0.358**	−0.479**	0.115	0.192	−0.282*	0.004	−0.481**	−0.540**
显著性	<0.001	0.301	0.005	<0.001	0.381	0.142	0.029	0.974	<0.001	<0.001

以往研究表明，土壤分离速率受物理性质的影响较大，而黏聚力被认为是表征土壤抗侵蚀能力的合适参数（Knapen et al.，2007），将土壤黏聚力与土壤分离速率进行非线性拟合，结果发现两者存在显著的幂函数关系（$R^2=0.281$，$P<0.001$）（图 2-9）。植物根系因发达的根系网络将土壤颗粒结合在一起，增加土壤黏聚力和对水流侵蚀的抵抗力，对土壤分离过程起着重要作用（De Baets et al.，2007；Wang et al.，2014）。根系密度与土壤黏聚力呈正相关关系（$R^2=0.369$，$P<0.05$），将根系密度与土壤分离速率进行非线性拟合，得到两者存在显著的幂函数关系（$R^2=0.374$，$P<0.001$）（图 2-9）。尽

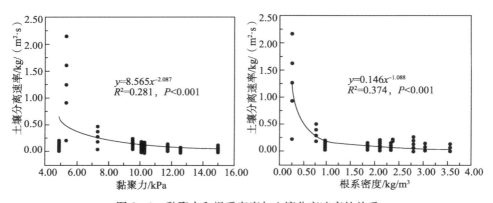

图 2-9　黏聚力和根系密度与土壤分离速率的关系

管有研究表明在减小细沟可蚀性方面的主要因素为黏粒含量和前期含水量，土壤有机质对土壤分离速率的影响较低（Rapp，1998；Geng et al.，2017），但在本研究中土壤有机质与土壤分离速率呈显著的负相关关系，造成这种结果可能是因不同空间部位的土壤结构、水分状况和植被生长能力间的差异。

不同发育阶段崩岗各部位土壤分离速率与水流剪切应力关系如图 2-10 所示。可以看出，随着水流剪切应力的增大，土壤分离速率逐渐增大。各发育阶段崩岗的沟道部位土壤分离速率随水流剪切应力增大有明显升高趋势，在同一水流剪切应力下土壤分离速率最大，相比较而言，其他部位增长趋势较为缓慢，上坡部位分离速率最小。初期与稳定期崩岗的土壤分离速率随水流剪切应力的变化无明显差异，略高于非侵蚀坡面。而活跃期崩岗各部位土壤分离速率均显著大于其他两个发育阶段崩岗，尤其以沟道的土壤分离速率最高，抗侵蚀能力最弱，在最大水流剪切应力下达到 2.16 kg/(m² · s)。

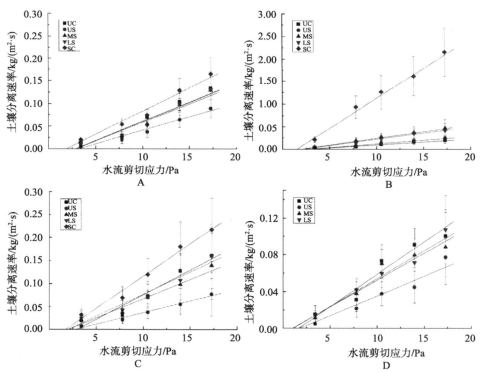

图 2-10 不同剪切应力下土壤分离速率

A. 初期崩岗 B. 活跃期崩岗 C. 稳定期崩岗 D. 非侵蚀坡面

注：UC 为集水区；US 为上坡；MS 为中坡；LS 为下坡；SC 为沟道。

由于土壤分离的动力源自坡面的集水区域，故地面水流对土壤分离过程存在重要影响。模拟水流冲刷试验结果显示，土壤分离速率和水流剪切应力之间存在线性关系。根据 WEPP 模型简化公式，通过使用简单线性回归可获得细沟可蚀性和临界剪切应力：

$$Dc = K_r(\tau - \tau_c) \tag{2-4}$$

式中，τ 为水流剪切应力；Dc 为土壤分离速率；斜率 K_r 为细沟可蚀性；τ_c 为临界水流剪切应力。

不同发育阶段崩岗土壤分离速率与水流剪切应力的线性回归分析如表 2-11 所示，可以明显地看出，细沟可蚀性的范围为 $0.005 \sim 0.136$ s/m，临界剪切应力的范围为 $1.215 \sim 3.631$ Pa，决定系数 R^2 在 $0.81 \sim 0.99$，崩岗不同空间部位的表土性质及其根系密度对细沟可蚀性存在显著影响。

表 2-11 土壤分离速率与剪切应力的线性回归分析

	采样点	回归方程	K_r/s/m	τ_c/Pa	R^2	n
IG	UC	$Dc=0.009\ (\tau-3.336)$	0.009	3.336	0.94	15
	US	$Dc=0.006\ (\tau-3.631)$	0.006	3.631	0.96	15
	MS	$Dc=0.009\ (\tau-3.203)$	0.009	3.203	0.94	15
	LS	$Dc=0.009\ (\tau-3.285)$	0.009	3.285	0.93	15
	SC	$Dc=0.011\ (\tau-2.368)$	0.011	2.368	0.97	15
AG	UC	$Dc=0.013\ (\tau-2.103)$	0.013	2.103	0.96	15
	US	$Dc=0.017\ (\tau-2.549)$	0.017	2.549	0.99	15
	MS	$Dc=0.031\ (\tau-1.721)$	0.031	1.721	0.99	15
	LS	$Dc=0.029\ (\tau-2.220)$	0.029	2.220	0.99	15
	SC	$Dc=0.136\ (\tau-1.486)$	0.136	1.486	0.99	15
SG	UC	$Dc=0.011\ (\tau-3.136)$	0.011	3.136	0.93	15
	US	$Dc=0.005\ (\tau-2.804)$	0.005	2.804	0.98	15
	MS	$Dc=0.009\ (\tau-2.141)$	0.009	2.141	0.95	15
	LS	$Dc=0.010\ (\tau-2.355)$	0.010	2.355	0.93	15
	SC	$Dc=0.014\ (\tau-1.829)$	0.014	1.829	0.98	15
NS	UC	$Dc=0.007\ (\tau-1.350)$	0.007	1.350	0.91	15
	US	$Dc=0.005\ (\tau-3.039)$	0.005	3.039	0.93	15
	MS	$Dc=0.006\ (\tau-1.215)$	0.006	1.215	0.81	15
	LS	$Dc=0.005\ (\tau-2.121)$	0.005	2.121	0.86	15

注：IG 为初期崩岗；AG 为活跃期崩岗；SG 为稳定期崩岗；NS 为非侵蚀坡面；UC 为集水区；US 为上坡；MS 为中坡；LS 为下坡；SC 为沟道。

　　土壤的环境参数对细沟抗侵蚀能力有着不同程度的影响，以往的研究人员根据试验区实际情况，得到了细沟可蚀性与多个土壤参数之间的相关关系，其结果各不相同（Gover et al.，2007；Wang et al.，2012；Geng et al.，2017）。在此研究中，细沟可蚀性受土壤容重、有机质含量和根系密度的影响显著（$P<0.01$），并随着它们以幂函数关系逐渐降低（图 2-11），试验结果与以往研究基本一致（De Baets et al.，2007；Cao et al.，2009；Li et al.，2015）。由于细沟可蚀性在试验中难以直接获得，因此基于容易测量的土壤参数进行回归拟合来获取细沟可蚀性，试验通过土壤容重、有机质含量和根系密度拟合得到不同发育阶段崩岗各部位的细沟可蚀性（K_r）：

$$K_r = 0.005BD^{1.009}OM^{0.765}RD^{-1.776}, R^2 = 0.96, N_{SE} = 0.97, n = 12$$

$$(2-5)$$

式中，BD 为土壤容重（kg/m^3）；OM 为有机质含量（g/kg）；RD 为根系密度（kg/m^3）。

　　估算得到的细沟可蚀性的决定系数（R^2）和 Nash-Sutcliffe 效率系数（N_{SE}）分别为 0.96 和 0.97，因此可以考虑使用该等式来估算崩岗不同空间部位的土壤可蚀性。

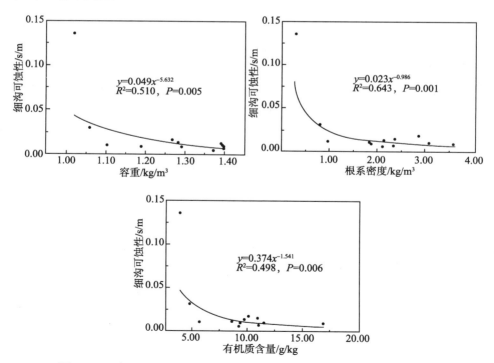

图 2-11　容重、有机质含量和根系密度与细沟可蚀性呈现的幂函数关系

土壤黏聚力是能够表征土壤抗侵蚀能力的重要参数，与土壤颗粒的内聚力直接相关。将临界剪切应力与土壤黏聚力进行拟合分析，结果呈现显著的线性正相关关系（图 2-12）。

$$\tau_c = 0.540 + 0.206Coh, R^2 = 0.678, P < 0.01 \qquad (2-6)$$

式中，Coh 是土壤黏聚力（kPa），与临界剪切应力的单因素方差分析结果显示，在 $P < 0.01$ 水平上显著相关。

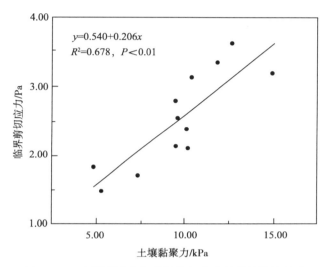

图 2-12　土壤黏聚力与临界剪切应力呈现的线性关系

此外，土壤黏聚力还与分离速率呈现较好的统计学相关性，具有一定的物理学意义，因此可以作为预测崩岗土壤分离速率的重要参数。

基于现有的研究，将容易测得的土壤水力特征、土壤基本性质和根系密度等参数进行非线性回归分析，建立一个方便有效的模型来估算水流冲刷带来的土壤分离速率。结果表明，土壤分离速率（Dc）可以通过土壤容重、土壤黏聚力、有机质含量和根系密度进行估算：

$$Dc = 0.007BD^{0.878}OM^{0.632}RD^{-1.603}[\tau - (0.648Coh - 2.171)],$$

$$R^2 = 0.98, N_{SE} = 0.98, n = 60 \qquad (2-7)$$

式中，BD 为土壤容重（kg/m³）；OM 为有机质含量（g/kg）；RD 为根系密度（kg/m³）；τ 为剪切应力（Pa）；Coh 为土壤黏聚力（kPa）。

方程的决定系数（R^2）和 Nash-Sutcliffe 效率系数（N_{SE}）均为 0.98，可以准确预测崩岗土壤分离速率。研究结果表明，崩岗侵蚀区的土壤容重、土壤黏聚力、有机质含量和根系密度与土壤分离速率关系密切，可以有效、方便地预测赣南崩岗侵蚀区的土壤分离速率。

不同发育阶段崩岗及其空间部位的土壤分离速率差异显著。崩岗在发育过程中土壤分离速率从大到小的顺序为活跃期崩岗＞稳定期崩岗＞初期崩岗＞非侵蚀坡面；空间变化中以沟道的土壤分离速率最大 $[0.483\ kg/(m^2 \cdot s)]$，土壤颗粒最容易脱落，其次是中坡、下坡、集水区和上坡。土壤分离速率与容重、黏聚力、黏粒含量、有机质含量和根系密度呈负相关关系（$P < 0.01$ 或 $P < 0.05$），与总孔隙度呈正相关关系（$P < 0.01$）。试验在五个剪切应力梯度下测得土壤分离速率呈较好的线性关系，通过线性回归后得到细沟可蚀性因子 K_r（$0.005 \sim 0.136\ s/m$）与临界水流剪切应力 τ_c（$1.215 \sim 3.631\ Pa$）有较大差异。

利用 WEPP 细沟侵蚀模型，土壤容重、有机质含量和根系密度与细沟可蚀性因子呈现良好的幂函数相关关系（$N_{SE} = 0.97$）。临界剪切应力与土壤黏聚力之间呈现良好的线性相关关系。以容重、有机质含量和根系密度代替细沟可蚀性因子，土壤黏聚力代替临界剪切应力，进一步回归分析，得出新的预测方程，结果显示方程能够准确简便地预测崩岗水流冲刷侵蚀中土壤的分离速率（$N_{SE} = 0.98$）。

第三章
典型崩岗侵蚀区坡面侵蚀过程与机理

第一节　不同质地土壤坡面侵蚀泥沙
输移特性

土壤结构的变化对坡面侵蚀和泥沙输移的影响常被忽略（Aksoy et al.，2005；Knapen et al.，2007）。土壤物理性质导致的结构差异是控制侵蚀过程和细沟形成变化的内在因素，与土壤侵蚀过程密切相关（Guy et al.，1987；Dong et al.，2014；He et al.，2014；Wu et al.，2017）。

普遍认为，土壤类型和土壤质地对土壤可蚀性、侵蚀形态特征及侵蚀泥沙的粒度分布有显著影响（Su et al.，2014；Wang et al.，2015；Xiao et al.，2017；倪世民等，2019；Shen et al.，2021）。Li 等（2015）发现土壤类型显著影响了土壤分离能力，指出黄土的土壤分离能力是红黄土的 1.49 倍。Zhang 等（2008）在研究中发现土壤分离能力与土壤的黏粒含量、容重、团聚体中值直径及土壤黏聚力密切相关。进一步地，Ali 等（2012）研究了四种不同中值粒径的非黏性沙土在动床条件下的径流泥沙输移能力，并建立了预测模型，但该模型对黏性土壤的适宜性和可靠性需要进一步评估。这与非黏性沙土的颗粒大小、形状、黏结性和稳定性对水动力条件的敏感性与黏性土壤显著不同有关（Wang et al.，2014）。相关研究发现，粗粒级土壤颗粒的可分离性随着粒径的增加而降低，这与其物理质量的增加有关；对于小于 400 mm 的颗粒，由于细颗粒之间黏聚力增加，其可分离性随着颗粒尺寸的减小而降低（Farmer，1973）。相应地，高黏粒土壤和高沙粒土壤的可蚀性低于高粉粒土壤（Gumiere et al.，2009）。高粉粒土壤的颗粒黏聚力相对较低，易形成土壤结皮并利于产生大量径流，从而可能有利于土壤颗粒的分离和输移（Nearing et al.，1991；Gumiere et al.，2009）。另外，土壤质地对细沟的形成也有重大影响。黏壤土更容易形成细沟，但形成的细沟一般较小，不会显著增加土壤流失。相比之下，粉沙壤土中发育良好的细沟会导致严重的土壤侵蚀，尽管很少有细沟网出现（He et al.，2014）。

再者，土壤性质的变化和土壤侵蚀过程的复杂性导致了已有研究结果依赖于特定的试验条件，这意味着这些结果可能只适用于具有相似土壤和试验条件的土壤侵蚀案例中。考虑到部分研究中使用的单一土壤材料通常缺乏适宜性与实用性（Merritt et al.，2003），本章节通过均匀混合不同占比的黏土和沙土制备了五种质地的土壤材料，通过室内模拟径流冲刷动床试验，研究了不同质地土壤的坡面侵蚀产沙、泥沙输移特征及其与侵蚀形态的响应关系，并建立了基于土壤性质与水动力学参数的预测模型，用以模拟崩岗崩积堆等非均质土体的侵蚀特征。

一、研究方法

（一）试验设计

1. 供试土壤　本试验选择了人工制备的不同质地的重塑土为供试土样。制备重塑土样所需的黏土为第四纪红黏土发育的林下表层（0～15 cm）红壤，采自鄂南丘陵区咸宁市贺胜桥镇（114°41′ E，30°01′ N），所需的沙土为富含石英的普通工程沙土。将土样去除石块、根系等杂质，自然风干过 5 mm 筛子备用。本试验制备了含沙量分别为 0%、30%、50%、70%、100%的重塑土样（分别被定义为 S1、S2、S3、S4、S5），各土样用搅拌机干拌充分混合均匀。土壤基本性质见表 3-1。按土壤质地分类制，5 种质地的土样从 S1 至 S5 依次为粉质黏土、黏土、沙质黏壤土、沙质黏土、沙土。试验设备为图 3-1 中所示的土槽，土槽规格为 3.0 m（长）×1.0 m（宽）×0.45 m（高），分为左右两个平行小区，可填土深度为 0.40 m，坡度可在 0°～30°连续调节。土槽下端安装有 V 形钢槽用于收集径流和泥沙，土槽底板均匀分布有排水孔。土槽上端设置稳水箱，通过水管与阀门、水泵、蓄水池相连后，可以为坡面提供稳定的上方汇水径流。5 个处理土样的填土容重控制在 1.35 g/cm³，接近田间自然状况。

表 3-1　试验土样的基本理化性质

供试土样	含沙量/%	有机质/g/kg	容重/g/cm³	黏粒/%	粉粒/%	沙粒/%	土壤质地
S1	0	18.76	1.35	51.88	40.33	7.79	粉质黏土
S2	30	—	1.35	42.59	29.40	28.02	黏土
S3	50	—	1.35	33.33	21.72	44.96	沙质黏壤土
S4	70	—	1.35	19.64	16.09	64.27	沙质黏土
S5	100	—	1.35	4.25	4.64	91.11	沙土

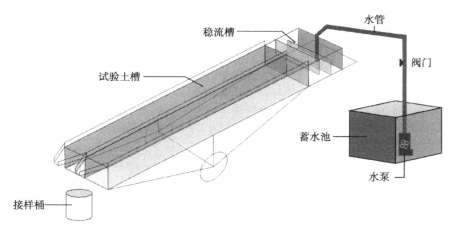

图 3-1　土槽示意

　　在制备土槽前，将土槽底部填装 10 cm 鹅卵石（直径 5～8 cm）与细沙，以便坡面自由排水，并在其上方依次铺设一层不锈钢网（孔径 2 cm）和一层聚乙烯网用以分隔上层土样。然后将不同土壤分别填入土槽，土样填装深度为30 cm，采用分层填装的方法，边填土边压实，以每层 5 cm 的增量进行填装。为保证土壤颗粒分布均匀、贴合紧密，在填入上层土壤前将下层土壤刮毛处理。将土壤压实后，使用水平仪将土壤表面调整平整。在坡上进水口处覆盖15 cm 长的纱布，以削减径流流入的能量和边缘效应的影响。填土完成后，对土槽进行 48 h 的自沉降处理。在正式试验开始前，在两种土槽的土壤表面覆盖一层纱网（孔径 2 mm），使用 30 mm/h 雨强对其进行预湿润处理，直至坡面开始产流为止。纱网距离坡面的高度为 10 cm，以降低雨滴打击对表土结构的影响。预湿润降雨的目的：一是保持下垫面土壤初始含水量一致，二是通过降雨湿润作用固结表面分散孤立的土壤颗粒，三是减少下垫面表面条件的空间变异性。在预湿润后，用塑料布将试验土槽遮盖，将其静置 24 h 自由排掉重力水。当使用 TDR（time domain reflectometry）测定的坡面土壤含水量降至（30±0.5）%时，开始进行试验。

　　2. 试验条件　根据南方花岗岩区红壤坡面的常见坡度，试验设置 5°（缓坡）和 15°（陡坡）2 个坡度，设置 2 L/min、4 L/min、6 L/min、8 L/min 4个流量，试验流量按照南方特大暴雨在径流小区上产生的单宽流量换算到试验土槽上得到。试验时间设置为 15 min，每组试验设置两个平行。基于预试验的观测结果，15°坡度 8 L/min 流量条件下径流含沙量较高、坡面侵蚀强烈，造成短时间内坡面侵蚀形态超过了细沟的范畴，从而未进行该条件下的模拟试验。

3. 试验过程　为了确保上方汇水流量的稳定性和准确性，在试验开始前通过称重式校正流量（实测值和目标值差值小于 5%）。试验开始后，观察并记录坡面的初始产流时间（T_r）、细沟出现的时间和位置等，量测细沟的沟头位置、宽度及深度。当坡面产流后，每间隔 1 min 连续接取径流泥沙样，接样时间为 1 min。每组接样装置包括两个 250 mL 铝盒和一个 12 L 接样桶，其中铝盒样用于计算径流含沙量。试验过程中，使用高锰酸钾染色法循环测量测定坡面 0~1 m、1~2 m 及 2~3 m 坡段处的坡面径流表面流速，水宽采用直尺法每隔 5~10 cm 多次测定，并使用水银温度计测量水温，以计算相关的水动力学参数。同时，试验通过安装在土槽上方降雨器上的高清相机每隔 10 s 记录整个试验过程。试验结束后，使用直尺法量测细沟沿坡面的沟宽、沟深。将径流泥沙样静置 12 h，去除径流泥沙样的上层清液并转移至铝制饭盒，在烘箱内 105 ℃烘干至恒重，然后计算产流量和产沙量。

（二）测定指标

单位时间内的径流量为水沙混合样的质量减去泥沙质量（水的密度为 1.0 g/mL）。径流含沙量（c_s）为铝盒中泥沙质量和径流体积的比值。土壤侵蚀速率（土壤剥蚀率，E）为单位时间单位侵蚀面积坡面土壤在水流侵蚀动力作用下被剥蚀的土壤颗粒质量（Zhang et al.，2008），通过下式计算：

$$E = \frac{M_t}{Ldt} \tag{3-1}$$

式中，E 为土壤侵蚀速率 [kg/(m² · min)]；M_t 为累计产沙量（kg）；L 为细沟沟长（m）；d 为水宽（m）；t 为记录时间（min）。

径流泥沙输移能力（sediment transport capacity，T_c）是在土壤颗粒分离与泥沙沉积平衡条件下径流最大输沙量的综合指标。在动床试验中，当坡长足够大时坡下的泥沙载荷可认为是径流的泥沙输移能力，这是该流量和坡度下的最大输沙量（Lei et al.，2001；Zhang et al.，2009；Mahmoodabadi et al.，2014）。Yu（2003）发现，在稳态条件下，确定 WEPP 和 GUEST 模型中泥沙输移能力的方程在结构上是相同的，并且两个模型都需要输沙极限处的泥沙浓度。对于 WEPP 模型，质量连续性方程由 Foster 等（1972）给出：

$$D_c = K_r(\tau - \tau_c)\left(1 - \frac{qc_s}{T_c}\right) \tag{3-2}$$

式中，D_c 为土壤分离速率 [kg/(m² · s)]；K_r 为系数，定义为单位宽度上的细沟可蚀性参数（s/m）；τ 为径流剪切应力（Pa）；τ_c 为土壤的临界水流剪切应力（Pa）；qc_s 为径流泥沙载荷 [kg/(m · s)]；q 为径流单宽流量（m²/s）；c_s 为径流含沙量（kg/m³）；T_c 为径流泥沙输移能力 [kg/(m · s)]。

　　上述公式表明在达到泥沙输移能力之前，径流分离能力与径流含沙量呈线性下降（Zhang et al.，2014）。基于早期的研究，Lei 等（2001）和 Zhang 等（2016）提出了稳态条件下的泥沙输移能力方程：

$$T_c = c_{max} q \qquad (3-3)$$

式中，c_{max} 为给定试验条件下的径流最大含沙量。

　　坡面侵蚀过程实质上是水流做功、能量不断消耗的过程。径流平均流速（V）通过试验过程中染色法测得的表面流速根据相应的流态乘以换算系数得到：

$$V = kV_s \qquad (3-4)$$

式中，V 为平均流速（m/s）；V_s 为表面流速（m/s）；k 为相关的换算系数，根据对应的流态（层流、过渡流、紊流）分别取值 0.67、0.70、0.80（Li et al.，1999）。

　　坡面径流的流态通过水流内部的紊乱指标来描述，通常使用的判别参数为雷诺数（Re）与弗劳德数（Fr）（Rose et al.，2002）：

$$Re = \frac{VR}{v} \qquad (3-5)$$

$$Fr = \frac{V}{\sqrt{gh}} \qquad (3-6)$$

式中，R 为水动力学半径（m），本试验条件下可近似用水深 h 代替；v 为黏滞系数（cm²/s）；g 为重力加速度，$g=9.8$ m/s²；h 为径流水深（cm）。

　　水动力学参数选用水流剪切应力（τ）、水流功率（ω）、单位水流功率（Pr），分别通过下式计算（张光辉等，2002）：

$$\tau = \rho g R J \qquad (3-7)$$

$$\omega = \tau V \qquad (3-8)$$

$$Pr = VJ \qquad (3-9)$$

式中，τ 为水流剪切应力（Pa）；ρ 为水流容重（kg/m³）；J 为水力坡度（m）；ω 为水流功率 [N/(m·s)]；Pr 为单位水流功率（m/s）。

　　表征坡面表面形态的相关指标较多，本研究选择了下列具有代表性的参数参与计算。坡面表面形态的基本参数有细沟平均深度、平均宽度、宽深比等，还有细沟密度、坡面糙度等衍生参数。细沟平均深度是坡面所有细沟侵蚀深度的加权平均值。其计算公式为

$$\bar{H} = \frac{\sum_{n=1}^{m} h_n A_n}{\sum_{n=1}^{m} A_n} \qquad (3-10)$$

式中，$\bar{H}$ 是细沟平均深度（cm）；h_n 是每条细沟的深度（cm）；A_n 是坡面每条细沟的平面面积（cm²）。

细沟平均沟宽是坡面所有细沟侵蚀宽度的加权平均值。以试验过程中人工测量所得的细沟深度、宽度为基准，结合坡面 DEM 数据和相机垂直影像量取来确定细沟平均深度和宽度。断面宽深比是无量纲参数，表示细沟的断面形态在水平方向和竖直方向上尺寸的相对大小，其数学表达式为

$$\mu = \sqrt{\frac{d_r}{h_r}} \qquad (3-11)$$

式中，μ 为细沟断面宽深比；d_r 为细沟宽度（cm）；h_r 为细沟深度（cm）。

宽深比 μ 越大，断面形状越趋近"宽浅式"，宽深比 μ 越小，断面形状越趋近"窄深式"。

文中不同处理间的差异水平采用方差分析法确定（$P<0.05$），并用 Duncan 方法进行多重比较。变量间的相关分析采用 Spearman 相关分析法进行计算，显著性水平包括 $P<0.05$、$P<0.01$ 和 $P<0.001$。本文采用方程决定系数、均方根误差及 Nash-Sutcliffe 效率系数（Nash et al.，1970）来评估函数拟合效果，筛选试验结果，其求解形式为

$$R^2 = \frac{\left[\sum_{i=1}^{n}(M_i - \bar{M})(P_i - \bar{P})\right]^2}{\sum_{i=1}^{n}(M_i - \bar{M})^2 \sum_{i=1}^{n}(P_i - \bar{P})^2} \qquad (3-12)$$

$$RMSE = \sqrt{\frac{\sum_{i=1}^{n}(M_i - P_i)^2}{n}} \qquad (3-13)$$

$$N_{SE} = 1 - \frac{\sum_{i=1}^{n}(M_i - P_i)^2}{\sum_{i=1}^{n}(M_i - \bar{M})^2} \qquad (3-14)$$

式中，M_i 为实测值；$\bar{M}$ 为实测值的平均值；P_i 为预测值；$\bar{P}$ 为预测值的平均值；n 为样本数；R^2 为方程决定系数；$RMSE$ 为均方根误差；N_{SE} 为 Nash-Sutcliffe 效率系数。

二、坡面侵蚀产沙特征

（一）不同质地条件下径流含沙量

土壤质地对坡面侵蚀过程中径流含沙量、土壤侵蚀速率及细沟形态特征等具有重要影响。不同试验条件下径流含沙量的动态变化如图 3-2 所示。各处理

中，含沙量和最大含沙量均出现显著变化，且随着流量和坡度的增加而增加。例如，在相同的流量条件下，当坡度从 5°增加到 15°，4 L/min 流量条件下 S3 坡面的平均径流含沙量从 0.07 g/cm³ 增加到了 1.15 g/cm³。坡度对含沙量的积极作用随着重力沿坡面切向分力的增大而明显增加，尤其是大流量条件下，这意味着坡度和流量对侵蚀过程的交互协同效应愈加显著。坡度和流量是坡面水流侵蚀力变化的源动力，大量研究表明，坡面产沙与坡度、流量呈正相关关系，在一定范围内，坡度和流量越大径流含沙量越大（张乐涛等，2013；Zhang et al.，2014）。

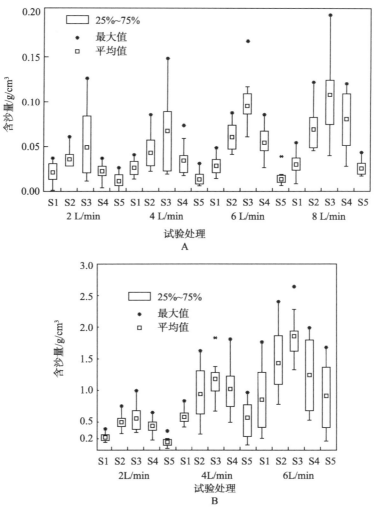

图 3-2　不同试验条件下的坡面径流含沙量

A. 5°　B. 15°

　　根据含沙量分布状况可以发现，在相同试验条件下，不同质地土壤的径流含沙量呈现单峰分布（图 3-2），峰值位于 S3 坡面。从 S1 到 S5 原始土壤中含沙量逐渐增加，这通常导致土壤可蚀性的增加（Knapen et al.,2007）。相比于黏重的土壤，沙质土壤由于土壤黏结性较差而易被径流所剥蚀。但是，随着坡面土壤的进一步粗化，土壤粒径逐渐变粗，从而增加了在相同侵蚀力水平下径流输移土壤颗粒的难度，导致泥沙发生沉积、径流含沙量减少。坡面产沙量（径流含沙量）取决于径流输移能力和径流剥蚀速率中的较小者（倪世民等，2019）。在相同的径流侵蚀力条件下，土壤侵蚀速率与径流含沙量相似，皆呈现"峰状"分布，表明质地黏重的土壤的产沙过程主要受径流剥蚀能力的限制，质地偏沙的土壤的产沙过程主要受径流搬运能力的限制。与 S4、S5 坡面相比，虽然 S1 坡面产沙量略高，但显而易见，S1 坡面的产沙过程受径流剥蚀能力的限制，这表明红壤较高的黏结性与较好的团粒结构可以在一定程度上增加坡面的抗蚀性；而 S4、S5 坡面则表现为径流剥离的土壤大于径流的泥沙输移能力，从而在坡下发生较为明显的沉积。另外，在动床试验条件下，坡面的土壤侵蚀速率和径流含沙量息息相关，此处不再赘述。

（二）侵蚀产沙与坡面断面形态的响应关系

　　对于动床试验，侵蚀过程是径流水动力学特征和坡面土壤之间相互作用的结果，也是在其基本相互作用上形成复杂的相互反馈过程（Ali et al.，2012；Gatto，2000；Dong et al.，2014；Shen et al.，2015）。图 3-3 所示为各试验条件下的坡面的细沟断面宽深比。分析可知，细沟断面宽深比随坡度的增大呈现减小的趋势，断面形态由"宽浅式"趋向于"窄深式"。在缓坡条件下，流量对细沟断面形态没有显著的影响，在陡坡条件下，随着流量的增加细沟断面宽深比随之减少。土壤质地的差异使不同坡面的细沟断面形态呈现明显的规律性，质地越沙化（坡面含沙量越高），断面形态越趋近于"宽浅式"（图 3-4）。

　　为进一步揭示坡面产沙特征与细沟形态特征之间的关系，本研究对土壤侵蚀速率、累计产沙量与细沟形态参数进行了相关分析。如表 3-2 所示，细沟的平均深度和土壤侵蚀速率、坡面累计产沙量具有极显著的正相关关系（$P<0.01$）。径流对坡面土壤的侵蚀使坡面沟床形态发生改变，沟床形态的改变又反过来影响径流的水动力学特性与坡面的侵蚀产沙。径流的下切侵蚀是坡面产沙的主要来源，在本研究中细沟平均深度可以显著地表达坡面的产沙情况。此外，细沟断面宽深比和土壤侵蚀速率、坡面累计产沙量具有极显著负相关关系（$P<0.01$），细沟的断面形态越加"窄深"，土壤侵蚀速率和坡面累计产沙量越大。

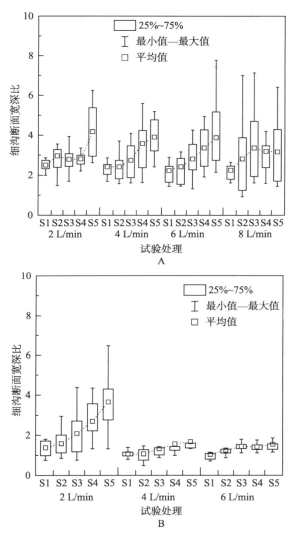

图 3-3 不同试验条件下细沟断面宽深比
A. 5° B. 15°

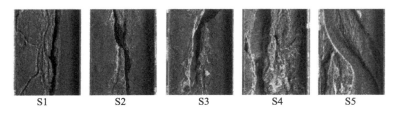

图 3-4 不同质地土壤坡面细沟断面形态

表 3 - 2　坡面产沙特征与细沟形态参数的相关关系

	平均深度	平均宽度	断面宽深比	土壤侵蚀速率	累计产沙量
平均深度	1				
平均宽度	−0.016	1			
断面宽深比	−0.795**	−0.666**	1		
土壤侵蚀速率	0.943**	−0.347*	−0.865**	1	
累计产沙量	0.954**	−0.157	−0.722**	0.940**	1

注：* $P<0.05$，** $P<0.01$。

　　土壤的颗粒组成是影响土壤抗蚀性的重要因素，颗粒组成越细的土壤，黏结力越强，土壤抗蚀性和形成的细沟的稳定性越强（和继军等，2013）。细沟侵蚀为径流搬运泥沙提供了通道，一方面黏结力较差的土壤坡面细沟沟壁稳定性差，沟壁坍塌引起的侧向侵蚀频繁，使细沟断面形态趋向"宽浅式"；另一方面宽浅的细沟引起径流泥沙输移能力减小，坡面上方侵蚀的泥沙因径流搬运能力的限制而在下方发生沉积，致使断面形态进一步趋向"宽浅式"。坡面的侵蚀过程也是一个径流能量耗散的过程，细沟形态的改变、泥沙的输移及坡面产沙伴随着能量的耗散，在相同的流量下，狭窄细沟内形成的集中水流具有较大的径流能量，从而增强了径流对土壤的剥蚀能力和搬运能力（倪世民等，2018）。

三、坡面径流泥沙输移能力

（一）泥沙输移能力的平衡条件

　　土壤侵蚀过程是侵蚀、迁移和沉积同时发生的过程（Hairsine et al.，1992）。净侵蚀或净沉积是土壤颗粒分离、泥沙输移和泥沙沉积之间动态平衡的结果（Yu，2003）。图 3 - 5 显示了试验土槽在 15°坡度不同流量条件下的泥沙侵蚀-沉积平衡。对于动床试验，当达到并保持泥沙输移能力时，动态平衡条件表明泥沙沉积速率等于土壤分离速率，也意味着净侵蚀为零，径流可以输移的泥沙量达到了最大值。之后，由于径流能量的消耗，径流的挟沙量将小于该值。从图中可以看出，土槽的长度足以确保在给定的流速和坡度下达到并保持泥沙输移能力（Foster et al.，1972；Ali et al.，2012）。同时，稳定状态（动态平衡条件）可能受到薄层水流输移能力或分离能力的限制（Kinnell，2005）。缓坡（5°）条件下，径流的输沙量受土壤剥离能力和泥沙输移能力的限制，有利于在更短的坡面处达到侵蚀-沉积动态平衡。因此，本研究的土槽长度可以满足测定径流泥沙输移能力的试验要求。

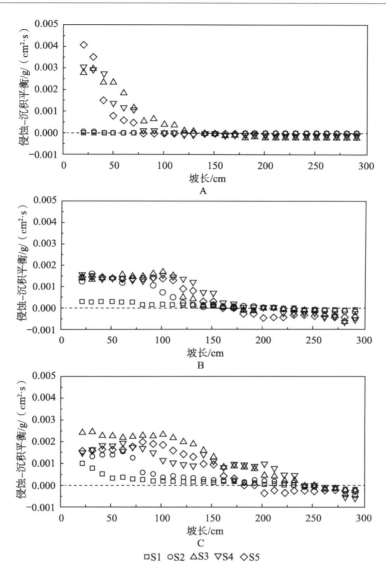

图 3-5　15°坡度条件下沿坡长的坡面侵蚀-沉积平衡
A. 2 L/min　B. 4 L/min　C. 6 L/min

（二）泥沙输移能力

图 3-6 所示为不同试验条件下坡面径流泥沙输移能力。在所有处理中，泥沙输移能力随流量和坡度的增加而增加，在 0.01~3.23 kg/(m·s) 范围内变化，陡坡与缓坡最大差距达到了约 20 倍。这表明对于泥沙输移能力，坡度是比流量更敏感的正效应影响因素。许多研究也指出，坡度对泥沙输移能力的贡献大于流

量（Govers，1990；Lei et al.，2001；Ali et al.，2012）。一种解释是重力的切向分量随着坡度的增加而增加，导致径流能量的增加，这可以提高径流的挟沙载荷能力。根据 Shi 等（2012）的研究，泥沙颗粒的滚移逐渐成为一种活跃的泥沙输移机制，粗粒部分约占到了泥沙量的 20%。对于相同的流量条件，当坡度增加时，径流泥沙输移能力的急剧增加也与 S1 至 S5 坡面上粗颗粒泥沙的增加有关。

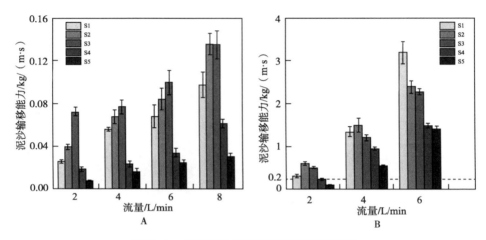

图 3-6　不同试验条件下径流泥沙输移能力
A. 5°　B. 15°

Guy 等（1987）报道了径流对泥沙输移能力的贡献是由流量和坡面土壤特性决定的。对于不同质地的土壤，在较低的径流侵蚀力下，泥沙输移能力与含沙量的变化趋势相似，如 5°坡度下 2 L/min、4 L/min 和 6 L/min 处理，峰值在 S3 坡面。然而，随着坡度和流量增加引起的径流侵蚀力增加，泥沙输移能力和含沙量之间出现了差异：峰值从 S3 坡面逐渐转变为 S2 和 S1 坡面（图 3-6）。该差异表明，在给定的试验条件下，泥沙输移能力受到了有限的径流挟沙能力的限制。这是一个输移限制条件的泥沙输移机制（Kinnell，2005），当径流能量以某种方式发生消耗后（如水宽变宽），径流的输沙量会随之减少，如 15°坡度下 2 L/min 和 4 L/min 处理。这些结果可归因于由土壤可蚀性差异导致的坡面细沟形态之间的差异。具体而言，随着坡面土壤从 S5 变为 S1，土壤稳定性逐渐增加，坡面细沟呈现出变窄的趋势（图 3-4），导致了单度流量和流速增加，有利于泥沙输移。质地黏重的土壤坡面具有较低的可蚀性，易形成稳定的细沟壁，这有助于为泥沙输移提供通道，有利于径流能量的积聚（Li et al.，2015；Shen et al.，2015），泥沙输移能力会随着径流侵蚀力的增加而增加。从水流能量的角度来看，泥沙输移是一个基于能量消耗的过程，径流的输沙量与泥沙输移的耗散的径流能量有关（Bagnold，1966；

Zhang et al.，2010）。随着坡面土壤质地的沙化，土壤可分离性增加，但由于细沟形态趋向"宽浅"，导致径流能量降低，因此土壤可输移性降低。而且稳定的细沟壁对泥沙输移的贡献率会随着侵蚀力的增加而增加，如 15°坡度下 2 L/min、4 L/min 及 6 L/min 处理之间的对比。

细沟中径流能量的积聚可用平均流速和径流紊乱程度来解释。Merten 等（2001）认为，湍流的减少和推移质对土壤的保护都有助于限制细沟侵蚀剥蚀的泥沙量。图 3-7 所示为不同质地土壤坡面径流的雷诺数（Re）和弗劳德数（Fr）。根据明渠流的标准，径流主要属于急流和层流、过渡流。具体地，从 S1 到 S5 坡面，流态逐渐由紊流趋向于层流。由于流量和坡度的变化，侵蚀力增加，这种分布趋势变得更加明显，径流的泥沙输移能力随着紊流的增加而增加（Guo et al.，2010；Xiao et al.，2017），特别是在 15°坡度的较高流量下。因此，在 15°坡度 2 L/min 和 4 L/min 处理中，S1 坡面的径流泥沙输移能力受到了坡面易蚀物质的限制（图 3-6）。结果表明，土壤质地对径流泥沙输移能力有很大的影响，与黏粒相反，沙粒虽然易分离但是难以输移。显然，土壤中高黏粒含量对泥沙输移显著的正影响作用随着径流侵蚀力的增加而增强。

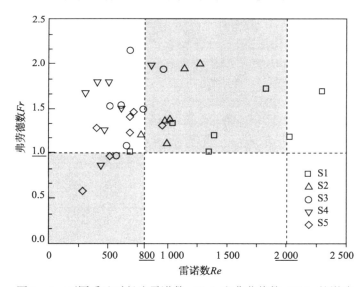

图 3-7　不同质地对径流雷诺数（Re）和弗劳德数（Fr）的影响

四、基于土壤性质与水动力学参数的坡面侵蚀预测方程

（一）土壤侵蚀速率预测方程

土壤侵蚀速率是水动力学参数与土壤参数的函数，深刻理解坡面侵蚀产沙对水动力学参数的响应关系是建立土壤侵蚀物理模型的基础。表 3-3 所示为

土壤侵蚀相关参数与水动力学参数的相关关系。土壤侵蚀速率与坡度、水流剪切应力、水流功率、平均流速、雷诺数及单位水流功率呈极显著的相关关系（$P<0.01$），与单宽流速、弗劳德数呈显著的相关关系（$P<0.05$），相关系数 r 从大到小依次为：Pr、ω、S、τ、V、Fr、q，表明在相同试验条件下单位水流功率对土壤侵蚀速率影响最大（$r=0.911$，$P<0.01$）。坡度对坡面水力侵蚀具有重要影响，与土壤侵蚀速率关系密切（$r=0.812$，$P<0.01$）。在本试验中，坡面侵蚀属于细沟侵蚀的范畴，坡度增加时，坡面土体的稳定性下降，细沟沟壁坍塌频繁，导致产沙量剧增。雷诺数与弗劳德数是表征径流紊乱程度的参数，两者可在一定程度上反映坡面的土壤侵蚀速率和坡面侵蚀形态特征。"窄深式"细沟内径流湍急、紊乱，流态趋向于紊流和急流的范畴，径流的土壤剥蚀能力和搬运能力较强；而"宽浅式"细沟内径流流态趋向于层流和缓流的范畴，土壤剥蚀能力和搬运能力较低。

表 3-3　土壤侵蚀相关参数与水动力学参数的相关关系

参数	S	Q	q	V	τ	ω	Pr	Re	Fr	f	c_s	E	T_c
S	1												
Q	-0.223	1											
q	0.154	0.416*	1										
V	0.169	0.777**	0.770**	1									
τ	0.835**	-0.199	0.559**	0.300*	1								
ω	0.775**	0.113	0.731**	0.595**	0.933**	1							
Pr	0.889**	0.101	0.430*	0.549**	0.802**	0.882**	1						
Re	0.292	0.371*	0.962**	0.752**	0.671**	0.821**	0.559**	1					
Fr	0.177	0.707**	0.181	0.718**	-0.074	0.215	0.475*	0.181	1				
f	0.632**	-0.729**	0.165	-0.452**	0.645**	0.369*	0.296	-0.004	-0.613**	1			
c_s	0.857**	0.007	0.205	0.390*	0.659**	0.685**	0.890**	0.281	0.485*	0.279	1		
E	0.812**	0.152	0.461*	0.580**	0.769**	0.845**	0.911**	0.553**	0.468*	0.249	0.915**	1	
T_c	0.846**	0.173	0.482*	0.575**	0.789**	0.471*	0.951**	0.558**	0.473*	0.265	0.948**	0.954**	1

注：S 为坡度；Q 为流量；q 为单宽流量；V 为平均流速；τ 为水流剪切应力；ω 为水流功率；Pr 为单位水流功率；Re 为雷诺数；Fr 为弗劳德数；f 为阻力系数；c_s 为径流含沙量；E 为土壤侵蚀速率；T_c 为泥沙输移能力。* $P<0.05$，** $P<0.01$。

在过去几十年间，诸多研究对水动力学参数与土壤侵蚀速率之间的关系进行了定量表述（Zhang et al.，2008，2009；Wang et al.，2017）。土壤侵蚀速率首先是简单水动力学变量的函数，研究发现基于坡度和单宽流量的幂函数可以很好地描述土壤侵蚀速率：

$$E=0.10q^{0.54}S^{2.59}，\quad R^2=0.644，\quad RMSE=0.421 \qquad (3-15)$$

式中，E 为土壤侵蚀速率 [$kg/(m^2 \cdot min)$]；q 为单宽流量（m^2/s）；S 为坡度（%）。

坡度因子指数（2.59）大于单宽流量（0.54），表明坡度对土壤侵蚀速率的贡献大于流量；决定系数（R^2）为 0.644，方程的拟合程度良好，坡度和单宽流量的函数可以在一定程度上较好地描述土壤侵蚀速率。

根据表 3-3 中水动力学参数与土壤侵蚀速率的相关性，对单位水流功率（Pr）与土壤侵蚀速率的定量关系进行分析，发现幂函数也可以有效地描述两者的关系：

$$E=49.96Pr^{2.07}，R^2=0.795，RMSE=0.325 \qquad (3-16)$$

与式（3-15）相比，式（3-16）对于土壤侵蚀速率具有更高的表达能力（$R^2=0.795$，$RMSE=0.325$）。单位水流功率与土壤侵蚀速率之间存在良好的拟合关系，单位水流功率较小时，式（3-16）的拟合效果最佳，随着单位水流功率的增大，拟合效果相对变差，表明在水深较浅、流速较小、坡度较缓时，式（3-16）对土壤侵蚀速率具有较为出色的预测能力，其原因可能与紊流、急流状态（大坡度、大流量）下坡面产沙过程频繁的波动性和突变性有关。

Wirtz 等（2013）认为单独的水动力学参数不足以用来预测土壤分离速率，应考虑到土壤性质对细沟侵蚀过程的影响。Ali 等（2012）在建立泥沙输移能力预测方程时引入土壤的中值粒径 D_{50} 以表征土壤性质。Kinnell（2006）指出分选良好的试验材料在坡面输移过程中受土壤黏聚力的影响。由于土壤颗粒间黏聚力的阻力，与非黏性土相比，黏性土不易被径流剥离（Wang et al.，2012）。相比于其他影响因素，对土壤黏聚力影响最大的因子是土壤机械组成（王云琦等，2006）。基于此，本研究尝试在水动力学参数与土壤侵蚀速率定量关系的基础上，引入表征土壤性质的土壤黏聚力，建立基于土壤性质与水动力学参数的定量关系，用于评估坡面的土壤侵蚀速率：

$$E=82.39q^{1.05}S^{2.56}C^{-0.82}，R^2=0.682，RMSE=0.392 \qquad (3-17)$$

$$E=165.22Pr^{2.36}C^{-0.44}，R^2=0.816，RMSE=0.303 \qquad (3-18)$$

式中，C 为土壤黏聚力（kPa）。

对比分析上述公式可知，在引入土壤黏聚力后定量方程的拟合效果得到了提高，对土壤侵蚀速率具有更好的解释能力。在方程中，土壤黏聚力的指数呈负数，其对土壤的侵蚀程度呈消极作用，越黏重的土壤，其抗蚀性越强。与应用单独的水动力学参数发展的预测模型相比，本研究考虑到了土壤性质对土壤侵蚀过程的定量影响，在预测土壤侵蚀速率时方程的可靠性与适用性更强（Xiao et al.，2017；Zhang et al.，2014）。

（二）泥沙输移能力预测方程

水动力学特征明显影响了坡面土壤侵蚀过程（Zhang et al.，2017）。分析表 3-3 可知，水流剪切应力、水流功率和单位水流功率与含沙量高度相关，其相关性由大到小的顺序为 $Pr>\omega>\tau$；水流剪切应力、水流功率和单位水流功率与泥沙输移能力也高度相关,其相关性由大到小的顺序为 $Pr>\tau>\omega$。此外,坡度也与含沙量、泥沙输移能力高度相关 ($r\geqslant0.846$,$P<0.01$),这与上述文中坡度对产沙和输沙发挥积极作用的结论一致。此外,弗劳德数与含沙量、泥沙输移能力呈显著相关 ($r\geqslant0.473$,$P<0.05$),而雷诺数与泥沙输移能力呈极显著相关 ($r=0.558$,$P<0.01$)。

本研究通过非线性回归分析,进一步探讨了水动力学参数与土壤侵蚀参数之间的定量关系(表3-4)。研究发现,幂函数能够很好地描述相关指标之间的关系。单位水流功率对径流泥沙输移能力 ($R^2=0.937$,$N_{SE}=0.939$,$P<0.01$) 和含沙量 ($R^2=0.741$,$N_{SE}=0.748$,$P<0.01$) 的影响最为敏感,表明单位水流功率的变化最能反映土壤侵蚀的变化过程。径流泥沙输移能力和含沙量随水动力学参数的增加呈幂函数增加的趋势(表3-4),这与前人研究的结果一致(Everaert,1991;Jayawardena et al.,1999;Ali et al.,2012;Ali et al.,2013)。相比之下,泥沙输移能力与水流剪切应力、水流功率相关性较差,这与 Ali 等(2012)的研究一致。基于水流剪切应力的泥沙输移能力量化方程通常应用于具有稳定细沟壁形态和流态的定床坡面(Low,1989;Guy et al.,1992)。对于动床试验而言,坡面微形态变化和粗糙度消耗了一部分径流能量(Giménez et al.,2001;Zhang et al.,2009;Ali et al.,2012)。对于水流功率,Govers(1990)的理论认为它不适合预测表面径流的泥沙输移能力。综上所述,单位水流功率是描述径流泥沙输移能力的最佳水动力学参数。

表3-4 土壤侵蚀参数与水动力学参数之间的量化关系

试验参数	定量关系	R^2	P	$RMSE$	N_{SE}
T_c,Pr	$T_c=2.74\times10^3 Pr^{2.90}$	0.937	<0.01	0.20	0.939
T_c,ω	$T_c=0.40\omega^{1.25}$	0.673	<0.01	0.46	0.682
T_c,τ	$T_c=0.006\ 4\tau^{1.34}$	0.505	<0.01	0.56	0.519
c_s,Pr	$c_s=87.66Pr^{1.76}$	0.741	<0.01	0.24	0.748
c_s,ω	$c_s=0.33\omega^{0.82}$	0.389	<0.01	0.37	0.407
c_s,τ	$c_s=0.086\tau^{0.95}$	0.342	<0.01	0.38	0.361

注:T_c 指泥沙输移能力;Pr 指单位水流功率;ω 指水流功率;τ 指水流剪切应力;c_s 指径流含沙量。

流量和坡度是限制坡面产沙量变化的主要因子(Polyakov et al.,2003),径流的基本特征变量(如水流剪切应力和水流功率)皆是从这两个因子推导而来的(Prosser et al.,2000)。因此,流量和坡度通常被用于量化研究泥沙输移能力(Julien et al.,1985;Everaert,1991;Guy et al.,2009)。例如,Julien 等(1985)曾建立了泥沙输移能力与流量、坡度的量化关系。在大量水动力学动床水槽试验的基础上,Govers(1990)开发了一个用于描述泥沙输移能力与单宽流量、坡度关系的方程模型：

$$T_c = aq^b S^c \qquad\qquad (3-19)$$

式中，q 为单宽流量（m^2/s）；S 为坡度（%）；a、b 及 c 分别为回归系数。

　　基于此，本研究利用式（3-19）通过多元非线性回归分析进一步评估了单宽流量、坡度对泥沙输移能力的综合影响，结果如式（3-20）所示：

$$T_c = 0.48q^{0.96} S^{2.74}, \quad R^2 = 0.737, \quad N_{SE} = 0.752, \quad RMSE = 0.40, \quad P < 0.01$$

$$(3-20)$$

　　许多学者根据坡度和单宽流量，通过各种方法建立了类似的泥沙输移能力方程（Zhang et al.，2009，2017；Ali et al.，2012；Wang et al.，2015；Xiao et al.，2017）。然而，以往关于泥沙输移能力的研究主要集中在一种或少数几种类型的土壤，很少系统地考虑土壤质地的影响。相关研究表明，泥沙输移能力与坡度、流量组合之间的关系可能会随土壤颗粒粒径的大小而发生显著变化（Everaert，1991；Ferro，1998；Govers，1990；Ali et al.，2012）。Nearing 等（1991）指出，与砾质土壤相比，黏质土壤由于其团聚体或土壤单粒间的强黏结作用而不易被剥蚀。Kinnell（2006）研究发现，径流搬运的粗粒或细粒皆受到了土壤凝聚力的影响。在本研究中，试验土壤的颗粒黏聚力与Zhang 等（2009）和 Wang 等（2015）的研究完全不同，这意味着他们的模型不能直接应用在其他条件中。考虑到试验土壤在土壤质地上的显著差异，试验最终选择了土壤黏聚力表征土壤特性用于建立预测模型。通过多元非线性回归分析对引入土壤黏聚力的预测模型进行评估，结果如下：

$$T_c = 245.35q^{1.69} S^{2.69} C^{-1.08}, \quad R^2 = 0.793, \quad N_{SE} = 0.811,$$
$$RMSE = 0.35, \quad P < 0.01 \qquad\qquad (3-21)$$

式中，C 为土壤黏聚力（kPa）。

　　总体上，上述式（3-20）、（3-21）两个模型都很好地拟合了实测的泥沙输移能力，决定系数分别为 0.737 和 0.793。同时，两个模型的 Nash-Sutcliffe 效率系数从 0.752 增加到 0.811，均方根误差降低。这表明试验土壤特性（黏聚力）的引入可以提高预测模型的可靠性和适用性。

　　此外，根据式（3-21）中的两个指数，泥沙输移能力对坡度比单宽流量更敏感，这与上述相关性分析的结果（表 3-3）一致。Xiao 等（2017）和Wang 等（2015）也报道了类似的结论。土壤黏聚力是胶结力、黏着力、库仑力等的综合作用，是剪切强度的关键参数。Wang 等（2014）报道了土壤抗蚀性与土壤黏聚力呈正相关且呈幂函数关系（$P < 0.01$）。随着土壤中黏粒含量的增加，土壤黏聚力呈指数增加（Wei et al.，2015）。式（3-21）中的土壤黏聚力的指数表明其对泥沙输移能力产生了负面影响，土壤黏聚力在一定程度上阻碍了土壤颗粒的分离和输移，本研究在较低的梯度下略有表现（图3-6）。

Ali 等（2012）考虑了土壤特性的影响，在模型中引入了非黏性沙土的中值粒径，并用总流量（Q）替换了式（3－19）中的单宽流量。其引入的中值粒径的作用类似于式（3－21）中的土壤黏聚力，这可用于描述动床试验和定床试验之间的差异性。

除了上述参数外，许多学者还采用水动力学参数来预测泥沙输移能力（Zhang et al.，2009；Ali et al.，2013；Wang et al.，2015）。本研究对水动力学参数与泥沙输移能力的回归关系进行分析，发现单位水流功率非常适合估算泥沙输移能力，其定量关系可用下式进行描述：

$$T_c = 2.74 \times 10^3 Pr^{2.90}, \ R^2 = 0.937, \ N_{SE} = 0.939,$$
$$RMSE = 0.20, \ P < 0.01 \qquad (3-22)$$

许多学者也认为单位水流功率是预测泥沙输移能力的良好指标（Govers et al.，1986；Govers，1992；Zhang et al.，2009；Ali et al.，2012）。进一步地，本研究采用与式（3－21）相同的方法进行回归分析，结果如式（3－23）所示：

$$T_c = 5.16 \times 10^3 Pr^{3.07} C^{-0.19}, \ R^2 = 0.940, \ N_{SE} = 0.943,$$
$$RMSE = 0.19, \ P < 0.01 \qquad (3-23)$$

对预测模型式（3－20）、（3－21）、（3－22）和（3－23）进行比较评估发现，决定系数（R^2）和 Nash-Sutcliffe 效率系数（N_{SE}）均明显增加，而均方根误差（$RMSE$）显著降低，从 0.40 依次降低到 0.35、0.20 及 0.19。由于预测模型中考虑了试验土壤的黏聚力作为参考因子，因此，模型结果对不同质地类型的土壤坡面具有广泛的适用性。从水动力学角度来看，学者们普遍认为泥沙输移能力与单位水流功率有关，单位水流功率是一个综合变量而非独立变量，它描述了坡度和流量的综合影响，是一个受表面粗糙度影响的、用于描述泥沙输移动态过程的适用变量（Yang et al.，1974；Govers，1992）。因此，基于单位水流功率和土壤黏聚力的预测模型式（3－23）为精确估算不同质地土壤坡面的径流泥沙输移能力提供了一种适用的方法。

结果表明，与流量相比，坡度被证明对径流含沙量、土壤侵蚀速率及泥沙输移能力有更显著的积极影响。五种质地土壤坡面的水文和侵蚀过程随水动力学特性、坡度和土壤黏粒含量变化而变化。土壤黏粒含量的变化导致含沙量和土壤侵蚀速率呈现单峰分布的规律（50%含沙量时出现峰值）。与之相反，土壤黏粒对径流泥沙输移能力的积极影响随着径流侵蚀力的增加而增加，为坡面细沟形态形成提供了直接的证据，表明在给定的条件下径流的泥沙输移能力受到了径流挟沙力的限制。通过相关分析和回归分析发现，单位水流功率是描述土壤侵蚀速率和泥沙输移能力较合适的水动力学参数，幂函数也能较好地描述参数间的定量关系。同时，考虑到土壤性质的影响，试验引入土壤黏聚力，将之与单宽流量和坡度或单位水流功率相结合作为复合预测因子，建立了土壤侵蚀速率和泥沙输移能力的预测模型。经检验，模型预测效果良好。基于土壤性质的预测模型提高了土壤侵蚀产沙预测的可靠性，可广泛应用于具有不同机械组成土壤的侵蚀预测工作中。上述结果表明，对不同机械组成土壤的土壤侵蚀特征进行系统的比较和评估，对于提高预测模型的适用性和可靠性具有重要意义。

第二节　不同降雨动能条件下花岗岩红壤坡面侵蚀与泥沙富集

水蚀预报模型 WEPP（water erosion prediction project）对细沟侵蚀的定量表达，仅考虑了径流的影响，尚未说明雨滴打击对细沟侵蚀的贡献与作用。相关研究结果表明，消除雨滴打击可减少细沟侵蚀量。比如，郑粉莉等（1995）以武功黏黄土为试验土壤，发现通过增加雨滴降落高度来增加降雨动能会显著增大坡面侵蚀量；而通过在径流小区上方覆盖纱网消除雨滴动能99.6%后，可使坡面细沟侵蚀量减少38%～64%、坡面总侵蚀量减少31%～55%。安娟等（2011）研究结果同样表明，消除雨滴打击使黑土区坡面侵蚀量减少59.4%～71.6%。

降雨动能（rainfall kinetic energy，KE）是土壤侵蚀模型中的一个重要因子，被广泛认为能够更好地预测降雨侵蚀力（Stocking et al.，1976；Morgan，2005；Pieri et al.，2009；Brodowski，2013）。降雨动能克服了土壤黏聚力和颗粒间摩擦的临界能量，促进了土壤表面团聚体的分解和松散细粒物质的产生（Kinnell，2005，2012；Brodowski，2013；Wang et al.，2014）。较高的降雨动能可能会增加泥沙中大粒径泥沙颗粒的比例，相应地减少小粒径泥沙颗粒的比例，从而影响到所涉及的泥沙颗粒输移机制（Wang et al.，2014）。泥沙颗粒在坡面上的后续输移也取决于降雨动能及其与径流功率（将泥沙颗粒向下输移所需的能量）的关系（Pieri et al.，2009；Kinnell，2005）。当坡面上出现径流时，雨滴的影响会增加径流的紊乱程度，进一步增强其侵蚀和输移能力（Bradford et al.，1987）。因此，开展降雨动能的研究对于进一步理解和校正土壤侵蚀模型中降雨雨滴对土壤颗粒的分离和输移作用有重要意义。尤其对于花岗岩红壤这种粗质土壤，获取降雨动能和坡面侵蚀特征响应关系的更多信息对于制定适当的保护措施以治理当地不同程度的裸露坡面具有重要的现实意义。

本章节的研究目的是从降雨动能角度探究花岗岩红壤的坡面侵蚀机制，分析降雨动能对不同层次土壤坡面侵蚀的影响，揭示坡面泥沙颗粒分选、搬运机制，量化降雨动能和水动力学参数对土壤侵蚀速率、泥沙颗粒分选的影响，旨在建立基于降雨动能的土壤侵蚀预测模型。

一、研究方法

(一)试验设计

1. 供试土壤 本试验以花岗岩母质发育的红壤为研究对象。在湖北通城县采样点采集了典型剖面中 A、B、C 三个层次土壤分别作为试验材料，其土壤质地均属于沙壤土。土壤主要性质见表 3-5。将供试土样去除石块、根系等杂质，进行自然风干过 10 mm 筛子后备用。试验设备为图 3-8 中所示的土槽。土槽规格为 3.0 m（长）×1.0 m（宽）×0.45 m（高），可填土深度为 0.40 m，坡度可在 0°～30°连续调节。土槽下端安装有 V 形钢槽用于收集径流和泥沙，土槽底板均匀分布有排水孔。土槽边框被标记有黑白相间的记号，便于快捷获取坡面位置。将三个层次土壤分别填入试验土槽，填土容重与野外采样地点土壤容重一致，分别为 1.29 g/cm³、1.40 g/cm³ 及 1.34 g/cm³（表 3-5）。土槽的制备与试验前期准备工作见本章第一节的试验设计部分。

表 3-5　试验土样的基本理化性质

采样点	土壤代号	有机质/g/kg	总孔隙度/%	容重/g/cm³	黏粒/%	粉粒/%	沙粒/%	砾石/%
通城	TCA	24.19	50.94	1.29	13.60	13.05	67.75	5.80
	TCB	7.17	47.17	1.40	19.49	14.08	62.24	4.19
	TCC	1.10	49.43	1.34	8.14	14.46	72.19	5.21

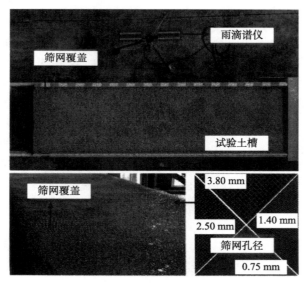

图 3-8　试验设备示意

2. 试验条件　模拟降雨试验采用华中农业大学资源与环境学院水土保持研究中心降雨大厅下喷式模拟降雨器（西安清远，QYJY-503T）（图 3－9）(Guo et al.，2018；Ni et al.，2020)。该降雨器的喷头组在边长为 12 cm 的等边三角形分布的小（直径 0.25 in*）、中（直径 0.5 in）、大（直径 0.75 in）3 个规格喷头，其在空间上重合叠加，形成一个雨强分布均匀的降雨区，降雨均匀度大于 90%。降雨高度为 10 m，降雨雨滴通过喷头下喷后在地面可以达到雨滴终速。降雨器通过控制系统调节喷头组合和上水压力可以实现 15～220 mm/h 的降雨强度范围。

图 3－9　人工模拟雨器示意

本研究的重点是覆盖引起的降雨动能［J/(m²·h)］的总体差异对坡面侵蚀的影响，而不是雨滴直径或速度的变化。假设雨滴为球形，降雨动能 KE ［J/(m²·h)］计算公式如下：

$$KE = \sum_{i=1}^{n} \frac{1}{2} m_i v_i^2 \qquad (3-24)$$

式中，m_i 为雨滴 i 的质量（kg）；v_i 为雨滴 i 的速度（m/s）。

在本试验中，不同梯度的降雨动能通过裸坡（无不锈钢筛网覆盖）和在坡面土壤上方 5 cm 处铺盖不同孔径的不锈钢筛网（孔径分别为 3.80 mm、2.50 mm、1.40 mm 和 0.75 mm）来实现（图 3－8），五个处理分别实现了覆盖率为 0%、32%、50%、66% 和 84% 的覆盖处理（表 3－6）。该方法部分改变了雨滴通过不同滤网的直径和速度，以获得不同的降雨动能，同时保持相同

---

* 英寸（in）为非法定计量单位，1in＝2.54cm。下同。——编者注

的降雨强度（90 mm/h）（Wang et al.，2014；Ni et al.，2021）。虽然筛网上滞留、损失了极少量的降雨量，但是筛网本身不会产生影响坡面侵蚀的径流。

表 3-6   不同筛网覆盖条件下降雨雨滴特征

筛网孔径/mm	钢丝直径/mm	覆盖率/%	降雨动能/J/(m²·h)	雨滴平均速度/m/s	雨滴平均直径/mm	雨滴中值直径/mm
—	—	0	628	3.12	2.14	3.65
3.80	0.30	32.33	443	2.80	2.04	3.47
2.50	0.30	49.64	324	2.58	1.66	3.22
1.40	0.22	65.59	231	2.35	1.33	2.22
0.75	0.16	84.30	110	2.04	1.07	1.02

在本试验中，试验坡度设置为固定坡度 15°，这个坡度是我国低山丘陵区坡耕地的常见坡度（Wang et al.，2014；Shi et al.，2012）。降雨强度设置为（90±3.5）mm/h，对应了中国南方亚热带地区典型暴雨强度（Jiang et al.，2014；Lin et al.，2018），降雨历时为 1 h。雨滴的直径、速度及相应的数量通过安置在土槽旁的激光雨滴谱仪（OTT Parsivel 2，德国）测定，其工作原理是一台能够发射水平光束的激光传感器。雨谱仪的测定区域为 54 cm²（18 cm×3 cm），其可测量的雨滴直径范围和速度范围分别是 0.2～25 mm 和 0.2～20 m/s，降雨强度监测范围 0.001～1 200 mm/h，精确度±5%，具体结构见图 3-10A。根据雨谱仪中的监测数据，使用动能计算公式分别计算 32 个梯度雨滴大小和雨滴速度组合下的单颗雨滴降雨动能，然后将各组合的单颗雨滴动能与雨滴数量相乘得到雨谱仪测定 1 min 内的所有雨滴动能总和，得到单位时间单位面积的降雨动能。

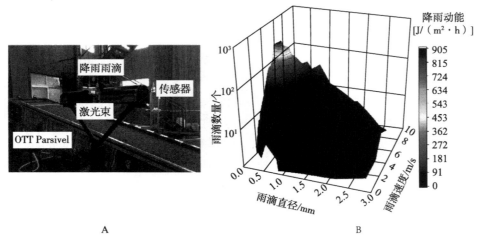

A   B

图 3-10   激光雨滴谱仪工作示意（A）及 90 mm/h 雨强的雨谱（B）

通过该方法，试验控制并获得了五种降雨动能条件。根据前期预试验结果，无覆盖条件时，降雨动能为 628 J/(m² · h)，其雨谱图见图 3 - 10B。雨滴通过 3.80 mm、2.50 mm、1.40 mm 和 0.75 mm 孔径不锈钢筛网后，其对应的降雨动能分别为 443 J/(m² · h)、324 J/(m² · h)、231 J/(m² · h) 和 110 J/(m² · h)（表 3 - 6），与直接作用于裸坡的降雨动能相比，四个处理降雨动能分别减少了约 29%、48%、62% 和 82%。每种降雨动能试验重复进行两次。

3. 试验过程 试验开始前，对降雨强度进行校正（差值小于 5%），同时在整个试验中使用雨滴能谱仪监测降雨动能动态数据。当试验开始后，观察并记录坡面的初始产流时间（T_r）。当坡面产流后，每间隔 3 min 接取一次径流泥沙样，接样时间为 1 min。每一组接样装置包括 3 个 250 mL 铝盒和 1 个 12 L 接样桶。试验过程中所涉及的水动力学参数的获取与泥沙样的处理等操作方法见本章第一节试验设计部分。同时，试验通过湿筛-吸管法测定了泥沙颗粒的粒径分布和富集率。

（二）测定指标

单位时间内的径流量为水沙混合样的质量减去泥沙质量（水的密度为 1.0 g/mL）。径流率（Q_r）为单位时间内单位面积坡面上的产流量。土壤侵蚀速率（土壤剥蚀率，E）为单位时间单位侵蚀面积坡面土壤在水流侵蚀动力作用下被剥蚀的土壤颗粒质量（Zhang et al.，2008）。

相关研究表明，对于团聚体稳定性较差的土壤，在有效/最终粒径分布（particle size distribution，PSD）比接近 1 时，最终粒径分布可用于评估实际沉积物行为（Wang et al.，2015；Ni et al.，2021）。考虑到花岗岩粗质红壤的弱团聚体稳定性的影响（湿筛时易发生严重的二次破碎），本研究选择了泥沙的最终粒径分布作为评价泥沙分选特征的指标，同时采用几何平均直径（GMD）来表征泥沙最终粒径分布。

泥沙的最终粒径分布由每次接样时 3 个铝盒样的干燥土样通过湿筛-吸管法处理后测定，其总质量为各粒级泥沙（2~10 mm、0.05~2 mm、0.002~0.5 mm 和 <0.002 mm）质量的总和。首先，将铝盒的干土样经过氧化氢处理去除有机质，在六偏磷酸钠溶液中使用超声波分散仪将其充分分散。考虑到尺寸大于 0.10 mm 的石英颗粒在水中的沉降速度较快，试验使用孔径为 0.10 mm 的筛子将分散样筛分为 >0.10 mm 和 <0.10 mm 两部分。将分散土样转移至 0.10 mm 筛子上，然后将筛子放在盛有蒸馏水的大烧杯中，上下振荡 20 次来分离 <0.10 mm 和 >0.10 mm 的土粒。将筛上 >0.10 mm 颗粒转移至小烧杯中，于 40 ℃烘箱中烘干后过 2.0 mm 筛子，称重。对于水样中＜0.10 mm 的土样，采用吸管法测定其粒径分布。最后试验获得了黏粒（＜0.002 mm）、粉粒（0.002～0.05 mm）、沙粒（0.05～2 mm）及砾石（2～10 mm）4 个粒径范围泥沙颗粒的质量。

本研究采用几何平均直径与富集率（enrichment ratio，ER）来表征泥沙的粒径分布特征。富集率可以对比分析侵蚀泥沙的最终粒径分布与原始土壤中相应粒径分布之间的关系，计算如下（Kinnell，2012）：

$$ER = \frac{P_s}{P_o} \tag{3-25}$$

式中，P_s 是泥沙中给定粒级颗粒的质量百分比（如 0.05～2 mm）；P_o 是原始土壤中该粒级颗粒的质量百分比。

$ER > 1$ 表示泥沙中该粒级颗粒与分散后原状土相比相对含量高，在泥沙中发生了富集，此粒径被优先剥离并搬运出坡面而耗竭；$ER = 1$ 表示该粒级颗粒在侵蚀过程中既不富集也不发生沉积；当 $ER < 1$ 时，说明与分散后原状土相比，该粒级颗粒在泥沙中含量相对较低、发生耗竭（出现匮乏），而在坡面上发生沉积。泥沙颗粒的相对富集率（relative enrichment ratio，RER）是指富集率与 1 的差值，正数结果表示泥沙颗粒富集，负数结果表示泥沙颗粒匮乏。数据处理与分析方法见本章第一节的测定指标部分。

二、降雨动能控制条件下坡面产流产沙特征

表 3-7 所示为不同降雨动能条件下 TCA（表土层）、TCB（淀积层）及 TCC（母质层）三个层次土壤坡面的产流产沙特征参数。一般来说，径流产流时间随降雨动能的减少而逐渐增加。土壤层次和降雨动能的相互作用对径流产流时间有极显著影响（$P < 0.001$），TCA 由于其较高的孔隙度和入渗能力，其产流时间最长，其后依次为 TCC 和 TCB。不同土壤层次和降雨动能条件下径流率、水流功率差异极显著（$P < 0.001$）（表 3-7）。此外，土壤层次、降雨动能及其相互作用对径流含沙量和土壤侵蚀速率均有极显著影响（$P < 0.01$），其顺序为 TCA＜TCB＜TCC。土壤可蚀性和临界剪切应力取决于土壤性质（Liu et al.，2017；Knapen et al.，2007）。鉴于土壤黏粒含量通常与土壤可蚀性呈负相关关系（Grabowski et al.，2011；Wang et al.，2015；Warrington et al.，2009），本研究中黏粒含量较低的 TCC 确实比 TCB 或 TCA 具有更大的土壤流失。同时，有机质的作用掩盖了 TCB 的优势，导致尽管 TCB 的黏粒含量和容重高于 TCA，而 TCA 的土壤流失较低，且对降雨动能和水流功率不敏感。

表 3-7　不同降雨动能条件下坡面的径流与侵蚀响应

土壤层次	降雨动能/ J/(m²·h)	产流时间/ min	径流率/ L/(m²·min)	水流功率/ W/m²	含沙量/ g/cm³	土壤侵蚀速率/ g/(m²·min)
TCA	628	2.13	0.90	0.12	0.05	65.05
	443	2.97	0.81	0.10	0.04	40.79
	324	3.40	0.77	0.10	0.03	36.04
	231	3.80	0.75	0.10	0.03	32.43
	110	4.31	0.66	0.09	0.02	26.00
TCB	628	0.60	1.15	0.15	0.21	120.22
	443	1.20	1.03	0.13	0.10	72.99
	324	1.45	0.97	0.13	0.08	62.01
	231	1.80	0.94	0.13	0.07	47.86
	110	2.02	0.90	0.12	0.04	40.87
TCC	628	1.83	1.08	0.14	0.30	167.93
	443	2.24	0.96	0.13	0.17	120.80
	324	2.79	0.86	0.12	0.13	108.80
	231	3.17	0.87	0.11	0.08	93.61
	110	3.76	0.76	0.11	0.06	81.04
因子						
土壤		4 743.44	314.89***	46.46***	1 056.35***	335.18***
降雨动能		1 515.23	190.372***	35.68***	339.61***	133.68***
土壤×降雨动能		34.95***	1.99	0.77	16.84***	4.96**

注：表中最后三行数值为土壤、降雨动能对径流和泥沙特性影响的双向方差分析试验的 F 值（** $P <$ 0.01 和*** $P < 0.001$）。

本研究结果与 Wang 等（2014）一致，即降雨动能与径流率、水流功率呈正相关关系，直接影响了径流的泥沙输移能力。当降雨动能分别下降 29%、48%、63% 及 82% 时，土壤侵蚀速率下降了 37%、45%、50% 和 60%（表 3-7）。研究发现，土壤颗粒的分离和输移依赖于降雨动能，其通过控制向下输移泥沙颗粒所需的能量，对颗粒分离和泥沙输移产生了间接影响（Bradford et al.，1987；Pieri et al.，2009）。水流功率由降雨动能驱动，两者之间存在强相关性和正协方差关系。更高的水流功率直接导致了更大的径流承载能力和更短的坡面滞留时间，导致更多、更大粒径颗粒的分离和输送。

不同降雨条件下径流率和土壤侵蚀速率随降雨历时的变化见图 3-11 和图 3-12。径流率随降雨历时在不同动能条件下表现出相似的规律，即径流率在产流后最初时间（约 15 min）内迅速增加，然后趋于动态稳定（准稳态）（图 3-11）。这与表面土壤孔隙的逐渐堵塞和土壤结皮的形成有关（Bradford et al.，2000；Wu et al.，2018）。而土壤侵蚀速率的动态变化受到了土壤层次的影响（图 3-12）。在三个层次中，TCA 和 TCB 表现出了较高的初始土壤侵蚀速率，之后随降雨历时的推移，土壤侵蚀率随之降低，TCC 则相反。这个结果体现了三个层次土壤可蚀性的差异，由于 TCC 较高的土壤可蚀性，其土壤侵蚀强度随时间愈演愈烈。

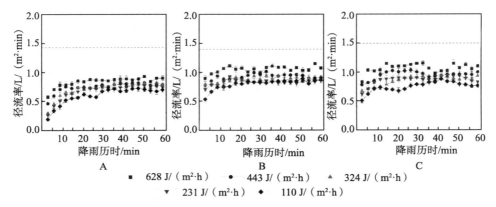

图 3-11 不同降雨动能条件下径流率随降雨历时的动态变化
A. TCA B. TCB C. TCC

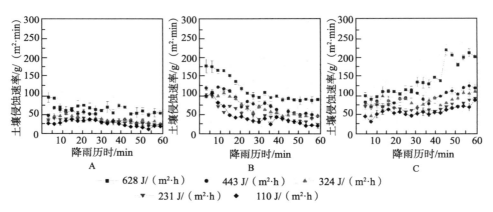

图 3-12 不同降雨动能条件下土壤侵蚀速率随降雨历时的动态变化
A. TCA B. TCB C. TCC

三、降雨动能控制条件下泥沙颗粒分选特征

土壤侵蚀也是土壤颗粒流失和泥沙粒径分布的动态变化过程（Asadi et al.，2007；Rose et al.，2007；Kinnell，2012；Rienzi et al.，2013）。图 3-13 所示为不同降雨动能条件下各粒级泥沙颗粒占比（黏粒、粉粒、沙粒和砾石）随降雨历时的动态变化。结果表明，在侵蚀泥沙中，沙粒占主导地位

（占总泥沙量的 40％～70％），表明泥沙粒径分布与原始土壤的粒径分布关系
密切（Pieri et al.，2009）。在裸坡条件下，沙粒含量占到了总泥沙量的 60％
以上。尽管如此，但对于 TCC 来说，泥沙中沙粒的平均占比仍然小于原始土
壤中相应粒级的占比。对于其他两个层次，泥沙中沙粒占比则接近于原始土
壤。同时，泥沙中黏粒和粉粒的占比通常高于原始土壤相应颗粒的占比
（图 3-13），即使在高降雨动能条件 [628 J/(m² · h)] 下。

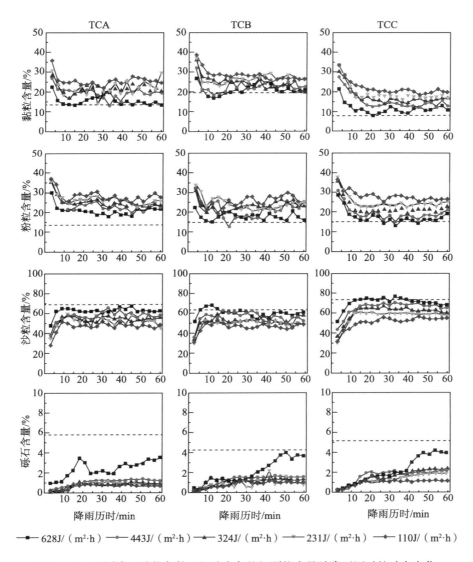

图 3-13　不同降雨动能条件下泥沙中各粒级颗粒含量随降雨历时的动态变化

　　各粒级泥沙颗粒占比随降雨历时的动态变化取决于降雨动能（图 3 - 13），并呈现出相反的模式。具体而言，在所有试验中，黏粒和粉粒的占比随着降雨时间而降低，这与预期的结果一致；但沙粒和砾石的占比则相反。这一规律表明，坡面表面的黏粒和粉粒被优先运输，即使在最高降雨动能下，沙粒和砾石部分仍然被留在坡面表面。这一变化取决于降雨和径流条件如何影响不同粒径泥沙颗粒的输移。细颗粒在径流中以悬移的方式保持与径流相同的速度移动，而粗颗粒移动较慢或难以移动（Kinnell，2012）。因此，随着降雨的持续，坡面表面易蚀和易输移的细粒逐渐被消耗和优先输移，同时坡面表面逐渐出露和残留粗颗粒，发生粗粒化现象（Ni et al.，2021）。相比于低降雨动能处理，高降雨动能处理导致了泥沙中各粒径颗粒的比例更接近于原始土壤（图 3 - 13），这表明高降雨动能倾向于以原始土壤的比例输移土壤颗粒。

　　泥沙颗粒的富集率（ER）提供了直接的证据，如图 3 - 14 所示。除 628 J/(m² · h)降雨动能条件下的 TCC 外，其他处理均表明泥沙中黏粒和粉粒发生了富集，而沙粒和砾石耗尽。此外，黏粒和粉粒 ER 随降雨动能的增加而降低，沙粒和砾石颗粒 ER 则相反。尤其是，在最低降雨动能条件下，粉粒 ER 超过 2（图 3 - 14）。在降雨动能为 628 J/(m² · h) 的情况下，TCA、TCB 和 TCC 泥沙的沙粒 ER 分别达到了 0.91 ± 0.06、0.87 ± 0.06、1.03 ± 0.08。与沙粒不同，泥沙中砾石 ER 均小于1。该结果间接表明，无论降雨动能如何，土壤表面富集了沙粒和砾石。值得注意的是，细颗粒（黏粒和粉粒）在早期富集并随时间逐渐减少，粗颗粒（沙粒和砾石）则随时间逐渐增加。随着降雨的持续，土壤表面细颗粒的消耗迫使径流主要输移难以搬运的粗颗粒，致使其重要性不断增加（Kinnell，2012；Lin et al.，2017；Jiang et al.，2018）。

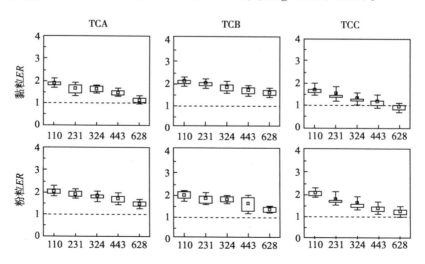

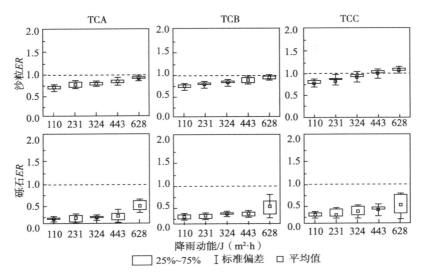

图 3-14 不同降雨动能条件下黏粒、粉粒、沙粒及砾石颗粒富集率的箱线图
（虚线表示原始土壤各个粒级的富集率）

泥沙颗粒几何平均直径随降雨历时的变化直接佐证了泥沙逐渐粗化的结论（图 3-15）。在径流的初始阶段（约 15 min），几何平均直径迅速增加，然后在小于原始土壤几何平均直径的水平上保持动态波动。同时，降雨动能的增加导致泥沙趋于粗化（几何平均直径增加）。有限的降雨和径流能量倾向于优先输送细颗粒，因为较大颗粒的质量足以限制其运动（Lin et al.，2018）。Wang 等（2014）指出较高的降雨动能导致了更大的径流承载能力，从而导致更多的粗颗粒发生输移，相应地，细颗粒的占比因此降低。然而，Brodowski（2013）

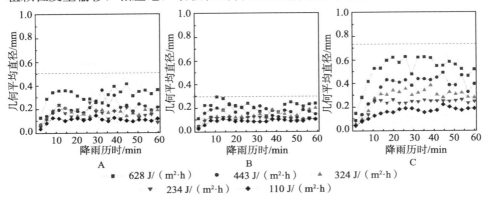

图 3-15 不同降雨动能条件下泥沙颗粒几何平均直径随降雨历时的动态变化
（虚线表示原始土壤颗粒的几何平均直径）
A. TCA B. TCB C. TCC

和 Wang 等（2014）也报道了降雨动能存在一个阈值，超过该阈值，细颗粒占比将会增加；低于该阈值，雨滴对团聚体的破碎几乎没有影响。这种差异可能归因于本研究中花岗岩红壤的低黏聚力：低黏聚力的土壤更容易发生分散并以单粒的方式发生输移，而不是团聚体形式。

四、基于降雨动能和水动力学参数的侵蚀预测方程

相关分析结果（图 3-16）表明，径流含沙量和土壤侵蚀速率受土壤层次性质的强烈控制（$P<0.001$）。降雨动能与径流率、含沙量、土壤侵蚀速率、泥沙几何平均直径、沙粒和砾石 ER 呈极显著正相关关系（$P<0.001$），但与黏粒和粉粒 ER 呈极显著负相关关系（$P<0.001$）。此外，水流功率与径流率、含沙量、土壤侵蚀速率以及沙粒和砾石 ER 呈极显著正相关关系（$P<0.001$），与几何平均直径呈极显著正相关关系（$P<0.01$），但与粉粒 ER 呈极显著负相关关系（$P<0.001$）。

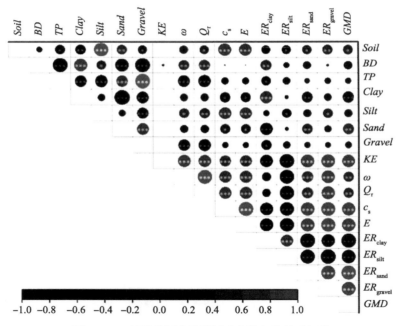

图 3-16 相关分析获取的试验参数相关关系矩阵

注：$Soil$，土壤层次；BD，容重；TP，总孔隙度；$Clay$，原始土壤黏粒含量；$Silt$，原始土壤粉粒含量；$Sand$，原始土壤沙粒含量；$Gravel$，原始土壤砾石含量；KE，降雨动能；ω，水流功率；Q_r，径流率；c_s，含沙量；E，土壤侵蚀速率；ER_{clay}，泥沙黏粒颗粒富集率；ER_{silt}，泥沙粉粒颗粒富集率；ER_{sand}，泥沙沙粒颗粒富集率；ER_{gravel}，泥沙砾石颗粒富集率；GMD，几何平均直径；*、** 及 *** 分别表示 $P<0.05$、$P<0.01$ 及 $P<0.001$ 的显著性水平；颜色越亮及圆形越小表示越低的相关关系，颜色越暗及圆形越大表示越高的相关关系。

　　图 3-17 所示的线性回归进一步地探究了降雨动能、水流功率与含沙量、土壤侵蚀速率和泥沙颗粒几何平均直径之间的定量关系。对于所有处理，含沙量、土壤侵蚀速率和泥沙颗粒几何平均直径均随水流功率、降雨动能呈线性增加。然而，不同层次土壤的侵蚀差异不能完全用径流功率的差异来解释，土壤层次和降雨动能的相互作用严重影响了土壤侵蚀速率（$P<0.01$）（表 3-7），土壤流失与土壤性质之间的关系因土壤层次而异。研究表明，质地粗糙的土壤（如沙壤土）的黏粒含量与土壤颗粒之间的黏聚力直接相关，这可以作为表征土壤可蚀性的重要参数（Kinnell，2006）。基于此，本研究通过多元回归分

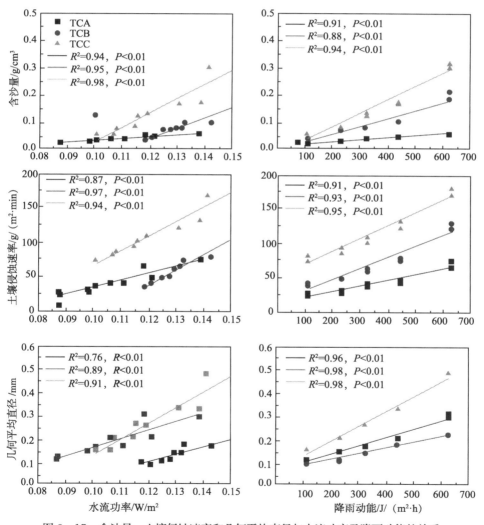

图 3-17　含沙量、土壤侵蚀速率和几何平均直径与水流功率及降雨动能的关系

析，进一步确定了土壤黏粒含量与降雨动能（或水流功率）之间的多元回归关系，并分析了各粒级泥沙颗粒 ER 和几何平均直径（表 3-8）。由表可知，当结合土壤性质时，水流功率与土壤侵蚀速率、几何平均直径之间关系比使用单独的降雨动能参数要更好。另外，水流功率和降雨动能在解释含沙量、土壤侵蚀速率、各粒级泥沙颗粒 ER 和泥沙几何平均直径时使用了不同的函数系数。在给定的试验条件下，当考虑土壤黏粒含量时，水流功率比降雨动能更适合预测含沙量、土壤侵蚀速率、泥沙几何平均直径及粉粒 ER，而降雨动能更适用于预测泥沙中黏粒、沙粒及砾石的 ER。这些结果突出表明，为了更准确有效地预测侵蚀，有必要考虑高度影响侵蚀过程和泥沙分选的相关土壤性质。

表 3-8　基于土壤黏粒含量（x_2）的降雨动能（x_1）、水流功率（x_1）与泥沙参数之间的关系

泥沙参数	回归系数（a）	系数（b，c）			R^2	P	$RMSE$
		KE	ω	$Clay$			
c_s	201.47	—	4.69	−0.98	0.90	<0.01	0.023
E	2.04×10^{-6}	—	5.32	−1.73	0.93	<0.01	10.53
GMD	58.48	—	2.87	−0.16	0.64	<0.01	0.067
ER_{clay}	3.95	−0.18	—	0.60	0.59	<0.01	0.22
ER_{silt}	0.19	—	−0.96	0.71	0.80	<0.01	0.10
ER_{sand}	−1.19	0.086	—	0.18	0.94	<0.01	0.023
ER_{gravel}	6.91×10^{-3}	0.60	—	62.72	0.68	<0.01	0.045

注：表中函数形式为 $y = ax_1^b x_2^c$，a、b、c 是回归方程的系数。c_s，含沙量；KE，降雨动能；E，土壤侵蚀速率；GMD，泥沙的几何平均直径；ω，径流水流功率；ER_{clay}、ER_{silt}、ER_{sand} 及 ER_{gravel} 分别为泥沙中黏粒、粉粒、沙粒及砾石的富集率；$Clay$，原始土壤的黏粒含量；R^2，方程决定系数；$RMSE$，均方根误差。

雨滴击溅作用下的土壤侵蚀是坡面侵蚀的初始过程，涉及了土壤颗粒的分离和输移（Quansah，1981；Van Dijk et al.，2002）。研究发现，降雨动能影响了坡面径流、入渗、表面粗糙度、泥沙粒径分选及土壤侵蚀速率（Römkens et al.，2002；Wang et al.，2014；Rienzi et al.，2013）。在本研究中，通过使用不同孔径的筛网覆盖来控制降雨动能，相当于其他学者使用的植物冠层或其他覆盖物截留降雨的措施（Rienzi et al.，2013；Prosdocimi et al.，2016；Abrantes et al.，2018）。坡面覆盖筛网可直接削减雨滴对土壤的影响，减少土壤颗粒的分离，延迟土壤表面孔隙的堵塞，进而通过抑制径流的发生、产流时间和大小影响径流水动力学和泥沙的运输（Shi et al.，2013）。

在降雨动能控制条件下，TCA 和 TCB 的土壤侵蚀速率随着径流率的动态增加而降低（图 3 - 11 和图 3 - 12）。在已有的黏质土壤相关的试验中，上述结果通常归因于土壤侵蚀可能主要处于分离限制或输移限制的状态（Shi et al.，2012）。然而，在本研究中产沙量的变化同时受到了坡面表面易蚀颗粒的耗竭和表面粗颗粒富集的限制。雨滴溅蚀对土壤表面的直接影响主要发生在侵蚀初期和坡上位置，其被认为是坡上向坡下输移侵蚀泥沙的主要输移机制，并在降雨诱导的径流的作用下将侵蚀泥沙输送到坡面出口（Kinnell，2005），这个过程受到了与表面粗颗粒富集相关的径流深度和表面速度的限制。表面逐渐出露的粗颗粒覆盖物对径流的分离和输移能力有重要的影响，这也是与已有研究中报道的黏质土壤不同的根本原因。因此，分离和输移限制条件在本试验中是同时存在并发挥作用，并控制了坡面的侵蚀产沙过程，而不是前人研究涉及的单一限制条件（Kinnell，2006，2012）。

Wang 等（2015）指出，黏粒含量较少的土壤的最终粒径分布可用于评估泥沙输移过程中的真实搬运机制。泥沙的输移方式包括特定粒径范围内土壤颗粒的悬移、跃移或推移（Garcia，2008）。大量研究表明，泥沙中重量和沉降速度较小的细颗粒通常通过悬移/跃移两种方式进行输移，粗颗粒则通过滚移（推移）的方式进行输移（Asadi et al.，2007）。根据泥沙颗粒占比的动态变化（图 3 - 13），在早期阶段，细颗粒倾向于优先通过悬移输移，而粗颗粒则输移困难。之后上述趋势逐渐逆转，这是由于坡面细颗粒的耗尽及坡面上粗颗粒出露导致的粗化层（移动缓慢的非黏性层）的形成。细颗粒的逐渐减少迫使径流开始主要输移难以搬运的粗颗粒（Kinnell，2012）。据此可以推断，随着降雨的持续和土壤表面的粗化，泥沙输移的主导过程逐渐从悬移/跃移转变为跃移/滚移。

在本研究中，泥沙中沙粒占了主导地位（图 3 - 13），表明泥沙粒径分布与原始土壤的粒径分布关系密切。无论降雨动能和水流功率如何变化，原始土壤中沙粒和砾石含量均反映在了泥沙的粗颗粒富集率上。然而，泥沙中黏粒和粉粒发生了富集，而沙粒和砾石发生了耗竭（图 3 - 14）。许多研究表明，侵蚀泥沙普遍富集细颗粒，而缺乏粗颗粒（Warrington et al.，2009；Asadi et al.，2007；Wang et al.，2015；Lin et al.，2017）。这个结果间接地证明了坡面富集了粗颗粒，试验的观察结果（图 3 - 18）很好地支持了这一结论，试验坡面和野外原位坡面表面均普遍观察到了大量的石英粗粒富集现象。

在极端暴雨条件中，表层土壤相比其他层次土壤侵蚀量较少，表现出较强的抗蚀性。因此，保护自然景观中的表土层对控制坡面土壤侵蚀非常重要。根据原位的调查结果，上述粗颗粒富集现象（表面粗质化）通常发生在土壤质地

图 3 - 18　模拟试验坡面与野外原位坡面土壤表面对比图

粗糙的侵蚀区域（图 3 - 18 原位坡面），尤其在由于前期侵蚀而发生下层土壤暴露的坡面上（Lin et al.，2017；Liao et al.，2019；Ni et al.，2020）。裸露的坡面可以通过粗颗粒覆盖层提供的"粗化"效应来减少土壤流失（Cochrane et al.，2019），这在侵蚀过程中发挥了重要作用（Liao et al.，2019）。粗颗粒覆盖层可以削减径流能量、限制径流流速，并进一步地降低原位的土壤侵蚀潜力（Rieke-Zapp et al.，2007）。然而，在野外原位坡面上，各种侵蚀形式（如细沟、浅沟、切沟，甚至冲沟）被广泛观察到独立或同时地出现在被粗粒覆盖的侵蚀坡面下游（图 3 - 18 原位侵蚀坡面）。Nearing 等（1997）的研究指出，由于细沟间区域侵蚀量较小，未挟带泥沙的径流进入细沟后可能会进一步加剧细沟侵蚀。因此，本研究提供了一个与原位实际情况相符的假设：坡面下游形成的严重侵蚀不仅与集水面积增加导致的径流量增加有关，还与粗颗粒覆盖层的负效应有关，尤其是在筛网覆盖还会增加坡面粗化程度的条件下。尽管粗颗粒覆盖层对原位坡面有积极影响，但"粗化"效应可能会促进细沟侵蚀并增强异位侵蚀。因此，并非所有土壤都适合采用覆盖的水土保护措施，在实施相关项目之前，有必要因地制宜地根据土壤条件进行措施的可行性评估。

随降雨动能的增加，不同层次土壤坡面产流时间被不同程度地推迟，径流率和土壤侵蚀速率也随之呈线性增加。当考虑土壤黏粒含量时，幂函数关系可用于描述土壤侵蚀速率与降雨动能（或水流功率）之间的定量关系，这有助于进行土壤侵蚀程度的预测。相比之下，表层土（TCA）具有更强的土壤抗蚀能力，而下层土壤（TCB 和 TCC）即使黏粒含量和容重有所增加，但其抗蚀能力却随之降低。这突出了控制表层土土壤侵蚀和研究不同机械组成水平土壤的土壤侵蚀特征的重要性。径流输移的泥沙中黏粒与粉粒的占比随降雨动能和降雨持续时间的增加而减少，而沙粒和砾石的占比则相反。泥沙输移初期以悬移和跃移为主，并逐渐转变为跃移和推移为主。泥沙中细颗粒的富集和粗颗粒的耗竭导致了坡面表面出现"粗质化"的覆盖层（移动缓慢的粗石英颗粒）。这直接反映在泥沙的几何平均直径，其随降雨动能的增加和降雨时间推移而增加。此外，粗颗粒覆盖层对原位坡面侵蚀具有消极作用，但可能会加剧异位侵蚀，这需要进一步的试验进行探究与验证。本研究的结果表明，有必要将降雨动能与侵蚀过程和沉积物分类联系起来，以便有效预测暴雨的潜在侵蚀性并制定适当的控制措施。

第四章

花岗岩红壤坡面细沟侵蚀形态演变与产沙机制

第一节 不同层次花岗岩红壤坡面侵蚀过程与特征

各种形式的水力侵蚀（如片蚀、细沟侵蚀和沟蚀）在田间条件下同时或独立发生。在坡面侵蚀演变过程中，从片状侵蚀到细沟侵蚀阶段的演变直接且极大地影响了坡面径流、侵蚀产沙、泥沙分选及侵蚀形态（Issa et al.，2006；Berger et al.，2010；Shen et al.，2015；Fang et al.，2015）。坡面侵蚀形态的演变和细沟发育过程比较复杂，细沟的发育过程始终伴随强烈的侵蚀产沙，而变化的细沟形态又反作用于侵蚀产沙和径流水动力学，使其在时空尺度上皆呈现明显的分异特征（张攀等，2015）。另外，不同类型土壤的坡面侵蚀在发生上述侵蚀过程时会表现出一定的差异，主要是受到了土壤质地、团聚体稳定性等内在性质的影响（Wang et al.，2014；Wu et al.，2017），这也增加了坡面侵蚀过程的不确定性。土壤性质影响了土壤颗粒的可分离性和可输移性（Issa et al.，2006），进一步影响了整个坡面侵蚀过程。不同层次之间土壤性质的差异是影响土壤侵蚀的内在因素（Grabowski et al.，2011；Wu et al.，2017）。例如，由于不易蚀层的存在（如犁底层），细沟和沟壑的下切侵蚀受到了显著的限制（Wells et al.，2013）。不易蚀层将侵蚀过程转变为细沟拓宽过程，如两侧坡脚的冲刷和侧壁土体的破坏（Qin et al.，2018）。即使是相同的母质和土壤类型，各个层次之间的土壤性质也存在显著差异（Wu et al.，2017）。Wu 等（2017）的研究指出，不同土壤类型（Luvisols、Alisols 及 Acrisols）的各个层次具有明显不同的土壤性质，如土壤孔隙度、倍半氧化物、有机质、土壤质地和团聚体稳定性等。

在中国南方花岗岩红壤区，由于不同程度水力侵蚀的作用，不同层次的土体大量地裸露在外，甚至有些侵蚀劣地直接出露了母质层（Xu，1996；Luk et al.，1997）。前人研究表明，花岗岩红壤不同土层之间的土壤物理和水力特性差异是导致土壤可蚀性差异并最终引发崩岗侵蚀的重要原因（Deng et al.，2017；Tao et al.，2017；王秋霞等，2016）。然而，迄今为止，不同土壤层次的花岗岩红壤的坡面侵蚀过程、机制及表面形态演变仍然不确定，尤其是对出露的下层土壤坡面的土壤侵蚀对后续侵蚀过程的影响仍然知之甚少。鉴于此，本章节通过设置不同层次土壤的室内模拟试验，界定了花岗岩红壤从片蚀到细沟侵蚀的坡面侵蚀过程，揭示了土壤层次对坡面侵蚀中各子过程的影响，从水动力学的角度量化了土壤侵蚀速率、坡面侵蚀形态等对降雨＋径流耦合作用的响应机制。

一、研究方法

（一）试验设计

1. 供试土壤　供试土样为长汀采集的花岗岩红壤 A、B、C 三个层次的土壤，土壤主要性质见表 4-1。将供试土样进行自然风干，并过 10 mm 筛后备用。试验设备为第三章第二节中研究方法部分图 3-8 所示的土槽。将三个层次土壤分别填入试验土槽，填土容重与野外采样地点土壤容重一致，分别为 1.30 g/cm³、1.41 g/cm³ 及 1.35 g/cm³。土槽的制备与试验前期准备工作见第三章第一节试验设计部分。

表 4-1　试验土样的基本理化性质

采样点	土壤代号	有机质/g/kg	总孔隙度/%	容重/g/cm³	黏粒/%	粉粒/%	沙粒/%	砾石/%
	CTA	23.37	49.69	1.30	24.19	8.97	54.64	12.20
长汀	CTB	6.33	44.82	1.41	16.69	17.11	63.81	2.39
	CTC	0.82	46.13	1.35	11.67	27.19	58.35	2.79

2. 试验条件　试验在 15°固定坡度上进行，这是崩岗侵蚀集水坡面常见坡度。针对我国亚热带气候区典型的强风暴，降雨强度设定为 90 mm/h＋2 L/min（T1 处理）和 120 mm/h＋2.66 L/min（T2 处理）两个试验条件（假定坡面上游有 2 m² 的集水区）。降雨通过人工模拟降雨器提供（图 3-9）。

土槽上端设置稳水箱，通过水管与阀门、水泵、蓄水池相连后，可以为坡面提供稳定的上方汇水径流。雨强通过放置在土槽周围的 4 个雨量筒进行监测，流量通过称重法进行校准。在坡上进水口处覆盖 15 cm 长的纱布，以削减径流流入的能量和边缘效应的影响。根据试验中细沟的发育深度，T1 条件下试验包括两场间隔 24 h 的降雨事件（2 h），每场降雨持续 1 h；而 T2 条件下试验持续一场降雨（1 h）。

3. 试验过程　试验过程、接样方法及水动力学参数获取同第三章第二节的试验过程。

（二）测定指标

试验测定指标与泥沙处理方法同第三章第二节的测定指标。

另外，本研究在第一场试验开始前和之后每场降雨结束后使用三维激光扫描仪采集了坡面数字高程模型（digital elevation model，DEM）信息。仪器扫描距离可达到 150 m，测量速率可高达每秒 200 万点，测量距离精度可达到 ±1 mm，角精度可达 19 角秒（竖直角/水平角）。为了提高精度并完整地将坡面表面微地形数据记录下来，在试验中采用分测站扫描的方法，以获得更加完整的坡面三维点云数据。每次扫描前按照技术要求在土槽不同位置固定 3 个靶球，扫描时在土槽周围布设 5～7 个不同位置的测站，从不同的角度对坡面进行扫描，再通过后期配准和拼接得到整合的点云数据。本研究中采样的点云分辨率设置为 1 mm×1 mm，足以满足试验目的和精度要求。

点云数据经过在软件 FARO SCENE、Trimble Real Works software（Trimble，USA）中进行降噪、彩色化、提取研究区后，在 ArcGIS 10.2（ES-RI，USA）中创建 LAS 数据集，将其转换为 TIN，接着将 TIN 转换为栅格数据，并进行空间校准，获取坡面的高精度 DEM 数据（精度为 5 mm×5 mm），以进一步提取坡面侵蚀形态相关参数。基于三维激光技术获取的坡面 DEM，试验计算了土壤表面的随机粗糙度（surface random roughness，SRR）。这个方法克服了传统针法量测的复杂性、低效性、不便性和误差大等缺点（Huang et al.，1992）。随机粗糙度是一个统计数据，用于计算从 DEM 数据中去除坡面坡度后高程读数的标准偏差（Martin et al.，2008；Wang et al.，2017；Liao et al.，2019），计算公式如下：

$$SRR = \sqrt{\frac{\sum\limits_{i=1}^{n}(\Delta H_i)^2}{n-1}} \qquad (4-1)$$

式中，SRR 是坡面表面的随机粗糙度（cm）；ΔH 为点云从土壤表面到基准面的高程变化（cm）；n 是点云的数据点数，$i=1，2，3，\cdots$。

细沟密度（rill density）是指单位研究区域内所有细沟的总长度（Bewket et al.，2003；Berger et al.，2010；沈海鸥，2015）。细沟密度能反映水力侵蚀强度和细沟网的发育程度，并表征细沟切割地表的程度。细沟密度越大表示坡面土壤侵蚀强度越大，细沟分岔越多，其计算公式为

$$\rho_r = \frac{\sum\limits_{j=1}^{n}L_{ij}}{A_0} \qquad (4-2)$$

式中，ρ_r 为细沟密度（m/m²）；A_0 为土槽表面面积（m²）；L_{ij} 是坡面上第 j 条细沟的总面积（m²）；n 为细沟数，表示坡面上细沟的总数量，$j=1，2，$

3，…。

　　本研究根据花岗岩区红壤的坡面表面特性选择了图像阈值化（二值化）方法。这个方法是基于图像元素的可见性、可区分性和便捷性。当夹带石英砾石的花岗岩红壤在饱和湿润后，由于表面石英颗粒和土壤的干燥速率不同，石英砾石会以较快的速率迅速干燥并呈现出较亮的颜色，相比之下土壤由于湿度较大加之本身颜色而呈现出暗色。同时，由于径流搬运物理机制的限制，随着水力侵蚀程度加深，土壤中的石英砾石会逐渐出露并富集在坡面表面，而仍嵌入土壤中的砾石则由于水分的影响和土壤颗粒的包裹并不会在图像中突出显示。在土壤表面后期图像处理中，通过将图像中亮度反差分明的两个元素进行分离和量化即可获得各个元素的占比。

　　对于室内试验，为了控制影像的光影条件一致，在补光板和补光灯下对降雨前和每场降雨结束后的坡面表面进行垂直拍摄取样，以平衡和补偿光照差异（图 4-1A）。通过数码摄影获得坡面表面图像后，对图片进行预处理，包括图像镜头校正和空间几何校正处理。本研究在 Adobe Lightroom Classic CC 软件中基于镜头厂商提供的校正脚本对图像进行自动校正。同时，在 Adobe Lightroom Classic CC 软件中通过建立网格纠正了 ARW 格式图像的空间几何失真（图 4-1B），并将坡面研究区域（Region of interest，ROI）从图像中提取出来（图 4-1C）。为了保证处理图像的可比性，应用颜色调整可实现图像的客观亮度和对比度增强。

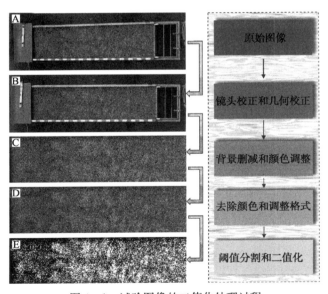

图 4-1　试验图像的二值化处理过程

图像灰度化处理过程去掉了彩色图像中的颜色，这可以去除大量与石英颗粒覆盖物无关的信息，仅保留图像中原色的强度信息。在将 ARW 格式的图像转换成 TIFF 格式后，通过 Adobe Lightroom Classic CC 软件中自动化命令实现将彩色图像（RGB）转换成灰度图像，处理结果如图 4 - 1D 所示。同时，获取反映图像灰度值统计特征的灰度直方图，为后续图像分割提供依据。灰度图像上灰阶每个通道的平均亮度值设置为 255，其中最暗色阶的亮度值设置为 0，其余亮度值在 0 和 255 之间线性变化。

本研究中图像的灰度直方图皆呈现单峰分布，灰度峰值约在 146 色阶附近。在选取阈值 T 时，本研究采用了最大类间方差法（OTSU）。这是一种基于全局的二值化算法，它是根据图像的灰度特性，将图像分为前景和背景两个部分。阈值 T 将图像快速分成大于 T 的像素群和小于 T 的像素群，从而将目标（石英砾石）和背景（土壤）分离。基于 MATLAB 软件，将灰度图像进行划分并各自转变为白色和黑色像素点。图 4 - 1E 为本研究阈值法分割图像产生的二值化图像示意。在此图像中，白色像素代表坡面表面较亮的石英砾石，黑色像素则代表石英周围颜色较暗的土壤。采用 MATLAB 软件进行计算，将黑色、白色像素分别统计就可以获得土壤和表面石英砾石的代表像素。砾石覆盖率定义为

$$P = \frac{n_b}{n_w + n_b} = \frac{n_b}{n} \qquad (4-3)$$

式中，n 为总像素；n_w 为白色像素；n_b 为黑色像素。

二、坡面侵蚀阶段的划分

在本研究中，根据坡面表面细沟形态的演变过程，坡面侵蚀被分为三个阶段（主要过程）：片蚀（细沟间）阶段（图 4 - 2A）、细沟发育阶段（图 4 - 2B～D）和细沟成熟阶段（图 4 - 2E）。在坡面侵蚀的初始阶段，土壤表面受降雨雨滴击溅作用和短历时、不连续的薄层径流的均匀剥蚀作用。由于坡面表面形态的差异，坡面发生差异性侵蚀，并会逐渐出现破点、小跌坎、下切沟头（沈海鸥，2015）。当径流逐渐沿侵蚀路径集中时，细沟逐渐形成并不断延长、扩张及加深，细沟长度大于 20 cm 后，坡面侵蚀阶段从片蚀阶段转变为细沟发育阶段（和继军等，2013）。相同径流流路上，多条细沟尚未连通时，在坡面上为断续细沟，随着降雨的持续进行，坡上和坡下的同一径流流路上，多条断续细沟逐渐连通或合并形成连续细沟，土壤侵蚀进入细沟成熟阶段（Zhang，2005；Guo et al.，2018；Hao et al.，2019）。随着细沟尺寸（沟深和沟宽）的进一步扩大，细沟会进入浅沟阶段，这部分内容将在其他章节进行进一步探究。

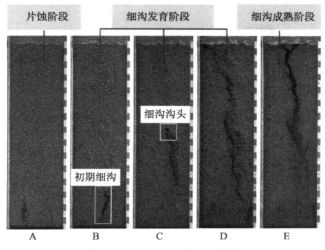

图 4-2　坡面侵蚀的 3 个阶段

三、坡面产流产沙特征对土壤层次的响应

(一) 坡面产流特征

试验过程中不同层次土壤初始产流时间见表 4-2。由表可知，不同类型土壤和侵蚀程度间产流时间存在显著差异（$P<0.05$）。相比其他两个层次土壤，CTA 坡面的初始产流时间更长。在 CTB 坡面上，T1 的初始产流时间约为 T2 条件下的 2 倍，为试验条件下的最大差异。另外，降雨-径流强度的增加导致所有层次土壤的初始产流时间显著缩短。图 4-3 所示为不同条件下径流系数随降雨历时的动态变化。显然，径流系数在最初几分钟内急剧增加，然后在大约 10 min 后接近动态稳定的状态。在试验初期，坡面土壤水力梯度较高，导致在非饱和土壤条件下具有较高的初始入渗能力。随着入渗的持续和垂直水力梯度减小，径流量会急剧增加，并在水力梯度接近 1 时接近相对稳定的状态，波动较小（Issa et al.，2006；Lin et al.，2018；Jiang et al.，2014，2018）。同时，不同层次土壤的径流系数差异显著，呈现 CTB＞CTC＞CTA 的顺序，这受到了土壤容重和孔隙度非常明显的影响（$r=0.91$，$P<0.01$）。高容重和低孔隙度表明土壤紧实，有助于快速形成高强度的径流。T1 和 T2 处理下的其动态变化模式相似，但高降雨-径流强度（T2）意味着坡面上进入更多的水和更短的停留时间，这导致了更高的径流系数（Assouline et al.，2006；Vaezi et al.，2017）。例如，T1 和 T2 处理下 CTB 的平均径流系数分别为 0.71 和 0.80（表 4-2）。此外，随着坡面侵蚀阶段的演变，径流系数逐渐增加（表 4-2）。T1 处理下 CTB 的径流系数在细沟发育阶段和细沟成熟阶段

分别增加了 20.34% 和 23.73%。总的来说，坡面的径流系数按 CTB＞CTC＞CTA 的顺序增加，径流系数随细沟侵蚀的演变而逐渐增大。

表 4-2　坡面径流对不同试验条件和侵蚀阶段的响应

试验土壤	降雨-径流处理	初始产流时间/min		径流系数			
		1st	2nd	片蚀阶段	细沟发育阶段	细沟成熟阶段	平均值
CTA	T1	7.47	1.67	0.32	0.45	—	0.46 (0.45～0.46) e
	T2	5.95		0.47	0.55	0.58	0.55 (0.55～0.56) d
CTB	T1	4.65	1.25	0.59	0.71	0.73	0.71 (0.71～0.72) b
	T2	2.33		0.66	0.81	0.82	0.80 (0.79～0.82) a
CTC	T1	6.40	1.50	0.42	0.47	0.55	0.55 (0.54～0.56) d
	T2	4.67		0.52	0.59	0.65	0.63 (0.62～0.63) c

注：1st 和 2nd 分别指相同土壤在 T1（90 mm/h＋2 L/min）条件下第一场和第二场降雨-径流事件。不同的字母表示存在显著性差异（$P<0.05$）。

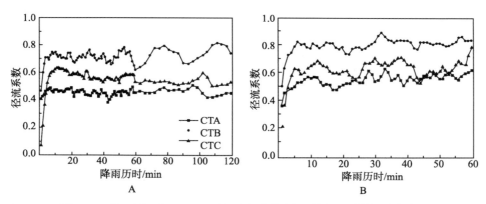

图 4-3　T1（A）和 T2（B）处理下不同层次土壤径流系数的动态变化
注：T1 处理涉及两场间歇性降雨（每场持续 1 h）。

（二）坡面产沙特征

坡面侵蚀产沙对不同试验条件和侵蚀阶段的响应见表 4-3。除 CTA 坡面外，T1 和 T2 处理下侵蚀阶段转变的临界时间相似。当细沟首次形成时，T1 和 T2 处理下 CTA 坡面分别在 5.07 min 和 5.20 min 时刻进入细沟发育阶段。然而，对于 CTA 而言，T1 和 T2 之间存在显著差异，在 T1 条件下坡面侵蚀

阶段直到试验结束一直处于细沟发育阶段；但对于 T2 处理，坡面侵蚀则在
33.52 min 时刻转变为细沟成熟阶段。形成成熟细沟网络所需的时间直接表明
了 CTA 坡面较强的潜在抗蚀性。同时，随着土壤层次的增加，坡面侵蚀从片
蚀阶段到细沟发育阶段的时间随之增加（CTC＞CTB＞CTA）；然而，坡面在
细沟发育阶段的持续时间显著缩短（表 4-3）。这表明 CTC 坡面更能抵抗雨滴
飞溅侵蚀，形成细沟需要更长的时间。然而，细沟一旦启动，CTC 山坡反而
更易遭受股流侵蚀而发育细沟。

表 4-3　坡面侵蚀对不同试验条件和侵蚀阶段的响应

试验土壤	降雨-径流处理	关键时刻/min			平均含沙量/g/cm³	土壤侵蚀速率/kg/（m²·min）			
		片蚀阶段	细沟发育阶段	细沟成熟阶段		片蚀阶段	细沟发育阶段	细沟成熟阶段	平均值
CTA	T1	0~5.07	5.07	—	0.014e	0.02	0.03	—	0.03d
	T2	0~5.20	5.20~33.52	33.52	0.079d	0.20	0.23	0.50	0.31c
CTB	T1	0~14.20	14.20~42.00	42.00	0.10d	0.13	0.22	0.40	0.29c
	T2	0~14.16	14.16~30.32	30.32	0.12c	0.23	0.33	0.76	0.43b
CTC	T1	0~17.56	17.56~27.40	27.40	0.18b	0.16	0.44	0.54	0.44b
	T2	0~18.18	18.18~24.20	24.20	0.22a	0.50	0.78	0.97	0.78a

　　坡面侵蚀过程中土壤侵蚀速率受降雨强度和土壤性质的综合影响。土壤侵
蚀速率随降雨历时的动态变化如图 4-4 所示。由图可知，土壤侵蚀速率随土
壤层次的加深而增加。细沟的形成和发展对土壤侵蚀速率的增加具有明显的贡
献，并且增幅因土壤层次的加深而加剧，即使在低降雨-径流条件下也是如此。
降雨-径流强度的增加对土壤侵蚀速率有显著影响（$P<0.01$）。径流的剥蚀作
用是坡面土壤侵蚀的首要因素，通常随着降雨强度和径流量的增加而增加，从
而导致土壤流失的增加（Lu et al.，2016；Hao et al.，2019）。坡面径流量对
土壤侵蚀速率的影响因土壤层次而异。在所有处理中，土壤侵蚀速率的大小顺
序为 CTA＜CTB＜CTC（表 4-3）。尽管 CTB 坡面的径流系数较高，但 CTC
坡面对侵蚀更为敏感，导致在任何处理下 CTC 坡面的土壤侵蚀速率均显著高
于 CTB 和 CTA 坡面，而 CTA 坡面的土壤侵蚀速率始终是最低值。鉴于黏粒
含量通常与可蚀性呈负相关（Grabowski et al.，2011），可以预测到土壤可蚀
性会随着土壤层次的加深而增加。CTA 坡面的最低土壤侵蚀速率可归因于高
黏粒含量和低径流系数。总体结果表明，土壤侵蚀速率随土壤层次的加深而增
加。这反映了当坡面发生侵蚀后，表层土壤会被逐渐剥离和输移，使下层土壤
逐渐暴露在水力侵蚀作用下。前期坡面侵蚀程度越高，当前坡面的侵蚀就越严
重，并会形成侵蚀的正反馈过程，愈演愈烈。

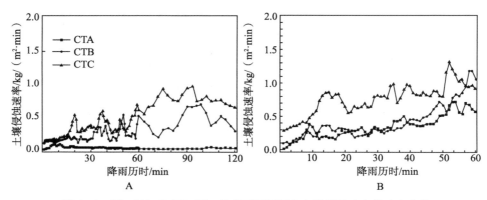

图 4-4 T1（A）和 T2（B）处理下不同层次土壤侵蚀速率的动态变化

四、坡面侵蚀形态特征对土壤层次的响应

（一）坡面侵蚀形态特征

坡面侵蚀特征是径流侵蚀力与土壤稳定性相互作用的结果，评估坡面的侵蚀特征有助于系统地理解土壤侵蚀的作用机制。本章节通过坡面随机粗糙度、细沟溯源侵蚀速率及细沟密度参数来表征坡面的侵蚀特征。不同试验条件下坡面随机粗糙度随降雨历时的变化见图 4-5。由图可知，各层次坡面随机粗糙度随着降雨的持续逐渐增加。在相同的观测时刻，对于 CTA 和 CTB 坡面而言，T2 处理的坡面随机粗糙度显著高于 T1 处理；而 CTC 坡面在 T2 处理下产生了独特的响应：坡面随机粗糙度在高降雨-径流条件下反而降低了。在 T1 处理中，坡面随机粗糙度随土壤层次的增加而增加，而在 T2 处理中，坡面随机粗糙度的大小顺序为 CTB＞CTA＞CTC。影响坡面随机粗糙度的主要因素

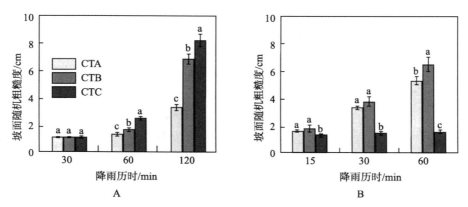

图 4-5 不同试验条件下坡面随机粗糙度随降雨历时的变化
A. T1　B. T2

包括细沟的下切侵蚀、侧向侵蚀和沟头溯源侵蚀过程（Ni et al.，2020），这受与土体稳定性、抗蚀性息息相关的土壤性质影响。在试验早期阶段，本研究坡面随机粗糙度与其他学者设置的粗糙坡面（不同的耕作措施）的粗糙度相似（Ding et al.，2017）。但在细沟发育过程中，由于黏粒含量低、粗粒含量高导致的土壤结构松散，不同层次坡面表现出了更严重的细沟侧壁坍塌（Jiang et al.，2018；He et al.，2014），尤其是 T2 处理下的 CTC 坡面。Liao 等（2019）的研究也印证了这一结果。

不同处理随机粗糙度的差异响应了细沟溯源侵蚀速率的显著差异（表4-4）。细沟溯源侵蚀速率随降雨-径流强度和土壤层次的增加而增加。当降雨-径流强度由 T1 增加到 T2 时，三个层次坡面的溯源侵蚀速率分别增加 278.9%、43.2%和57.4%。在 T2 条件下 CTC 坡面的最大溯源侵蚀速率甚至达到了207.14 cm/min，分别是 CTB 和 CTA 坡面的 1.96 倍和 3.87 倍。细沟密度直接反映了坡面上细沟的分布和坡面的破碎程度，其中包括了溯源侵蚀和侧面侵蚀的影响（Shen et al.，2015）。细沟密度观测中也发现了与溯源侵蚀速率类似的规律（表4-4）。细沟密度随着降雨-径流强度和土壤层次的增加而显著增加。在 T2 条件下，CTA、CTB 和 CTC 坡面的细沟密度分别为 15.31%、41.51%和52.00%，是（低强度）处理的 2.5～6.2 倍。在相同降雨-径流强度条件下，三个层次之间的最大差异甚至达到了8.49 倍。CTC 坡面表面表现出了最为破碎的侵蚀模式，这与 CTC 松散土壤结构导致细沟的频繁垮塌有关，并促成了 CTC 坡面独特的坡面随机粗糙度（图4-5）。

表4-4　细沟溯源侵蚀速率与细沟密度

试验土壤	试验处理	溯源侵蚀速率/cm/min		细沟密度/%	
		平均值	最大值	1st	2nd
CTA	T1	0.47e	3.17e	2.48e	3.79c
	T2	13.58d	53.51d	15.31d	
CTB	T1	18.61c	78.70c	16.15d	22.33b
	T2	26.65b	105.56b	41.51c	
CTC	T1	31.05b	108.89b	20.46b	32.19a
	T2	48.87a	207.14a	52.00a	

（二）坡面表面颗粒覆盖

模拟试验坡面表面的粗颗粒覆盖情况与野外原位坡面广泛存在的粗颗粒出露的现象一致（图4-6），尤其是细沟间区域的粗颗粒覆盖率更高。细沟区域受细沟内汇聚的集中径流的影响，而细沟间区域主要受溅蚀和薄层径流的侵蚀搬运作用，受泥沙搬运的物理机制的影响，坡面表面出露并滞留大量石英粗粒。

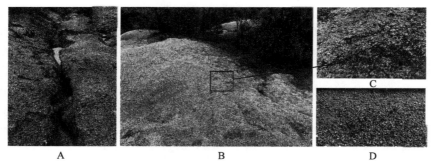

图 4-6 野外原位坡面（A、B及C）与模拟试验坡面（D）表面石英粗粒的对比

试验进一步测定了试验结束后坡面表面的不同坡位（图 4-7A）和粒径级别（图 4-7B）的石英粗粒的相对富集率。由于 T1 条件下，CTA 坡面未发育出完整的细沟，因此，本研究增加了一组 T1 条件下降雨历时长达 1 200 min 的 CTA 坡面侵蚀对比试验（ST1 处理）以增加试验的科学性。结果表明，三个层次间坡面粗颗粒的相对富集率差异显著。除 ST1 测试，在所有坡面中，最大的相对富集率平均值出现在 CTA 坡面上（相对富集率＝0.15），最小出现在 CTB 坡面上（相对富集率＝－0.13），CTC 坡面的相对富集率处于 0 附近。相应地，三个坡面表面的粗颗粒分别表现为富集、耗竭以及盈亏平衡。然而，在 ST1 条件下，经过长历时的侵蚀作用后，CTA 整个坡面表面的粗颗粒相对富集率均大于0，表现出富集现象（图 4-7A）。另外，表面各粒级粗颗粒的相对富集率高度依赖于土壤层次（图 4-7B）。在所有处理中，0.25~0.5 mm 粒级颗粒的相对富集率均大于1，这是富集最严重的粒级，极大地影响了粗粒的富集程度，尤其是 ST1 条件下的 CTA 坡面（相对富集率＝6.29）。而 0.5~1 mm 粒径颗粒则出现了最严重的流失（相对富集率＜－0.30）。这可归因于特定的土壤类型和试验条件（Kinnell，2006）。

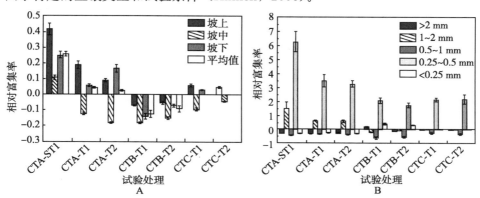

图 4-7 坡面不同坡位（A）与不同粒级（B）的石英粗粒的相对富集率

　　除了受降雨历时和土壤层次的控制外，粗粒的富集在空间上也取决于景观位置。对于不同坡位，与坡上和坡下相比，坡中通常是径流优先侵蚀、输移的位置。上坡的径流能量可能不足以输送粗颗粒，但随着径流的汇合，坡中的径流逐渐开始输移粗颗粒。当这些含沙径流进入坡下时，由于径流能量的消耗，坡下倾向于沉积较粗的泥沙颗粒（Ni et al.，2020）。

　　普遍认为，从片状侵蚀到细沟侵蚀阶段的演变直接且极大地影响了坡面径流、土壤侵蚀产沙、泥沙粒径分类和坡面侵蚀形态（Issa et al.，2006；Berger et al.，2010；Shen et al.，2015；Fang et al.，2015）。片状侵蚀主要涉及了由降雨雨滴击溅引起的土壤颗粒分离过程以及由此产生的薄层径流对分离颗粒的输移过程（Kinnell，2005；Zhang，2018）。相比之下，细沟侵蚀是坡面不断集水产生的集中径流对坡面土体剥蚀的结果，其涉及多个子过程：溯源侵蚀（沟头后退）、下切侵蚀（沟底下切）以及因坡脚冲刷和侧壁土体破坏而加宽的侧向侵蚀（沟壁扩张）（Wells et al.，2013；Qin et al.，2018；沈海鸥等，2018）。当坡面出现细沟切口或下切沟头时，标志着细沟侵蚀的开始，坡面水力作用从雨滴溅蚀和片状侵蚀转化为集中径流侵蚀（He et al.，2014）。细沟侵蚀是一种主要的土壤侵蚀形式，为相互连接的细沟和细沟间区域快速输移剥蚀的土壤颗粒提供了通道（Bewket et al.，2003）。通常，细沟集中径流的剥离能力和输移能力远大于薄层片状径流（Jiang et al.，2018）。因此，细沟侵蚀逐渐演变为坡面的主要侵蚀源（Wells et al.，2009；Qin et al.，2018），导致径流量和侵蚀速率迅速增加（Shen et al.，2016）。具体而言，细沟成熟阶段的土壤侵蚀速率为细沟发育阶段和片蚀阶段的 1.6～3.4 倍（表 4 - 3），结果与前人的研究结论一致（Shen et al.，2016；Prats et al.，2017；Abrantes et al.，2018）。同时，不同层次土壤受控于土壤性质的差异，其土壤侵蚀速率也表现出明显的差异（表 4 - 3）。土壤的黏粒含量随土壤层次的加深而降低，土壤可蚀性随着土壤层次的加深而增加（Grabowski et al.，2011）。可以预见的结果是土壤侵蚀速率的大小顺序为 CTA＜CTB＜CTC（表 4 - 3）。值得注意的是，CTA 坡面的土壤侵蚀速率始终是最低值，这不仅与土壤的高黏粒含量有关，还与土壤中的砾石不断富集在坡面表面形成的覆盖保护层有关（Ni et al.，2020）。

　　Hao 等（2019）指出，涉及片状侵蚀的初始侵蚀阶段与泥沙中细颗粒的富集高度相关，这响应了表面的粗颗粒含量的富集；坡面侵蚀的后期（细沟发育与细沟成熟阶段）则与泥沙中粗颗粒和团聚体的增加有关。Issa 等（2006）认为泥沙粒径的选择性是输移限制侵蚀过程的一个指标。随着降雨的持续，由于径流能量有限，土壤中的粗颗粒将逐渐暴露在坡面表面，而细颗粒则被径流带走。土壤表面的粗颗粒提供了一种粗化效应，可以减少细沟间区域的土壤流失（Ban et al.，2017；Cochrane et al.，2019）。粗颗粒富集会降低径流速度，进一步影响径流的分离和输移能力，从而降低其侵蚀潜力（Rieke-Zapp et al.，2007；Wang et al.，2012；Mahmoodabadi et al.，2014；Liao et al.，2019）。Cochrane 等（2019）指出，在 22 mm/h 降雨强度下，随着坡面表面砾石覆盖层的高度发展，土壤流失减少了 75% 以上。在本研究中，细沟间区域土壤粗质化的发展导致土壤侵蚀速率出现降低，直到细沟发育。Liao 等（2019）的研究也得出了相同的结论。此外，细沟间区域粗粒覆盖率的变化可能间接将主要侵蚀源转移到细沟，因为土壤侵蚀速率随着细沟发育阶段的演变而增加（图 4-4）。坡面粗颗粒的富集不仅与降雨历时有关，还受土壤层次的控制。与 CTB 和 CTC 相比，CTA 坡面表面的粗颗粒富集程度更大（图 4-7）。Lin 等（2017）研究发现在沙壤土坡面收集的泥沙样中，砾石的平均富集率通常小于 1，沙粒的平均富集率接近 1，但粉粒和黏粒则大量富集（富集率＞2）。这一结果间接表明坡面表面的粗颗粒普遍发生了富集。

细沟长度、深度和宽度增加的主要驱动力分别是溯源侵蚀、下切侵蚀和侧向侵蚀（Wells et al.，2009；Jiang et al.，2018；Qin et al.，2018）。在本研究中，细沟溯源侵蚀速率与土壤侵蚀速率显著相关（$r=0.98$，$P<0.01$），与暴露层和降雨处理高度一致（表 4-5）。上述结果得到了 Shen 等（2016）的支持，这意味着沟头溯源侵蚀是侵蚀严重程度的实用指标。但是考虑到细沟密度不仅涉及溯源侵蚀作用，还受到侧向侵蚀的影响（Shen et al.，2015），因此，与溯源侵蚀速率相比，细沟密度是更适合用于评估细沟发育程度的形态学指标。

表 4-5　试验参数相关关系矩阵

	S_h	BD	OP	OM	Clay	Silt	Sand	Gravel	R_c	c_s	E	S_y	ρ_r	HER
BD		1												
OP		-0.94**	1											
OM	-0.72**	-0.70*	0.88**	1										
Clay	-0.69*			0.82**	1									
Silt	0.73**		-0.74**	-0.95**	-0.95**	1								
Sand	-0.72**		0.79**	0.95**	0.89**	-0.99**	1							
Gravel	-0.98**	-0.59*	0.79**	0.98**	0.87**	-0.97**	0.97**	1						
R_c		0.91**	-0.85**						1					
c_s	0.75**		-0.67*	-0.88**	-0.93**	0.96**	-0.95**	-0.89**		1				
E	0.66*		-0.58*	-0.75**	-0.80**	0.84**	-0.86**	-0.76**		0.95**	1			
S_y	0.74**		-0.64*	-0.85**	-0.89**	0.93**	-0.92**	-0.88**		0.98**	0.96**	1		
ρ_r	0.61*		-0.75**	-0.85**	-0.76**	0.86**	-0.89**	-0.82**		0.92**	0.95**	0.92**	1	
HER	0.71**		-0.69*	-0.86**	-0.86**	0.92**	-0.93**	-0.87**		0.97**	0.98**	0.98**	0.97**	1

注：S_h 为土壤层次；BD 为容重；OP 为土壤孔隙度；OM 为有机质；$Clay$ 为土壤黏粒含量；$Silt$ 为土壤粉粒含量；$Sand$ 为土壤沙粒含量；$Gravel$ 为土壤砾石含量；R_c 为径流系数；c_s 为径流含沙量；E 为土壤侵蚀速率；S_y 为总产沙量；ρ_r 为细沟密度；HER 为细沟溯源侵蚀速率；* $P<0.05$，** $P<0.01$。

土壤侵蚀速率和径流系数随着侵蚀阶段从片蚀阶段到细沟发育阶段再到细沟成熟阶段的演变而逐渐增加。径流系数受控于土壤容重，容重越大的土壤层次其径流系数越大，并随着降雨-径流强度的增加而进一步增大。土壤侵蚀速率与降雨-径流强度、土壤层次的增加相对应（$P<0.01$），而表土层始终表现出最低的土壤侵蚀量。溯源侵蚀速率和细沟密度与土壤侵蚀速率表现出相似的模式。坡面随机粗糙度取决于土壤性质（黏粒含量）和降雨特征（降雨强度和持续时间）的相互作用。在降雨-径流强度较低（T1）的情况下，坡面随机粗糙度随土层深度的增加而增加，而在降雨-径流强度较高（T2）的情况下，随机粗糙度的大小顺序为CTB>CTA>CTC。同时，在土壤侵蚀过程中，细沟间区域的土壤表面表现出石英粗颗粒（>0.25 mm）的富集，尤其是在CTA坡面上，这响应了泥沙中细颗粒富集、粗颗粒耗竭的结果。表面粗颗粒的富集对细沟间区域的原位土壤侵蚀有消极作用，并随着土壤侵蚀阶段的演变有助于坡面主要侵蚀源由细沟间区域向细沟区域转移。坡面表面粗颗粒的分布特征因土壤层次、坡面部位和降雨历时而异，这与土壤性质、泥沙输移的物理机制息息相关。这些综合结果表明，在未来的侵蚀评估和预测中，应考虑前期侵蚀对后续侵蚀的影响。

第二节　花岗岩表土坡面细沟侵蚀形态演变特征

崩岗侵蚀地形是由各种沟蚀形态发展而来的，这些沟蚀通常经过片蚀、细沟侵蚀过程的演变。也就是说，作为一种以水力侵蚀为先导的侵蚀类型，崩岗形成往往都是以片蚀阶段开始的，其间土体仅受到雨滴击溅、薄层径流和集中径流的冲刷作用。花岗岩红壤坡面上片蚀与细沟侵蚀的发生、发展及细沟网络的形成直接影响了后续和异位侵蚀的发生和发展（Luk et al.，1997；Favis-Mortlock et al.，2000；Poesen et al.，2003）。同时，细沟侵蚀也广泛存在于农业耕地中（Kinnell，2005；Govers et al.，2007），其地貌重要性和危害性不容忽视（Foster et al.，1983；Nearing et al.，1997）。尤其是在坡耕地，其中50%～70%的土壤侵蚀归因于细沟侵蚀引起的土壤流失（Bewket et al.，2003；Bruno et al.，2008；He et al.，2014）。

细沟侵蚀通常由高强度和短期暴雨引起（Foster et al.，1983；Berger et al.,2010）。细沟侵蚀源于雨滴击溅作用及由此产生的薄层径流、集中径流对坡面土壤的剥蚀作用。从片蚀阶段到细沟侵蚀阶段的演变对坡面径流、泥沙特征和表面形态有直接而显著的影响（Berger et al.，2010；Shen et al.，2015；Fang et al.，2015）。普遍认为，细沟侵蚀机制中存在一个复杂的反馈回路，具有强烈的时空变化特征（Favis-Mortlock，1998；Zhang，2005；

Nearing et al.，2017）。与薄层径流相比，细沟流具有更强的分离和输移能力（Brunton et al.，2000），导致细沟形态与坡面随侵蚀而发生变化，这往往又会改变细沟沿线的径流水力动机制和土体稳定性（Zhang et al.，2017）。

在崩岗形成阶段，水力侵蚀是主导侵蚀方式。水力的作用具体表现在：①冲刷坡面，下切加深、横向拓宽沟道；②溯源侵蚀造成沟头不断后退；③将侵蚀、崩塌下来的碎屑松散物质输移出沟道。片蚀阶段向细沟侵蚀阶段的转化对水力塑造坡面形态与加剧侵蚀发展至关重要（Shen et al.，2015；Ni et al.，2020）。因此，了解坡面细沟的形成与发育过程有助于在土壤退化不可逆转之前的初级阶段控制土壤退化进程。迄今为止，只有少数研究试图探究花岗岩红壤坡面上的细沟侵蚀过程和特征，并确定其对后续坡面侵蚀的潜在影响。鉴于上述章节试验中也只有部分土壤发育出细沟，本章节考虑了集水区上方汇水对坡面侵蚀的影响，对比研究降雨＋上方汇水条件下四种表土坡面侵蚀表面形态的演变过程，辨析细沟发育、形态特征和土壤流失之间的响应关系，阐明细沟发育对侵蚀、泥沙输移的影响，并间接揭示各种土壤的可蚀性差异和影响因素。

一、研究方法

（一）试验设计

1. 供试土壤 供试土样为通城（TCA）、赣县（GXA）、长汀（CTA）、五华（WHA）4 个采样点采集的花岗岩红壤表土层土壤，土壤质地均属于沙壤土，土壤主要性质见表 4-6。将供试土样进行自然风干，并过 10 mm 筛后备用。试验设备为第三章第二节试验设计中图 3-8 所示的土槽。四种土壤的填土容重与野外采样地点土壤容重一致，分别为 1.29 g/cm³、1.33 g/cm³、1.30 g/cm³ 及 1.27 g/cm³。土槽的制备与试验前期准备工作见第三章第一节中的试验设计。

表 4-6 试验土样的基本理化性质

采样点	土壤代号	有机质/g/kg	总孔隙度/%	容重/g/cm³	黏粒/%	粉粒/%	沙粒/%	砾石/%
通城	TCA	24.19	50.94	1.29	13.60	13.05	67.75	5.80
赣县	GXA	25.93	49.41	1.33	21.08	12.21	58.05	8.66
长汀	CTA	23.37	49.69	1.30	24.19	8.97	54.64	12.20
五华	WHA	15.17	50.97	1.27	13.60	16.91	66.02	3.47

2. 试验条件 试验在 15°固定坡度上进行，降雨强度设定为 90 mm/h＋2 L/min，基于 2 m² 的汇水面积，汇水流量设置为 2 L/min。根据坡面细沟侵蚀深度，当细沟深度相对于侵蚀基准面超过 20 cm 时，试验在整小时节点停止。四种土壤（WHA、TCA、GXA 和 CTA）的降雨-径流试验分别持续了 1

场、3场、10场和20场降雨，每场试验持续 1 h，每两场降雨之间间隔 24 h。

3. 试验过程 试验过程同第三章第二节。在坡面产流后，每间隔 3 min（0～60 min）、6 min（60～180 min）、12 min（180～600 min）、20 min（600～6 000 min）及 30 min（6 000～7 200 min）接取一次径流泥沙样，接样时间为 1 min。每一组接样装置包括 3 个 250 mL 铝盒和 1 个 12 L 接样桶。

（二）测定指标

试验过程中所涉及的水动力学参数的获取与泥沙样的处理等操作过程见第三章第二节研究方法中的测定指标。

试验结束后，观测侵蚀坡面的表面形态，在布设有靶球的土槽周围使用三维激光扫描仪技术对坡面进行扫描，获取表面数字高程模型信息。同时，使用直尺法每隔 5 cm 距离测量坡面每条细沟的长度、宽度和深度的真值信息。坡面表面形态特征参数的获取同本章第一节研究方法内的测定指标内容。在 ArcGIS 10.2 中，利用水文分析模块在 TIN 数据上进行填挖方、流向、流量计算与流域分析等步骤，设置合适的汇流阈值，提取坡面的细沟网络，分析细沟形态特征的时空分布规律。利用 3D 分析模块，通过表面体积、填挖方、表面差异等子模块计算细沟体积。

坡面侵蚀系统在时间序列上进行的不可逆过程总是伴随着熵增，熵概括了演化的特征。当土壤侵蚀加剧时熵增大，当侵蚀减轻时熵降低。熵增加后系统无序性增加，系统能量虽从数量上讲守恒，但不可用程度越来越高（朱启疆等，2001）。这意味着坡面表面形态变得更加破碎，沟网的发育越来越发达。因此，坡面细沟的发育过程对应着坡面地貌的熵增过程，从熵增的程度可以判断坡面细沟的发育程度。地貌信息熵（H）将地貌发育定量化，提出了细沟演变与熵增、细沟发育程度与熵度的对应关系（张攀等，2015）。根据艾南山等（1987）的定义，地貌信息熵可通过下式估算：

$$H = S - \ln S - 1 = \int_0^1 f(x)\mathrm{d}x - \ln\left[\int_0^1 f(x)\mathrm{d}x\right] - 1 \quad (4-4)$$

式中，H 表示地貌信息熵；S 表示 Strahler 面积-高程积分值；$f(x)$ 是 Strahler 面积-高程积分曲线。

根据地貌信息熵的计算原理，运用 ArcGIS 的空间分析功能，在坡面上每隔 20 mm 高程生成一条等高线，并提取出不同高程以上的坡面面积。通过拟合高程和该高程以上面积的百分比建立 Strahler 面积-高程曲线方程，计算曲线的定积分 S，进一步得到熵值 H。

二、降雨-径流耦合条件下坡面细沟演化特征

本研究的前述章节根据坡面细沟形态的演变过程将坡面侵蚀初步划分为三

个阶段：片蚀（细沟间）阶段、细沟发育阶段和细沟成熟阶段（图4-2）。图4-8显示了以 TCA 土壤为例的典型坡面侵蚀演变过程。该典型坡面侵蚀经历了片蚀（细沟间）阶段、复杂性增加的细沟发育阶段及细沟成熟阶段。根据细沟侵蚀演化过程中的关键时刻（表4-7），降雨试验初期，溅蚀是坡面上发生的主要侵蚀方式，该过程持续了12.13 min。随着降雨的持续，坡面形成薄层水流，导致片蚀的产生。普遍认为，由于土壤表面形态和抗蚀性的差异，降雨形成的径流往往会在某些位置汇聚形成股流，径流下泄，发生差异性侵蚀，冲刷出跌坎或洼地形态（郑粉莉等，1987；Slattery et al.，1992；Gover et al.，2007；Berger et al.，2010），这在图4-8（a）中可以直观地观察到。在降雨12.13 min 后，随着表面径流逐渐汇聚，小跌坎发育、扩大，进而形成下切沟头，出现初始细沟（郑粉莉等，1987）[图4-8（b）]，并开始进入细沟发育阶段（Zhang，2005；Jiang et al.，2018；Ni et al.，2020）。下切沟头的溯源侵蚀、沟壁崩塌和沟底下切等是导致细沟发育的主要方式。在侵蚀的正反馈作用下，细沟范围继续扩大 [图4-8（d）～（e）]，细沟流变得更加集中，也更具侵蚀性（Brunton et al.，2000），导致相同径流流路上的断续细沟逐渐连通。经过一段时间的下切侵蚀、溯源侵蚀和侧向侵蚀 [图4-8（f）]，径流路径上的断续细沟在83.63 min 时连通成连续细沟 [图4-8（d）]。在降雨持续过程中，细沟的宽度和深度皆在不断发生变化，细沟的分岔、连通和合并进一步影响了细沟发育并加剧了细沟侵蚀 [图4-8（e）]。从细沟演化规律来看，细沟发育过程是从点状侵蚀（跌坎、洼地）到断续细沟再到连续细沟、细沟网络的演变过程（Brunton et al.，2000；Qin et al.，2018），在中国南方低山丘陵区的花岗岩红壤坡面上比较常见（Luk et al.，1997；Jiang et al.，2018）。

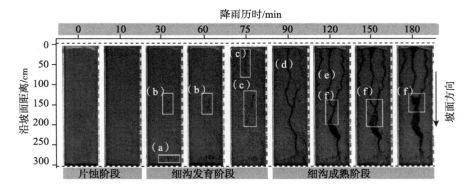

图4-8　TCA 土壤在连续降雨-径流条件下的坡面侵蚀演变过程

注：（a）细沟切口；（b）初期沟头侵蚀；（c）不连续细沟；（d）连续细沟；
（e）细沟网络；（f）细沟垮塌。

表 4 - 7 不同侵蚀阶段的关键时刻、细沟溯源侵蚀速率及细沟密度

试验土壤	关键时刻/min			细沟溯源侵蚀速率/cm/min		细沟密度/m/m²
	片蚀阶段	细沟发育阶段	细沟成熟阶段	平均值	最大值	
WHA	0~10.33	10.33~15.67	15.67~60	10.83	20.59	2.27
TCA	0~12.13	12.13~83.63	83.63~180	5.79	19.20	2.32
GXA	0~12.30	12.30~387.43	387.43~600	0.88	3.67	2.46
CTA	0~13.63	13.63~901.02	901.02~1 200	0.41	2.47	0.95

图 4 - 9 为所有试验结束后四种土壤坡面的最终表面形态。四种土壤的坡面均经历了由片蚀到细沟侵蚀的演变过程，试验结束时细沟的最大深度达到或超过了 20 cm。与黄土等土壤的坡面侵蚀形态不同，花岗岩红壤坡面上细沟网络不发达，分岔和支沟少，明显的单一主沟是其主要特点。表 4 - 7 中细沟密度也反映了坡面细沟的最终发育状态。尽管不同土壤坡面间没有显著差异，但 WHA、TCA 及 GXA 土壤的细沟密度均远大于 CTA 土壤（0.95 m/m²）。与 CTA 坡面上的单条细沟相比，WHA、TCA 及 GXA 坡面上细沟有数条细沟支沟，细沟网络发育较活跃，导致总细沟长度、细沟密度和破碎度显著增加（Bewket et al.，2003）。正如 Jiang 等（2020）所指出的，当黄土坡面上细沟网络形成后，细沟密度从 0.799 m/m² 显著增加到了 3.42 m/m²。

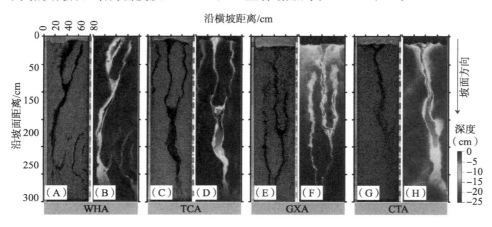

图 4 - 9 降雨结束后四种土壤的坡面影像与数字高程模型

注：（B）、（C）、（D）、（E）、（F）、（G）、（H）刻度同（A）；（B）、（D）、（F）、（H）图例为深度。

对试验的观测记录和相机实时捕获的数据进行分析发现，四种土壤坡面上的跌坎首先出现在坡面的中下部。但是，四种土壤在演化过程中的各阶段关键时刻存在差异（表 4 - 7），其中片蚀阶段的持续时间差异不大，而细沟发育阶段的持续时间差异显著（$P<0.01$）。具体而言，WHA、TCA、GXA 及 CTA

四种土壤的细沟发育阶段持续时间分别为 5.34 min、71.50 min、375.13 min 和 887.39 min。对于四种相同母质的土壤，CTA 在此阶段的持续时间是 TCA 的 12.41 倍（表 4 - 7）。上述结果间接暗示了四种土壤的可蚀性差异，这归因于土壤性质之间的差异（Grabowski et al.，2011）。

细沟长度的增长速度（后退速度）常被用来表征土壤侵蚀程度（Bruno et al.，2008；Shen et al.，2015，2016）。以 TCA 土壤为例，在第一次降雨事件（0～60 min）时坡面上形成了初期细沟［图 4 - 8（b）］。在第二次降雨事件（60～120 min）时，细沟快速向上延伸，细沟头部靠近土壤水槽顶部［图 4 - 8（d）］。溯源侵蚀主导了细沟发育阶段，当细沟沟头不断后退且沿同一径流流路的几个断续细沟相互连通时，细沟溯源侵蚀速率会迅速增加（Shen et al.，2015）。第三次降雨事件（120～180 min）期间，细沟进一步发育，形成了较为成熟的细沟网络，此时细沟溯源侵蚀速率为零。对于四种不同的土壤，平均和最大溯源侵蚀速率都随着原始土壤黏粒含量的增加而降低（表 4 - 6 与表 4 - 7）。WHA、TCA、GXA 和 CTA 的平均溯源侵蚀速率分别为 10.83 cm/min、5.79 cm/min、0.88 cm/min 及 0.41 cm/min，WHA 土壤的最大溯源侵蚀速率甚至达到了 20.59 cm/min，分别是 TCA、GXA 和 CTA 土壤的 1.07 倍、5.61 倍及 8.34 倍。Ni 等（2020）研究了不同土壤层次花岗岩红壤坡面的细沟溯源侵蚀速率，并指出细沟溯源侵蚀速率随着土壤层次的增加（表土层—淀积层—母质层）而增加，与土壤中黏粒含量呈负相关。这些结果响应了不同土壤坡面的侵蚀程度和产沙量，也得到了 Shen 等（2016）研究的支持，这意味着细沟溯源侵蚀速率与细沟成熟阶段之前的坡面侵蚀速率高度相关。

三、降雨-径流耦合条件下坡面细沟几何特征

坡面土壤侵蚀强度的动态变化可以通过坡面细沟形态的演变来表征，如细沟长度、细沟深度及横截面形态等（Bruno et al.，2008；Nearing et al.，2017；Qin et al.，2018）。以 CTA 土壤为例，细沟总长度在细沟发育阶段急剧增加。细沟沟头的溯源侵蚀和沟底的下切侵蚀是两个相辅相成的过程，下切侵蚀形成为次生沟头的后退显著增加了细沟深度（图 4 - 10B）。在所有处理中，随着降雨历时的增加，细沟长度与细沟深度呈现相似的增加趋势。然而，当细沟沟头退至坡顶位置时，细沟侵蚀过程逐渐转变为以细沟加深和拓宽为主（图 4 - 10A），致使细沟成熟阶段的细沟深度不断增加。在所有降雨事件后，WHA、TCA、GXA 和 CTA 土壤最终表面的平均细沟深度分别达到 17.27 cm、15.95 cm、11.93 cm 和 10.45 cm（图 4 - 10）。在具有最大细沟头部侵蚀速率的斜坡上也观察到最大细沟深度（表 4 - 7）。

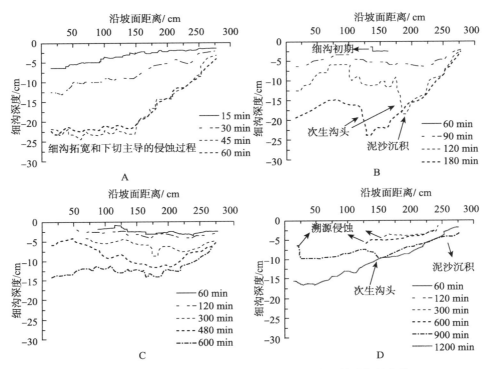

图 4-10　不同土壤坡面的细沟深度在各侵蚀阶段沿坡长的变化
A. WHA　B. TCA　C. GXA　D. CTA

图 4-11 所示为降雨结束后坡面表面的等高线图与三个坡段位置的细沟横断面轮廓。以 CTA 坡面为例 [图 4-11 (j) ~ (l)]，细沟断面沿坡面呈现不同的形态。坡上位置细沟断面呈 V 形，坡中呈 U 形，坡下呈 U 形，三个坡段的细沟宽深比处于 0.24~5.43，并且沿坡面向下发生相应的增加。本研究中获得的细沟横断面形态与 Brnuo 等（2008）的研究中的断面形态特征相似，他指出细沟上部的横断面深而窄，而在向坡下游移动时趋于扩大。这可归因于沿坡面细沟沟道中径流分离能力和泥沙输移能力的变化（Berger et al.，2010；Ni et al.，2020）。坡面上发生的任何侵蚀形态、泥沙和径流的时空变化都是坡面侵蚀系统中能量消耗的过程（Zhang et al.，2017），从由坡上到坡下细沟宽度的显著增加可以减少细沟中径流的能量，致使细沟流相应的分离能力和泥沙输移能力降低。在坡上，土壤颗粒的分离和输移是坡面上发生的主要侵蚀现象；在坡中，径流的挟沙量低于其泥沙输移能力，在动态过程中其多余的能量仍导致了土壤颗粒的分离。然而，在细沟末端，由于细沟流挟沙量较高，达到甚至超过了其泥沙输移能力，当细沟逐渐趋于宽浅型时，径流能量会降低，导致原本挟带的部分泥沙沉积下来，尽管径流此时仍会冲刷细沟周边土壤，但此

处侵蚀的泥沙会在侵蚀-沉积动态平衡中沉积下来无法被输移出坡面（Brnuo et al.，2008；Wirtz et al.，2012）。在试验过程中，我们观察到从坡上输移的泥沙在坡下普遍发生了沉积，导致细沟的末端随着时间的推移逐渐被掩埋甚至消失（图 4-10D）。

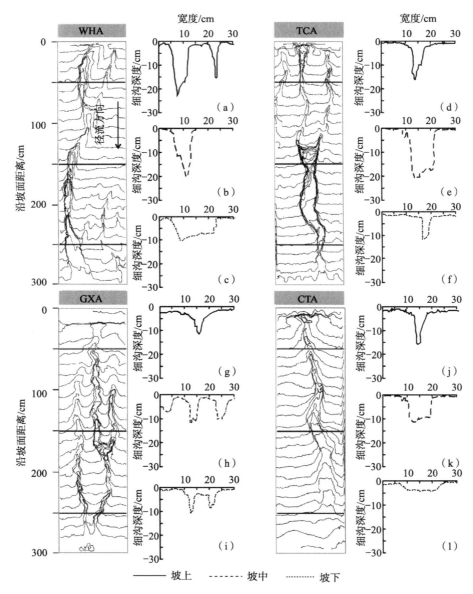

图 4-11　最终坡面的等高点图和主细沟在坡上（50 cm）、坡中（150 cm）及坡下（250 cm）的横断面形态

在塑造细沟断面形态的过程中，细沟加深的过程主要涉及两个子过程：细沟沟头溯源侵蚀和细沟流下切侵蚀（Qin et al.，2018）。细沟沟头溯源侵蚀通常由坡面表面出现的跌坎触发，这有利于细沟推进阶段的细沟切头推进（Bennett et al.，2000；Favis-Mortlock et al.，2000）。细沟的初始深度通常等于初始沟头的高度。细沟深度的增加很大程度上取决于细沟沟道内后续沟底下切侵蚀过程中形成的次生沟头的溯源推进（Shen et al.，2015；Qin et al.，2018）。细沟内的次生沟头在细沟中通常呈阶梯状或坎状［图 4 - 11（b）］，并随着降雨的持续而逐渐后退，从而促进细沟深度进一步增加。Qin 等（2018）提到，由于重塑坡面在没有土壤结皮保护的情况下具有相对较高的土壤可蚀性，因此次生沟头的溯源侵蚀速率是初始细沟沟头的 2～7.5 倍。然而，对于这种质地较粗的土壤，Ni 等（2020）的表述似乎更符合实际，他指出坡面表面残留的石英粗粒对细沟间区域的土壤侵蚀速率有负面作用，但可能会加剧细沟的发育。与粗粒覆盖保护的细沟间区域相比，受集中径流影响的细沟区域更容易遭受侵蚀作用。因此，水土流失防护措施的重点应尽可能地防止坡面上形成初始细沟和次生沟头。

降雨结束后四种土壤坡面的地貌信息熵结果如图 4 - 12 所示。显然，四种土壤坡面的地貌信息熵皆随着降雨历时的增加而增加。地貌信息熵随降雨历时的增加有两种模式：在第一种模式中，增量随着侵蚀的持续而逐渐增加，尤其是在侵蚀后期，如 TCA 坡面。WHA 坡面直观上也属于这一类型，但是由于其侵蚀发展迅速，本试验未得到足够的数据支撑。在第二种模式中，增量随着降雨历时的推移略有下降，CTA 坡面是最形象的案例。这两种变化模式的出现与坡面发生侵蚀现象有关。具体而言，TCA 坡面在短时间内迅速进入细沟

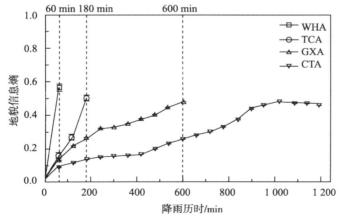

图 4 - 12　四种土壤坡面的地貌信息熵随降雨历时的变化

成熟阶段后，细沟沟壁的坍塌仍然频繁且严重，导致地貌信息熵继续迅速增加。在 GXA 和 CTA 坡面上，土壤的高黏粒含量增加了土体稳定性，且土壤的高砾石含量引发了更多粗粒滞留在坡面表面，从而使坡面不易遭受侵蚀（Rieke-Zapp et al.，2007；Cochrane et al.，2019），并随着降雨时间的推移稳步地增加地貌信息熵。

整体上，所有降雨事件结束后四种土壤的地貌信息熵差异不大，WHA、TCA、GXA 和 CTA 分别为 0.56、0.50、0.48 和 0.47。但由于四种土壤降雨历时差异较大，因此 WHA 坡面侵蚀演化速度最快，CTA 则最慢。Zhang 等（2017）指出，由于降雨持续时间短（52～78 min），因而黄土坡面上地貌信息熵在 0.2～0.3 范围内变化。即使是相同的降雨持续时间（如 60 min），WHA 的熵值也最高，CTA 的熵值最低。与 GXA 和 CTA 坡面相比，TCA 在 60 min 后地貌信息熵快速增加，与细沟发育阶段侵蚀速率快速增加的阶段相吻合，表明熵值的变化趋势可以反映出侵蚀强度的动态变化。上述结果表明土壤类型对地貌信息熵的变化有重要影响，熵值随着降雨历时的增加而增加，尤其是在细沟侵蚀活跃的坡面上。

四、降雨-径流耦合条件下坡面产沙特征

土壤侵蚀过程具有较强的时空变化特征，不同侵蚀阶段的主导过程和侵蚀特征差异很大（Brunton et al.，2000；Wirtz et al.，2012）。随着坡面侵蚀从片蚀阶段转变为细沟发育阶段再到细沟成熟阶段，坡面径流和土壤侵蚀存在明显的差异（图 4-13）。随着降雨历时的延长，四种土壤坡面的径流系数具有相似的变化趋势，包括两个明显不同的阶段：降雨初期快速增加阶段，然后趋于相对稳定的阶段（图 4-13A）。相似的结果已经被广泛报道，这归因于土壤表面不利于降雨入渗的土壤物理性质，如土壤结皮的形成，这导致了上述研究中表面径流的发展与增加（Berger et al.，2010；Jiang et al.，2018；Shen et al.，

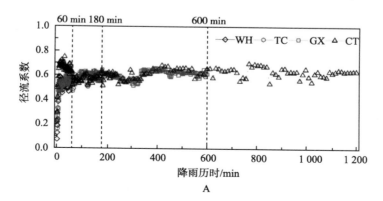

A

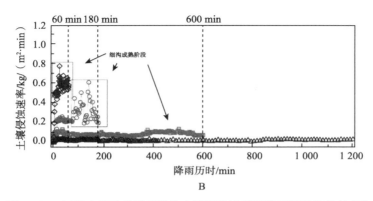

图 4-13　四种土壤的径流系数和土壤侵蚀速率随降雨历时的动态变化

2016）。四种土壤的平均径流系数的大小顺序为 WHA（0.47）＜TCA（0.51）＜GXA（0.56）＜CTA（0.58）（表 4-8），这响应了原始土壤中黏粒含量梯度的变化趋势（表 4-6）。

表 4-8　不同试验条件下各侵蚀阶段的坡面侵蚀响应

试验土壤	径流系数	平均含沙量/g/cm³	土壤侵蚀速率/kg/(m²·min)			
			片蚀阶段	细沟发育阶段	细沟成熟阶段	平均值
WHA	0.47	0.73	0.36	0.50	0.61	0.55
TCA	0.51	0.24	0.20	0.25	0.34	0.25
GXA	0.56	0.07	0.07	0.09	0.10	0.09
CTA	0.58	0.02	0.02	0.03	0.03	0.03

　　四种土壤的土壤侵蚀速率呈现先急剧增加后呈波动的趋势（图 4-13B）。在连续试验初期，土壤侵蚀速率的快速增加与坡面表面松散土壤颗粒的存在、径流的快速增加及细沟的发育有关（Jiang et al.，2018）。这与 Berger 等（2010）报道的坡面土壤流失和径流量之间呈正指数关系的结果一致。随后阶段土壤侵蚀速率的不稳定性可归因于细沟发育过程中沟壁与沟头的坍塌，这与细沟侧向侵蚀和溯源侵蚀关系密切 [图 4-8（f）]。同时，土壤侵蚀速率的变化响应坡面侵蚀从片蚀阶段到细沟侵蚀阶段的转变（Brunton et al.，2000；He et al.，2014），细沟侵蚀最活跃的阶段总是伴随着较高的土壤侵蚀速率（Berger et al.，2010）。Bennett 等（2000）的研究中提到，在出现细沟下切侵蚀之前土壤表面的泥沙产量几乎为零。在片蚀到细沟侵蚀的快速演变过程中，更多的泥沙通过较大的径流率发生了输移。这个结果也得到了相关学者的研究中对泥沙产出分析的结果的支持，其结论可以通过本研究的结果来验证

(Shen et al.，2015；Zhang et al.，2017)。

即使在低强度土壤侵蚀速率下，细沟的形成和发展也表现出了对土壤侵蚀速率的显著贡献。表4-8中土壤侵蚀速率在三个侵蚀阶段之间的差异提供了有力的证据。例如，GXA土壤在三个侵蚀阶段的土壤侵蚀速率分别为0.07 kg/(m²·min)、0.09 kg/(m²·min) 和0.10 kg/(m²·min)。在整个试验过程中最大土壤侵蚀速率为细沟成熟阶段的WHA土壤，达到了0.61 kg/(m²·min)，是片蚀阶段的1.69倍。在许多原位与模拟研究中也观察到了这一点 (Prats et al.，2017；Shen et al.，2016；Ni et al.，2020)。

四种土壤的平均土壤侵蚀速率和含沙量也表现出了显著差异。在所有降雨事件中，CTA的平均土壤侵蚀速率最低，表明其土壤可蚀性最低，四种土壤的大小顺序为CTA<GXA<TCA<WHA，这与土壤性质对土壤可蚀性的影响有关 (He et al.，2014；Wu et al.，2018；Ni et al.，2020)。同时，值得注意的是，四种土壤的土壤侵蚀速率的大小与径流系数的趋势相反，说明由于土壤侵蚀对土壤类型的依赖性，径流量不能完全控制不同土壤的土壤流失量 (Ni et al.，2020)。

五、细沟侵蚀对坡面侵蚀的贡献

阐明细沟间与细沟侵蚀的相互作用及其对总土壤侵蚀的贡献有助于侵蚀预测模型的构建。图4-14所示为四种土壤在细沟发育阶段（断续细沟连通前）、细沟成熟阶段（断续细沟连通后）及降雨结束后的最终坡面上细沟侵蚀产沙量占总土壤侵蚀量的占比。除CTA坡面外，细沟侵蚀对土壤侵蚀总量的贡献随着侵蚀过程的持续而逐渐增加（图4-14），其中，WHA、TCA和GXA坡面的最大值分别为92.88%、72.35%和55.94%。由径流和产沙量分析可知，细沟侵蚀在三种土壤的侵蚀过程中起着越来越重要的作用（表4-8）。Ni等(2020) 表述的细沟侵蚀过程对坡面侵蚀的关键作用进一步证实了这一点，他在试验中观察到坡面表面逐渐富集了石英粗粒，这可以保护细沟间区域的土壤表面免受进一步侵蚀，并使细沟区域在细沟成熟阶段逐渐成为主要的泥沙来源。在本研究中也观察到了相同的现象，如图4-15所示。特别是在坡上位置，形成了致密的石英粗粒保护层，保护了土壤免受雨滴的击溅作用，并阻止薄层径流搬运土壤颗粒 (Jomaa et al.，2012)，但这显然会增加细沟侵蚀在坡面侵蚀系统中的关键作用和权重 (Berger et al.，2010)。其他研究也已表明，细沟间侵蚀的相对权重会随降雨历时的推移而降低 (Govers et al.，1998)。然而，在某些研究中，坡面土壤侵蚀几乎全部是由细沟成熟阶段细沟间区域易蚀颗粒的可分离性控制和主导的 (Guo et al.，2018)，这归因于在该研究中使用了均质且较为黏重的土壤类型。

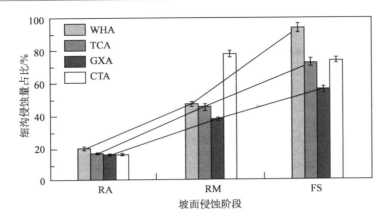

图 4-14 不同侵蚀阶段坡面细沟侵蚀产沙量占总侵蚀量的百分比

注：RA 指细沟发育阶段；RM 指细沟成熟阶段；FS 指所有试验结束时的最终坡面。

在 CTA 坡面上，细沟侵蚀产沙量占细沟发育阶段土壤总侵蚀量的 15.70%，随后在细沟成熟阶段迅速增加至 77.24%，在试验结束时小幅下降至 73.86%（图 4-14）。这是由于土壤侵蚀进入成熟阶段后从坡面上游输移来的侵蚀泥沙发生了沉积，导致 CTA 坡下细沟被掩埋而消失，致使细沟侵蚀占比下降。总体来说，本研究中细沟侵蚀产沙量对总土壤侵蚀量的贡献相当高，这响应了 Bruno 等（2008）与 Shen 等（2015）在原位和模拟试验中获得的结果，他们指出细沟侵蚀造成了坡面上约 70% 的土壤流失量。实际上，细沟的形成和发展可以提高坡面侵蚀泥沙的输移效率（Bruno et al.，2008），因为土壤颗粒从细沟间区域通过降雨雨滴和薄层径流被输送到细沟，细沟流的速度和能力远大于表面径流，其能够迅速输移细沟间侵蚀的泥沙并从细沟周围剥蚀土壤颗粒。然而，考虑到坡面粗粒覆盖与高砾石含量粗质土壤的坡面侵蚀之间的相互作用，发生在细沟间区域的侵蚀可能会受到不同程度的限制，间接地说明了细沟侵蚀控制泥沙输移的作用变得越来越重要。

图 4-15 试验结束后 CTA 坡面表面和坡下局部细节的影像

　　本研究对关键的土壤性质、侵蚀和形态特征参数之间的相关性进行了分析（图 4-16）。由图可知，除了细沟密度和平均细沟宽度之外，几个关键的土壤性质显著影响了土壤侵蚀速率、径流系数和细沟形态参数。例如，土壤侵蚀速率与土壤类型、容重、总孔隙度、黏粒含量和砾石含量呈显著或极显著的相关关系（$P<0.05$），相关系数分别为 -0.93、-0.92、0.81、-0.96 和 -0.91（图 4-16）。在细沟长度受限制的条件下，由于平均细沟宽度和细沟密度的随机性，导致这两个参数与土壤侵蚀速率没有显著性关系。此外，土壤侵蚀速率与地表形态特征参数之间的相关系数对侵蚀变化的表达表现出不同的敏感性。土壤流失与关键形态指标之间存在显著相关关系，尤其是平均细沟深度、地貌信息熵和细沟溯源侵蚀速率，其与土壤侵蚀速率的相关系数分别为 0.90、0.98 和 0.98，较高的相关系数可以清楚地证明这些形态学指标的有用性。正如许多研究所报道的，土壤侵蚀和地表形态在径流-侵蚀-形态反馈系统中相互反映和影响（Vinci et al.，2015；Zhang et al.，2017）。这表明地貌信息熵和

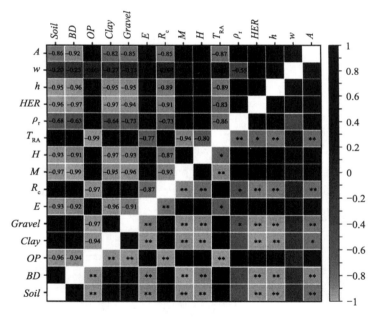

图 4-16　试验中重要的土壤性质、侵蚀及形态指标参数之间的相关关系矩阵

注：白色表示负相关作用，黑色表示正相关；颜色越亮表示越低的相关关系，颜色越暗表示越高的相关关系。$Soil$ 指土壤类型；BD，容重；OP，总孔隙度；$Clay$，原始土壤的黏粒含量；$Gravel$，原始土壤的砾石含量；E，土壤侵蚀速率；R_c，径流系数；M，总侵蚀产沙量；H，地貌信息熵；T_{RA}，细沟发育阶段的持续时间；ρ_r，细沟密度；HER，细沟溯源侵蚀速率；h，平均细沟深度；w，平均细沟宽度；A，平均细沟宽深比；
* 、** 及 *** 分别表示 $P<0.05$、$P<0.01$ 及 $P<0.001$ 的显著性水平。

细沟溯源侵蚀速率可以用来估计坡面土壤侵蚀的程度，这与 Zhang 等（2017）和 Ni 等（2020）描述的结果是一致的。

在四种试验土壤中，由于土壤性质的差异，高黏粒和砾石含量的 CTA 土壤坡面表现出最小的细沟密度（0.95 m/m²）、细沟溯源侵蚀速率（0.41 cm/min）以及坡面演化速度。相应地，由于土壤侵蚀对土壤类型的依赖性，四种土壤的土壤侵蚀速率与径流系数呈现了相反的规律，表明坡面径流不能完全控制土壤侵蚀。在降雨期间，细沟的溯源侵蚀和下切侵蚀是两个互补的过程，在细沟深度最大的 WHA 坡面上，细沟溯源侵蚀速率也处于最高水平。另外，细沟的横断面形态沿坡面由坡上的 V 形逐渐转变为 U 形（坡中）及宽 U 形（坡下），这响应了沿坡面径流泥沙输移特征的变化。地貌信息熵可以间接评估不同土壤的坡面侵蚀强度，较高的土壤侵蚀速率总是伴随着细沟侵蚀最活跃的土壤。在四种土壤中，细沟侵蚀产沙量在土壤总侵蚀量中的占比达到了约 70%，在控制泥沙输移方面发挥了至关重要的作用。坡面侵蚀和表面形态之间的反馈表明，土壤机械组成和坡面细沟侵蚀是影响不同类型粗质土壤坡面侵蚀的关键因素。

第五章

基于崩岗形态参数的侵蚀强度评价

　　根据水利部 2005 年的崩岗调查数据，崩岗在南方七个省（自治区）都有分布，同时各个区域的崩岗分布特征不同。由于崩岗的形态各异，调查的内容不仅包括崩岗的发生位置、面积、防治面积、形态、发育强度，还包括了典型崩岗的高度、主沟长度、宽度、坡降、沟口宽度和支沟数量等形态参数（冯明汉等，2009），然而尚未见崩岗形态参数差异和侵蚀强度特征的相关报道。因此，明确不同地区崩岗形态参数的变化规律、合理评价侵蚀强度有利于进一步认识南方崩岗侵蚀特征。本文根据调查，获取每个崩岗的形态参数，具体包括崩岗面积、斜边长、坡度、高度、坡向、崩壁高度、崩壁宽度、崩壁倾角、主沟长度、主沟坡降、沟口宽度和支沟数量 12 个形态参数，研究了不同纬度带崩岗形态参数的分布特征和变化规律，基于选取的形态参数进行侵蚀强度评价，筛选崩岗侵蚀调查的代表性指标；同时，根据侵蚀评价的崩岗进行分类，分析了不同纬度带不同类别的崩岗数量和面积的分布特征，揭示了不同纬度带崩岗侵蚀强度的差异性。总之，本文丰富了我国在热带、亚热带同类地貌地区土壤侵蚀规律的研究成果，填补了相关领域的研究空白。

第一节　崩岗形态参数特征

一、基本形态参数

　　由图 5-1 和表 5-1 可知，通城、赣县、长汀和五华样区的崩岗面积变化范围分别为 85～3 202 m²、105～4 965 m²、68～5 018 m² 和 144～5 198 m²，平均值分别为 646.1 m²、838.8 m²、1 048.7 m² 和 1 211.6 m²，均为中等变异，赣县样区崩岗面积的变异系数显著小于其他三个样区。各样区崩岗面积的平均值呈现由北往南逐渐增加的趋势。崩岗面积以 400 m² 作为一个区间进行比较，各样区的崩岗面积在不同区间都有分布。通城样区崩岗分布数量和比例最多的为＜400 m² 的崩岗，占总数的 38.3％；其次是［400 m²，800 m²）（包含 400 m²，不包含 800 m²），占总数的 32.8%。随着面积的增加，崩岗的数量和比例均逐渐降低。赣县样区崩岗的数量和比例最大的集中在 [400 m²，800 m²），其次是 [800 m²，1 200 m²），整体趋势呈现先增加后减少的趋势。长汀样区崩岗的数量和比例最大的是 <400 m² 的崩岗，其次是 [400 m²，800 m²），整体趋势呈先逐渐降低、后缓慢增加的趋势。五华样区崩岗的数量和比例最大的集中在 [400 m²，800 m²），其次是 [800 m²，1 200 m²），整体趋势呈现先增加、再降低、再增加的趋势。从四个样区崩岗的面积区间分布来分析，<800 m² 的崩岗由北往南的数量上变化规律不明显，然而比例呈现逐渐降低的趋势，≥1 600 m² 的崩岗在数量和比例上，由北往南均有明显增加的趋势，说明小面积崩岗的比例降低，大面积的崩岗数量和比例增加。

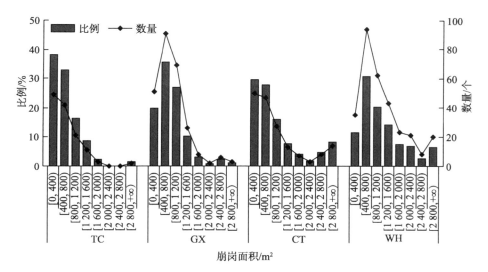

图 5-1　不同样区崩岗面积的分布特征

注：TC、GX、CT 和 WH 表示通城、赣县、长汀和五华的崩岗样区，下同。

由图 5-2 和表 5-1 可知，通城、赣县、长汀和五华样区的崩岗高度变化范围分别为 5～42 m、6～43 m、8～52 m 和 10～64 m，平均值分别为 16.5 m、18.6 m、22.7 m 和 33.3 m，均为中等变异。各样区崩岗高度的平均值呈现由北往南逐渐增加的趋势。崩岗高度以 10 m 作为一个区间进行比较，通城样区和赣县样区的崩岗高度主要分布在 [10 m，20 m），分别占总数的 54.7% 和 61.3%；其次是 [20 m，30 m) 高度的崩岗，两个样区分别占总数的 25.8% 和 26.6%。长汀样区崩岗高度均集中在 [20 m，30 m) 和 [10 m，20 m），分别占总数的 37.9% 和 36.7%。五华样区崩岗高度主要集中在 [20 m，30 m)、[30 m，40 m) 和 [40 m，50 m），分别占总数的 32.7%、31.7% 和 19.6%；

表 5 - 1　各样区崩岗形态参数的描述性统计

类别	指标	面积/m²	高度/m	坡度/(°)	崩岗朝向/(°)	斜边长/m	崩壁高度/m	崩壁宽度/m	崩壁倾角/(°)	主沟长度/m	主沟坡降/%	沟口宽度/m	支沟数量/条
TC (*n*=128)	极小值	85	5	10	10	9	3	4	45	6	2	2	0
	极大值	3 202	42	45	358	140	21	60	90	125	37	30	6
	平均值	646.1	16.5	22.5	167.9	48.2	9.1	17.4	69.6	42.8	16.8	9.0	1.7
	标准差	514.9	7.2	6.5	108.3	25.6	3.9	9.3	10.9	24.3	6.7	4.6	1.5
	CV/%	79.7	43.6	28.9	64.5	53.1	42.9	53.4	15.7	56.8	39.9	51.1	88.2
GX (*n*=256)	极小值	105	6	9	1	8	4	7	65	4	3	3	0
	极大值	4 965	43	50	358	128	29	87	90	115	63	32	7
	平均值	838.8	18.6	20.1	203.0	57.5	10.1	28.2	85.6	50.0	16.5	12.4	2.2
	标准差	568.1	7.0	7.1	85.5	20.3	4.4	12	4.6	18.9	8.3	5.2	1.4
	CV/%	67.7	37.6	35.3	42.1	35.3	43.6	42.6	5.4	37.8	50.3	41.9	63.6
CT (*n*=169)	极小值	68	8	9	0	11	3	8	50	4	2	3	0
	极大值	5 018	52	52	356	180	31	100	90	235	72	42	8
	平均值	1 048.7	22.7	23.9	191.0	63.8	12.7	24.6	80.2	51.5	18.7	12.4	3.1
	标准差	1 042.8	9.1	9.4	90	32.7	5.5	16.4	7.2	32.7	11.4	6.9	1.5
	CV/%	99.4	40.1	39.3	47.1	51.3	43.3	66.7	9.0	63.5	61.0	55.6	48.4
WH (*n*=306)	极小值	144	10	13	1	25	5	6	50	8	5	4	0
	极大值	5 198	64	51	355	170	40	76	90	142	82	65	7
	平均值	1 211.6	33.3	26.3	178.2	76.1	17.5	26.0	78.9	58.4	23.7	14.1	3.3
	标准差	919.9	10.6	4.8	88	23.7	7.3	12.6	10.0	22.0	10.6	7.6	1.7
	CV/%	75.9	31.8	18.3	49.4	31.1	41.7	48.5	12.7	37.7	44.7	53.9	51.5

高度为 [0 m, 10 m) 区间的崩岗分布较少。从四个样区崩岗的高度来分析，由北往南，高度范围为 [0 m, 10 m) 和 [10 m, 20 m) 的崩岗，数量和比例都大致呈现逐渐减少的趋势，而高度≥20 m 的崩岗数量和比例都呈现显著的增加趋势，尤其是高度≥40 m 的崩岗，五华所占的数量和比例均最高。这说明随着纬度带由北往南，崩岗的高度呈增加的变化趋势。

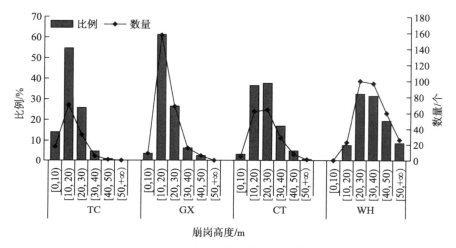

图 5-2　不同样区崩岗高度的分布特征

由图 5-3 和表 5-1 可知，通城、赣县、长汀和五华样区的崩岗坡度变化范围分别为 10°～45°、9°～50°、9°～52°和 13°～51°，平均值分别为 22.5°、20.1°、23.9°和 26.3°，均为中等变异。各样区崩岗坡度的平均值由北往南呈先降低、后增加的趋势。崩岗坡度以 5°作为一个区间进行比较，通城样区的崩岗坡度主要分布在 [20°, 25°) 和 [15°, 20°)，分别占总数的 36.7% 和 29.7%；其次是 [25°, 30°) 坡度的崩岗，占总数的 16.4%。赣县样区的崩岗坡度主要分布在 [15°, 20°) 和 [20°, 25°)，分别占总数的 48.4% 和 24.6%。长汀样区的崩岗坡度主要分布在 [15°, 20°)，占总数的 40.8%；其次是 [20°, 25°)、[25°, 30°) 和 [40°, 90°] 坡度的崩岗，分别占总数的 19.5%、11.8% 和 11.2%。五华样区的崩岗坡度主要分布在 [25°, 30°)，占总数的 46.7%；其次是 [20°, 25°) 和 [30°, 35°) 坡度的崩岗，分别占总数的 24.2% 和 18.0%；其他范围坡度的崩岗比例较少。总体分析，通城、赣县、长汀样区的崩岗坡度主要分布在 [15°, 25°)，而五华样区崩岗坡度主要分布在 [20°, 30°)，同时，五华样区崩岗的坡度在 [30°, 35°) 的崩岗数量和比例明显大于其他样区。这说明随着纬度带由北往南，崩岗的坡度呈现增加的变化趋势。

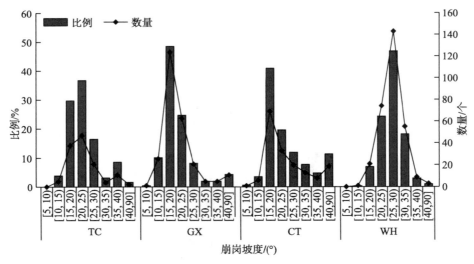

图 5-3　不同样区崩岗坡度的分布特征

　　由图 5-4 和表 5-1 可知，通城、赣县、长汀和五华样区的崩岗朝向平均值分别为 167.9°、203.0°、191.0° 和 178.2°，均为中等变异。由此可见，各样区崩岗朝向的平均值均接近正南方向。通城样区崩岗朝向主要分布在 10°～90°、190°～200° 和 250°～320°，分布在这些朝向的崩岗占崩岗总数的 71.09%。赣县样区崩岗朝向分布在 80°～290°，占崩岗总数的 77.30%。长汀样区崩岗主要分布在朝向为 160°～290° 区间，占崩岗总数的 62.13%。五华崩岗主要分布在坡向为 80°～100°、160°～200° 和 250°～280°，占崩岗总数的 57.19%。由图 5-4 可知，崩岗朝向在不同范围都有分布，然而通城样区崩岗的朝向在阴坡的数量和比例大于阳坡，而赣县、长汀和五华样区崩岗的朝向均为阳坡的数量和比例大于阴坡。同时，不同样区的崩岗朝向也具有区域性特征，这可能跟当地的地形地貌相关。这个结论与相关研究结果有部分差异（陈志彪等，2006），说明崩岗的朝向以阳坡为主的结论并不是绝对的。

　　由图 5-5 和表 5-1 可知，通城、赣县、长汀和五华样区的崩岗斜边长变化范围分别为 9～140 m、8～128 m、11～180 m 和 25～170 m，平均值分别为 48.2 m、57.5 m、63.8 m 和 76.1 m，均为中等变异，五华样区崩岗斜边长的变异系数显著小于其他三个样区。各样区崩岗高度的平均值呈现由北往南逐渐增加的趋势。崩岗斜边长以 20 m 作为一个区间进行比较。通城样区崩岗斜边长分布数量和比例最多的为 [20 m，40 m) 范围的崩岗，占总数的 32.8%；其次是 [40 m，60 m) 和 [60 m，80 m)，均占总数的 21.1%。赣县样区崩岗斜边长分布数量和比例最多的为 [40 m，60 m) 的崩岗，占总数的 46.5%；其次是 [60 m，80 m)，占总数的 27.3%。长汀样区崩岗斜边

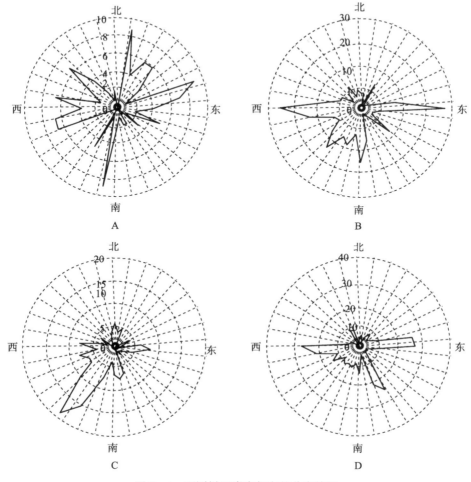

图 5-4 不同样区崩岗朝向的分布特征

A. TC   B. GX   C. CT   D. WH

长的分布规律与赣县样区相似，分布数量和比例最多的为 [40 m，60 m) 的
崩岗，占总数的 30.2%；其次是 [20 m，40 m) 和 [60 m，80 m)，分别占
总数的 20.1% 和 17.2%；随着斜边长的区间呈现急剧增加后缓慢降低的趋
势。五华样区崩岗斜边长的数量和比例均集中在 [60 m，80 m) 的崩岗，占
总数的 33.7%；其次是 [80 m，100 m) 和 [40 m，60 m)，分别占总数的
27.8% 和 21.9%；[0 m，40 m] 斜边长的崩岗分布数量和比例都较少。总
体分析，通城样区的斜边长＜40 m 的崩岗比例最大，由北往南逐渐降低；
而斜边长≥100 m 的崩岗在通城样区和赣县样区分布较少，而长汀样区和五
华样区的数量和比例都显著增加。

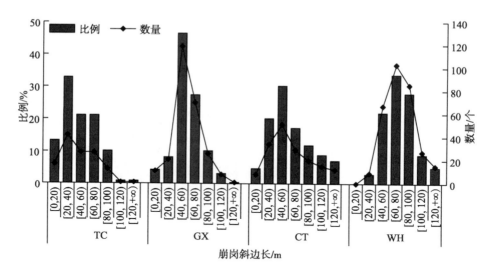

图 5-5　不同样区崩岗斜边长的分布特征

二、崩壁参数

崩壁高度、宽度和倾斜角度等指标可以指示崩岗发育的危害性。崩壁越高、崩壁越宽以及倾斜角度越大，土体稳定性则越低，崩岗进一步发育的可能性更大。不同崩岗样区崩壁的参数呈现不同的特征。

由图 5-6 和表 5-1 可知，通城、赣县、长汀和五华样区的崩壁高度变化范围分别为 3～21 m、4～29 m、3～31 m 和 5～40 m，平均值分别为 9.1 m、10.1 m、12.7 m 和 17.5 m，均为中等变异。各样区崩壁高度的平均值呈现由北往南逐渐增加的趋势。崩壁高度以 5 m 作为一个区间进行比较，通城样区和赣县样区的崩壁高度主要分布在 [5 m，10 m)，分别占总数的 57.8% 和 50.8%；其次是 [10 m，15 m) 高度的崩壁，两个样区分别占总数的 24.2% 和 33.6%。长汀样区崩壁高度主要集中在 [10 m，15 m)、[5 m，10 m) 和 [15 m，20 m)，分别占总数的 33.7%、30.8% 和 20.1%。五华样区崩壁高度除 [0 m，5 m) 分布较少外，各区间分布相对均匀，其中分布较集中的为 [10 m，15 m)、[15 m，20 m) 和 [25 m，+∞) 的崩壁，分别占总数的 25.5%、24.8% 和 20.9%。总体分析，由北往南，高度范围为 [0 m，10 m) 的崩壁，数量和比例都呈现逐渐减少的趋势，而高度≥15 m 的崩岗数量和比例都呈现显著的增加趋势，尤其是高度≥25 m 的崩岗，五华样区所占的数量和比例均为最高。

由图 5-7 和表 5-1 可知，通城、赣县、长汀和五华样区的崩壁宽度变化

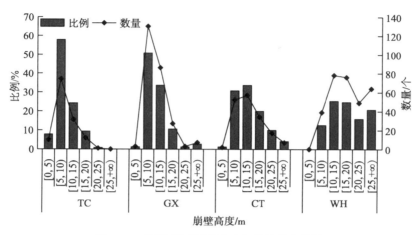

图 5-6 不同样区崩岗崩壁高度的分布特征

范围分别为 4～60 m、7～87 m、8～100 m 和 6～76 m，平均值分别为17.4 m、28.2 m、24.6 m 和 26.0 m，均为中等变异。各样区崩壁宽度的平均值没有明显变化规律。崩壁宽度以 10 m 作为一个区间进行比较，通城样区的崩壁宽度主要分布在 [10 m，20 m)，占总数的 45.3%；其次是 [20 m，30 m) 和 [0 m，10 m) 宽度的崩壁，分别占总数的 27.3% 和 18.8%。赣县样区的崩壁宽度主要分布在 [20 m，30 m)、[30 m，40 m) 和 [10 m，20 m)，三个区间崩岗比例相似，分别占总数的 30.9%、29.3% 和 24.2%。长汀样区的崩壁宽度主要分布在 [10 m，20 m)，占总数的 49.7%；其次是 [20 m，30 m)，占总数的 21.3%。五华样区的崩壁宽度主要分布在 [20 m，30 m)，占总数的 35.3%；其次是 [10 m，20 m)，占总数的 29.7%。总体分析，各样区崩壁宽度没有明显的变化规律。

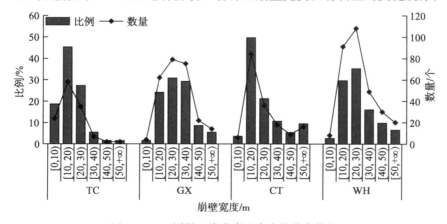

图 5-7 不同样区崩岗崩壁宽度的分布特征

由图 5-8 和表 5-1 可知，通城、赣县、长汀和五华样区的崩壁倾角变化范围分别为 45°～90°、65°～90°、50°～90° 和 50°～90°，平均值分别为 69.6°、85.6°、80.2° 和 78.9°，变异系数较小。由此可见，各样区崩壁倾角的平均值由北往南有增加的趋势。崩壁倾角以 5° 作为一个区间进行比较，通城样区的崩壁倾角分布在各区间，分别占总数的 7.8%～18.0%。赣县样区的崩壁倾角分布在 [0°，75°) 的较少，主要分布在 [85°，90°]，占总数的 73.4%。长汀样区的崩壁倾角主要分布在 [85°，90°]、[80°，85°) 和 [75°，80°)，分别占总数的 35.5%、29.6% 和 18.3%。五华样区的崩壁倾角主要分布在 [85°，90°]，占总数的 41.8%；其次是 [75°，80°)，占总数的 20.9%。总体分析，四个崩岗样区的崩壁倾角表现为通城崩岗的崩壁角度较缓，其次是长汀、五华、赣县崩壁角度较陡，高倾角的崩壁比例最高。由此可见，由北往南，崩壁的倾斜角度有增加的趋势，这导致崩岗的稳定性越低，容易发生崩塌的可能性增加。

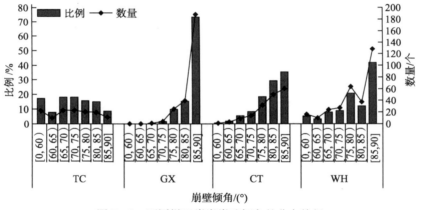

图 5-8　不同样区崩岗崩壁倾角的分布特征

三、沟道参数

崩岗系由原侵蚀沟发育而成，崩岗常在中坡和上坡处扩展，而下方常保留有较长的流通段。主沟长度可以反映崩岗后退的程度大小，沟口宽度反映了崩岗侵蚀的流通状况，沟道的坡降和当地的地形有关。

由图 5-9 和表 5-1 可知，通城、赣县、长汀和五华样区崩岗的主沟长度变化范围分别为 6～125 m、4～115 m、4～235 m 和 8～142 m，平均值分别为 42.8 m、50.0 m、51.5 m 和 58.4 m，均为中等变异。各样区主沟长度的平均值呈现由北往南逐渐增加的趋势。主沟长度以 20 m 作为一个区间进行比较。通城样区的主沟长度主要分布在 [20 m，40 m)，占总数的 31.3%；其次是

［40 m，60 m）、〔0 m，20 m）和〔60 m，80 m），分别占总数的 24.2%、18.8%和 18.8%；其他主沟长度的分布较少。赣县样区的主沟长度主要分布在〔40 m，60 m），占总数的 44.1%；其次是〔60 m，80 m）和〔20 m,40 m），分别占总数的 22.7%和 21.1%。长汀样区的主沟长度主要分布在〔40 m，60 m），占总数的 28.4%；其次是〔20 m，40 m），占总数的 24.3%。五华样区的主沟长度主要分布在〔40 m，60 m）和〔60 m，80 m），分别占总数的 38.2%和 28.8%。总体分析，通城样区崩岗主沟长度以较短的为主，主沟较长的崩岗数量和比例随着纬度带由北往南呈增加趋势。

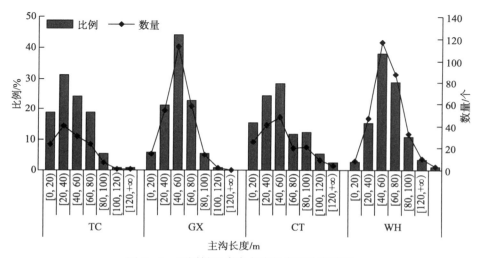

图 5-9　不同样区崩岗主沟长度的分布特征

由图 5-10 和表 5-1 可知，通城、赣县、长汀和五华样区的主沟坡降变化范围分别为 2%～37%、3%～63%、2%～72%和 5%～82%，平均值分别为 16.8%、16.5%、18.7%和 23.7%，属于中等变异。由此可见，各样区主沟坡降的平均值由北往南有增加趋势。主沟坡降以 5%作为一个区间进行比较。通城样区的主沟坡降主要分布在〔15%，20%），占总数的 31.3%；其次是〔10%，15%），占总数的 28.9%；主沟坡降为〔20%，25%）和〔5%，10%）的崩岗分别占总数的 15.6%和 10.9%。赣县样区的主沟坡降主要分布在〔10%，15%），占总数的 32.4%；其次是〔15%，20%），占总数的 25.4%；主沟坡降为〔5%，10%）和〔20%，25%）的崩岗分别占总数的 14.8%和 13.7%。长汀样区的主沟坡降主要分布在〔15%，20%）和〔10%，15%），分别占总数的 25.4%和 24.3%；其次是〔30%，100%］的崩岗，占总数的 14.8%；〔5%，10%）和〔20%，25%）的崩岗分别占总数的 13.6%和 12.4%。五华样区的主沟坡降主要分布在〔30%，100%］，占总数的

30.1%；〔25%，30%)、〔20%，25%)、〔15%，20%)和〔10%，15%)占总数的比例相当，各占总数的17.0%、14.4%、16.0%和15.4%。总体分析，主沟坡降由北往南呈现增加趋势，尤其表现在主沟坡降≥30%的崩岗，五华样区的崩岗数量和比例显著高于其他三个样区。

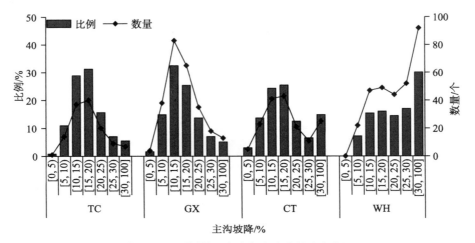

图5-10　不同样区崩岗主沟坡降的分布特征

由图5-11和表5-1可知，通城、赣县、长汀和五华样区崩岗的沟口宽度变化范围分别为2~30 m、3~32 m、3~42 m和4~65 m，平均值分别为9.0 m、12.4 m、12.4 m和14.1 m，均为中等变异。各样区崩岗沟口宽度的平均值呈现由北往南逐渐增加的趋势。沟口宽度以5 m作为一个区间进行比较。通城样区崩岗的沟口宽度主要分布在〔5 m，10 m)，占总数的42.2%；其次为〔10 m，15 m)、〔0 m，5 m)和〔15 m，20 m)，分别占总数的25.8%、17.2%和12.5%；其他范围的沟口宽度分布较少。赣县样区崩岗的沟口宽度主要分布在〔10 m，15 m)，占总数的36.8%；其次为〔5 m，10 m)和〔15 m，20 m)，分别占总数的28.1%和22.3%。长汀样区崩岗的沟口宽度主要分布在〔5 m,10 m)，占总数的36.1%；其次为〔10 m,15 m)和〔15 m，20 m)，分别占总数的27.8%和20.1%。五华样区崩岗的沟口宽度主要分布在〔10 m,15 m)，占总数的30.7%；其次为〔5 m,10 m)和〔15 m，20 m)，分别占总数的25.8%和25.2%；〔20 m，25 m)和〔25 m，+∞)范围沟口宽度的崩岗也分别占总数的8.2%和9.8%。总体分析，沟口宽度由北往南呈现增加趋势，尤其表现在沟口宽度≥25 m的崩岗，长汀样区和五华样区的崩岗数量和比例显著高于其他三个样区，并随纬度带由北往南呈增加的趋势。

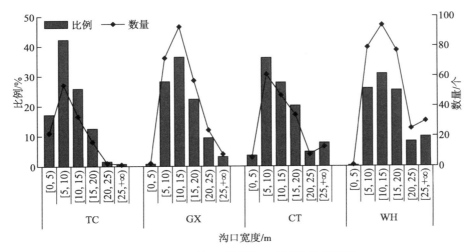

图 5-11 不同样区崩岗沟口宽度的分布特征

由图 5-12 和表 5-1 可知,通城、赣县、长汀和五华样区崩岗的支沟数量平均值分别为 1.7 条、2.2 条、3.1 条和 3.3 条,均为中等变异。各样区崩岗支沟的平均值呈现由北往南逐渐增加的趋势。通城样区支沟数量为 2 条的崩岗占 29.7%;其次为支沟数量为 0 条和 1 条的崩岗,分别占 25.8% 和 19.5%。赣县样区支沟数量为 2 条的崩岗占 34.4%;其次为支沟数量为 3 条的崩岗,占 26.2%;支沟数量为 0 条和 1 条的崩岗比例相近,分别占 13.7% 和 14.1%。

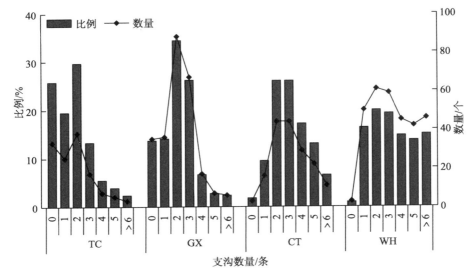

图 5-12 不同样区崩岗支沟数量的分布特征

长汀样区支沟数量为 2 条和 3 条的崩岗均占 26.0%；其次为支沟数量为 4 条、5 条的崩岗，分别占 17.2% 和 13.0%。五华样区支沟数量大于 0 条的各区间的崩岗比例相当，比例范围为 13.7%～19.9%。总体分析，由北往南，支沟数量为 0 条的比例逐渐减少，而支沟数量为 4 条、5 条和 ≥6 条的比例呈逐渐增加的趋势。

第二节　崩岗侵蚀强度评价

一、形态参数的描述性统计

对崩岗的各评价指标进行描述性统计分析，如表 5-2 所示。所有的形态参数指标分布范围较大，所有的指标参数都达到了中等变异水平。面积变化范围为 68～5 198 m²，平均值为 984.2 m²，变异系数最大，为 84.5%。崩岗高度的变化范围为 5～64 m，平均值为 24.3 m，变异系数为 46.5%。崩岗坡度的变化范围为 9°～52°，平均值为 23.4°，变异系数为 31.2%。崩岗朝向的变化范围为 0°～358°，平均值为 186.6°，变异系数为 49.1%。崩岗斜边长的变化范围为 8～180 m，平均值为 64.0 m，变异系数为 42.2%。崩壁高度的变化范围为 3～40 m，平均值为 13.1 m，变异系数为 51.1%。崩壁宽度的变化范围为 4～100 m，平均值为 25.1 m，变异系数为 53.0%。崩壁倾角的变化范围为 45°～90°，平均值为 79.8°，变异系数为 12.3%。主沟长度的变化范围为 4～235 m，平均值为 52.2 m，变异系数为 46.9%。主沟坡降的变化范围为 2%～82%，平均值为 19.5%，变异系数为 51.8%。沟口宽度的变化范围为 2～65 m，平均值为 12.5 m，变异系数为 52.8%。支沟数量的变化范围为 0～8 条，平均值为 2.7 条，变异系数为 63.0%。

表 5-2　全体崩岗参数的描述性统计（n=859）

指标	极小值	极大值	中位数	偏度	峰度	平均值	标准差	CV/%
面积/m²	68	5 198	760	2.19	6.09	984.2	831.5	84.5
高度/m	5	64	22	0.80	0.12	24.3	11.3	46.5
坡度/(°)	9	52	23	1.02	1.39	23.4	7.3	31.2
崩岗朝向/(°)	0	358	200	−0.25	−0.94	186.6	91.7	49.1
斜边长/m	8	180	60	0.56	0.52	64.0	27.0	42.2
崩壁高度/m	3	40	12	1.12	1.06	13.1	6.7	51.1
崩壁宽度/m	4	100	22	1.42	3.06	25.1	13.3	53.0
崩壁倾角/(°)	45	90	82	−1.18	1.00	79.8	9.8	12.3
主沟长度/m	4	235	50	0.86	3.63	52.2	24.5	46.9
主沟坡降/%	2	82	17	1.36	3.34	19.5	10.1	51.8
沟口宽度/m	2	65	11	1.89	7.22	12.5	6.6	52.8
支沟数量/条	0	8	2	0.39	−0.46	2.7	1.7	63.0

二、形态参数的相关性分析

对崩岗形态参数各评价指标进行相关分析，结果见表 5-3。由表 5-3可知，

表 5-3　崩岗形态参数间的 Pearson 相关系数　($n=859$)

参数	面积	高度	坡度	崩岗朝向	斜边长	崩壁高度	崩壁宽度	崩壁倾角	主沟长度	主沟坡降	沟口宽度	支沟数量
面积	1											
高度	0.66**	1										
坡度	−0.11**	0.21**	1									
崩岗朝向	0.01	−0.07*	−0.14**	1								
斜边长	0.77**	0.82**	−0.30**	0.02	1							
崩壁高度	0.72**	0.80**	0.17**	−0.10**	0.68**	1						
崩壁宽度	0.74**	0.45**	−0.10**	0.04	0.56**	0.54**	1					
崩壁倾角	0.11**	0.09*	−0.02	0.05	0.09**	0.16**	0.26**	1				
主沟长度	0.73**	0.71**	−0.41**	0.03	0.96**	0.58**	0.53**	0.09**	1			
主沟坡降	−0.14**	0.35**	0.59**	−0.06	−0.02	−0.12**	−0.18**	−0.10**	−0.10**	1		
沟口宽度	0.61**	0.41**	−0.07*	0.04	0.49**	0.43**	0.62**	0.06	0.45**	−0.07*	1	
支沟数量	0.64**	0.54**	−0.07*	−0.03	0.58**	0.60**	0.58**	0.11**	0.52**	−0.10**	0.40**	1

注：*和**分别表示显著性水平为 $P<0.05$ 和 $P<0.01$。下同。

崩岗面积与崩岗高度、斜边长、崩壁高度、崩壁宽度、崩壁倾角、主沟长度、沟口宽度、支沟数量呈极显著的正相关关系（$P<0.01$）；其中，崩岗面积与斜边长的关系最为密切，相关系数为 0.77。除了崩岗朝向与崩岗形态参数之间的相关性较多未达到显著水平（$P>0.05$）外，各崩岗形态参数的相关性大多数达到了显著水平（$P<0.05$）。

三、形态参数的主成分分析

通过对指标进行 KMO 和 Bartlett 检验。KMO 的检验值为 0.765，已经达到"适合"的标准。Bartlett 的球形度检验值为 10 063.197，在自由度为 66 时，已达显著水平，可以拒绝零假设，且 $P<0.05$，这说明各变量间不独立，各因子之间的相关性较明显，因此，能够利用崩岗的各形态参数进行主成分分析。

表 5-4　KMO 和 Bartlett 球形检验

取样足够度的 Kaiser-Meyer-Olkin 度量		0.765
Bartlett 球形检验	近似卡方	10 063.197
	df	66
	Sig.	0.000

由碎石图 5-13 可知，前 4 个主成分的特征值的连线较为陡峭，这表明了前 4 个主成分对崩岗形态参数解释变量的贡献最大。由表 5-5 可知，前 4 个主成分 $\lambda>1$，由此可知，4 个主成分包含了绝大多数因子的信息，能够充分表

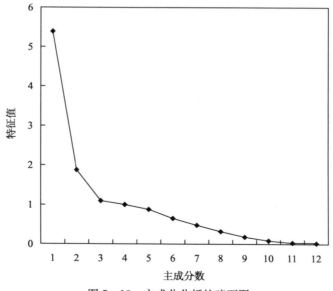

图 5-13　主成分分析的碎石图

示这些指标所涵盖的信息，故提取因子数为 4，即原来的 12 个崩岗形态参数可以综合成 4 个主成分因子。

表 5-5　崩岗形态参数的特征值及贡献率

成分	初始特征值		
	特征值 λ	方差贡献率/%	累积贡献率/%
1	5.387	44.894	44.894
2	1.875	15.624	60.518
3	1.096	9.136	69.655
4	1.002	8.349	78.003
5	0.879	7.326	85.330
6	0.651	5.428	90.757
7	0.478	3.983	94.740
8	0.318	2.650	97.390
9	0.180	1.498	98.889
10	0.086	0.719	99.608
11	0.031	0.255	99.863
12	0.016	0.137	100.000

表 5-6 为提取的 4 个主成分在原始变量上的载荷矩阵和特征向量，表示主成分和相应指标间的相关关系。通过主成分表达式，可以提取出 4 个评价崩岗侵蚀的综合指标。第一综合成分主要表示崩岗面积、高度、朝向、斜边长、崩壁高度、崩壁倾角、沟口宽度、支沟数量。第二综合成分主要是表示崩岗坡度、主沟坡降。第三综合成分主要表示崩壁宽度。第四综合成分主要表示主沟长度。由此看出，其中第一综合成分中的指标影响最复杂。用表5-6中的数据除以主成分相对应的特征值，并开平方根得到 4 个主成分中每个指标所对应的系数，相应系数见表 5-7。将得到的系数与标准化后的数据相乘，就可以得出各主成分表达式，如下所示：

$$F_1 = 0.391X_1 + 0.353X_2 - 0.064X_3 - 0.002X_4 + 0.395X_5 + 0.354X_6 + 0.331X_7 + 0.079X_8 + 0.372X_9 - 0.040X_{10} + 0.284X_{11} + 0.323X_{12}$$
$$(5-1)$$

$$F_2 = -0.023X_1 + 0.343X_2 + 0.643X_3 - 0.201X_4 - 0.031X_5 + 0.161X_6 - 0.090X_7 - 0.072X_8 - 0.127X_9 + 0.609X_{10} - 0.038X_{11} + 0.005X_{12}$$
$$(5-2)$$

$$F_3 = 0.036X_1 - 0.154X_2 + 0.288X_3 + 0.037X_4 - 0.276X_5 + 0.116X_6 + 0.325X_7 + 0.736X_8 - 0.313X_9 - 0.171X_{10} + 0.129X_{11} + 0.106X_{12}$$
$$(5-3)$$

$$F_4 = -0.016X_1 + 0.077X_2 + 0.032X_3 + 0.920X_4 + 0.068X_5 - 0.156X_6 + 0.010X_7 + 0.100X_8 + 0.058X_9 + 0.302X_{10} + 0.069X_{11} - 0.088X_{12}$$
$$(5-4)$$

表 5 - 6　主成分的载荷矩阵

崩岗参数	PC1	PC2	PC3	PC4
X_1	0.905	−0.032	0.038	−0.016
X_2	0.819	0.470	−0.161	0.078
X_3	−0.149	0.880	0.301	0.032
X_4	−0.006	−0.276	0.038	0.921
X_5	0.915	−0.042	−0.289	0.068
X_6	0.819	0.220	0.121	−0.156
X_7	0.768	−0.123	0.340	0.010
X_8	0.183	−0.099	0.771	0.100
X_9	0.862	−0.174	−0.327	0.058
X_{10}	−0.093	0.833	−0.178	0.302
X_{11}	0.657	−0.052	0.135	0.069
X_{12}	0.749	0.007	0.111	−0.089

表 5 - 7　主成分的特征向量

崩岗参数	PC1	PC2	PC3	PC4
X_1	0.391	−0.023	0.036	−0.016
X_2	0.353	0.343	−0.154	0.077
X_3	−0.064	0.643	0.288	0.032
X_4	−0.002	−0.201	0.037	0.920
X_5	0.395	−0.031	−0.276	0.068
X_6	0.354	0.161	0.116	−0.156
X_7	0.331	−0.090	0.325	0.010
X_8	0.079	−0.072	0.736	0.100
X_9	0.372	−0.127	−0.313	0.058
X_{10}	−0.040	0.609	−0.171	0.302
X_{11}	0.284	−0.038	0.129	0.069
X_{12}	0.323	0.005	0.106	−0.088

　　根据主成分的理论依据，主成分因子的权重＝因子贡献率/入选因子的累积贡献率，由表 5 - 7 可知，主成分因子 1、2、3、4 的权重依次为 0.575、0.201、0.117、0.107，从而建立综合得分数学模型，即：

$$F=0.575F_1+0.201F_2+0.117F_3+0.107F_4 \qquad (5-5)$$

　　其中，F_1、F_2、F_3、F_4 为提取的 4 个主成分得分。将崩岗形态参数原始数据标准化处理后，代入综合得分数学模型，求得 859 个崩岗的综合评价得分，可以体现崩岗的侵蚀强度，排名越靠前，说明该崩岗侵蚀强度越高；相反，排名越靠后，该崩岗侵蚀强度越低。

四、形态参数的权重分析

从表 5-8 可以看出，对于崩岗侵蚀强度的综合评价，各指标所占的权重不同，权重排序由大到小依次为高度、崩壁高度、面积、崩壁宽度、崩壁宽度、斜边长、支沟数量、沟口宽度、主沟长度、坡度、崩壁倾角、主沟坡降、崩岗朝向。由此可见，可以通过调查权重较大的指标来评价崩岗的侵蚀强度，如崩岗高度、崩壁高度和面积。然而在现实调查过程中，面积比较难以直接获取，崩岗高度需要计算，最直接的指标为崩壁高度，崩壁越高，一般可以判定为崩岗侵蚀强度越大。此外，权重较小的四个参数分别为坡度、崩壁倾角、主沟坡降和崩岗朝向，说明了这四个参数对于崩岗侵蚀强度的评价占据很小的权重。

表 5-8　崩岗形态参数的各指标权重

指标	主成分权重系数	归一化权重	排名
高度	0.262	0.126	1
崩壁高度	0.233	0.112	2
面积	0.223	0.107	3
崩壁宽度	0.212	0.102	4
斜边长	0.196	0.094	5
支沟数量	0.190	0.091	6
沟口宽度	0.178	0.086	7
主沟长度	0.158	0.076	8
坡度	0.129	0.062	9
崩壁倾角	0.128	0.061	10
主沟坡降	0.111	0.053	11
崩岗朝向	0.061	0.029	12

五、崩岗侵蚀的聚类分析

根据各主成分得分系数矩阵以及建立的崩岗侵蚀强度评价模型，计算不同崩岗在 4 个主成分上的得分，综合主成分因子对所有崩岗进行 k-means 非阶层式聚类分析，将所有崩岗共分为 4 类，聚类过程和聚类结果如表 5-9 和表 5-10 所示。从表 5-10 可以看出，第 1 类崩岗数量为 319 个，占崩岗总数的

37.14%；第 2 类崩岗数量为 152 个，占崩岗总数的 17.69%；第 3 类崩岗数量为 307 个，占崩岗总数的 35.74%；第 4 类崩岗数量为 81 个，占崩岗总数的 9.43%。

表 5-9 迭代历史记录

迭代	聚类中心内的更改			
	1	2	3	4
1	0.203	0.397	0.837	0.790
2	0.079	0.293	0.231	0.435
3	0.061	0.127	0.105	0.268
4	0.032	0.075	0.052	0.160
5	0.005	0.058	0.019	0.112
6	0.006	0.053	0.012	0.125
7	0.002	0.083	0.014	0.135
8	0.017	0.075	0.001	0.068
9	0.022	0.079	0.001	0.072
10	0.041	0.110	0.014	0.094

表 5-10 k-means 聚类分析结果

聚类类别				有效	缺失
1	2	3	4		
319	152	307	81	859	0

判别分析又称"分辨法"，是在分类确定条件下，根据某一研究对象的各种特征值判别其类型归属问题的一种多变量统计分析方法（Chiang et al.，2004；Sugiyama et al.，2010）。采用聚类分析和主成分分析的方法确定的崩岗分类方法为基础，建立以综合得分为基础的判别函数，将综合得分值分别带入 Fisher 判别函数，通过对比函数值的大小，判定函数最大值可以表征主成分的得分值属于该组。通过分析，判别函数表示：

第一组 Fisher 判别函数：
$$S_1 = -0.301F_1 - 0.093F_2 - 0.023F_3 + 0.078F_4 - 1.025 \quad (5-6)$$
第二组 Fisher 判别函数：
$$S_2 = 3.469F_1 + 1.237F_2 + 0.300F_3 + 0.632F_4 - 5.364 \quad (5-7)$$
第三组 Fisher 判别函数：
$$S_3 = -3.690F_1 - 1.196F_2 - 0.362F_3 - 0.746F_4 - 5.102 \quad (5-8)$$
第四组 Fisher 判别函数：
$$S_4 = 8.660F_1 + 2.578F_2 + 0.899F_3 + 1.333F_4 - 24.612 \quad (5-9)$$

判别结果如表 5-11 和表 5-12 所示,原来聚类分析所得第 1 类的 319 个崩岗,据判别分析重新分类后有 314 个仍被分为第 1 类,但有 2 个被分为第 2 类,3 个被分为第 3 类;原来聚类分析为第 2 类的 152 个崩岗,据判别分析重新分类后有 146 个仍被分为第 2 类,但有 6 个被分为第 1 类;原来聚类分析所得第 3 类的 307 个崩岗,据判别分析重新分类后有 292 个仍被分为第 3 类,但有 15 个被分为第 1 类;原来聚类分析所得第 4 类的 81 个崩岗,据判别分析重新分类后有 80 个仍被分为第 4 类,有 1 个被分为第 2 类;判别分析结果表明,本研究中 96.9%的数据被正确分类。由主成分分析的综合评价结果,为了更加直观对崩岗侵蚀强度进行评价,我们根据不同的评价综合得分将四类崩岗赋予 Ⅰ、Ⅱ、Ⅲ、Ⅳ 四个等级:Ⅰ 为聚类分析中的第 3 类,共有 307 个崩岗;Ⅱ 为聚类分析中的第 1 类,共有 319 个崩岗;Ⅲ 为聚类分析中的第 2 类,共有 152 个崩岗;Ⅳ 为聚类分析中的第 4 类,共有 81 个崩岗。

表 5-11　Fisher 分类函数系数

主成分	组别			
	1	2	3	4
F1	−0.301	3.469	−3.690	8.660
F2	−0.093	1.237	−1.196	2.578
F3	−0.023	0.300	−0.362	0.899
F4	0.078	0.632	−0.746	1.333
常数	−1.025	−5.364	−5.102	−24.612

表 5-12　经 Fisher 分类函数分析的分类结果

指标	组别	预测分类结果				合计
		1	2	3	4	
聚类分析结果	1	314	2	3	0	319
	2	6	146	0	0	152
	3	15	0	292	0	307
	4	0	1	0	80	81
类别占比/%	1	98.4	0.6	1.0	0.0	100.0
	2	3.9	96.1	0.0	0.0	100.0
	3	4.9	0.0	95.1	0.0	100.0
	4	0.0	1.2	0.0	98.8	100.0

第三节　不同侵蚀强度崩岗分布特征

各样区不同侵蚀强度崩岗分布见图 5-14、图 5-15、图 5-16 和图 5-17。

通过分析其评价指标原始值可知，4 个侵蚀类型崩岗的 12 个评价指标中大部分指标相似，其余指标略有差异，分别对各等级的衡量崩岗侵蚀程度的 12 个参数求平均值、标准差、变异系数（表 5 - 13）。由表 5 - 13 可得出，崩岗面积的波动最大，空间变化最剧烈，各个侵蚀程度的崩岗面积标准差均较大。由Ⅰ类到Ⅳ类崩岗，形态参数呈现规律性变化，崩岗的面积、高度、斜边长、崩壁高度、崩壁宽度、崩壁倾角、主沟长度、沟口宽度和支沟数量均呈逐渐增加的变化规律，崩岗朝向、坡度和主沟坡降没有显著的规律。由此可见，由Ⅰ类到Ⅳ类崩岗，侵蚀强度逐渐增加，同时，各类崩岗的形态参数的变异系数达到了中等变异水平。各崩岗样区均表现出侵蚀强度的分类特征，同时也呈现纬度带的变化规律。

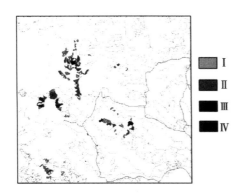

图 5 - 14 通城样区崩岗侵蚀分类图

注：Ⅰ、Ⅱ、Ⅲ、Ⅳ代表崩岗侵蚀强度
由低到高的四个等级。下同。

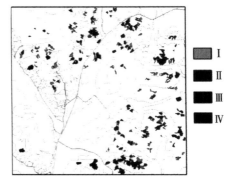

图 5 - 15 赣县样区崩岗侵蚀分类图

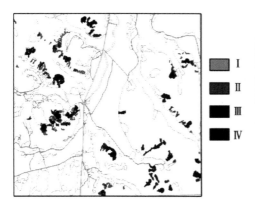

图 5 - 16 长汀样区崩岗侵蚀分类图

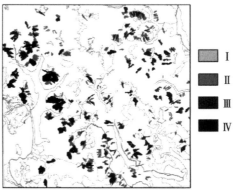

图 5 - 17 五华样区崩岗侵蚀分类图

表5-13 不同侵蚀强度崩岗形态参数的描述性统计

类别	指标	面积/m²	高度/m	坡度/(°)	崩岗朝向/(°)	斜边长/m	崩壁高度/m	崩壁宽度/m	崩壁倾角/(°)	主沟长度/m	主沟坡降/%	沟口宽度/m	支沟数量/条
I (n=307)	极小值	68	5	10	1	8	3	4	45	4	2	2	0
	极大值	970	28	52	356	90	20	38	90	78	57	22	5
	平均值	431.7	14.5	23.2	178.2	41.0	7.9	16.0	77.5	33.7	18.0	8.9	1.5
	标准差	222.6	4.3	8.5	95.0	15.2	2.5	6.2	10.0	15.4	9.3	3.9	1.1
	CV/%	51.6	29.5	36.5	53.3	37.0	31.9	38.8	12.9	45.6	51.5	44.0	72.5
II (n=319)	极小值	241	12	9	1	22	5	6	48	9	2	4	0
	极大值	1 453	48	52	358	106	25	52	90	99	72	35	6
	平均值	798.5	23.8	23.0	194.3	63.4	12.3	24.3	80.5	51.7	20.5	12.2	2.7
	标准差	289.9	6.0	6.9	91.8	14.4	3.7	8.6	9.7	15.3	10.8	4.9	1.2
	CV/%	36.3	25.0	30.1	47.3	22.8	30.2	35.5	12.0	29.6	52.6	40.1	44.4
III (n=152)	极小值	736	20	14	0	35	9	14	50	16	3	5	0
	极大值	2 425	56	51	346	140	32	80	90	125	82	38	6
	平均值	1 431.4	34.9	24.7	188.3	85.5	18.6	32.3	81.3	68.2	21.3	15.5	3.8
	标准差	399.3	7.9	6.3	88.9	14.9	5.2	11.3	9.6	15.8	11.1	5.7	1.4
	CV/%	27.9	22.6	25.6	47.2	17.5	27.9	35.1	11.8	23.2	51.9	36.9	36.7
IV (n=81)	极小值	1 115	27	12	0	72	10	16	50	55	6	6	2
	极大值	5 198	64	36	358	180	40	100	90	235	44	65	8
	平均值	2 970.4	44.0	23.4	184.9	113.0	25.3	49.1	82.4	94.1	18.3	22.0	5.6
	标准差	952.9	7.7	4.8	81.9	19.2	5.9	14.7	8.2	24.1	7.8	10.0	1.2
	CV/%	32.1	17.4	20.5	44.3	17.0	23.2	29.9	9.9	25.6	42.5	45.3	21.4

注：I、II、III、IV代表崩岗侵蚀强度由低到高的四个等级。

一、数量特征

从最终的评价结果中进一步分析可知，四个类别的崩岗在四个样区里面都有分布，但分布的规律有所差异，体现在数量、数量比例上。如图 5-18 所示，从数量和数量比例来看，通城样区崩岗的 Ⅰ 类崩岗有 89 个、占总数的 69.53%，Ⅱ 类崩岗有 32 个、占总数的 25.00%，Ⅲ 类崩岗有 5 个、占总数的 3.91%，Ⅳ 类崩岗有 2 个、占总数的 1.56%。由此可见，通城样区崩岗随着 Ⅰ 类到 Ⅳ 类呈现逐渐减少的趋势，也就是说，通城样区崩岗以 Ⅰ 类为主，Ⅳ 类较少。赣县样区崩岗的 Ⅰ 类崩岗有 110 个、占总数的 42.97%，Ⅱ 类崩岗有 111 个、占总数的 43.36%，Ⅲ 类崩岗有 27 个、占总数的 10.55%，Ⅳ 类崩岗有 8 个、占总数的 3.13%，这说明了赣县样区崩岗主要以 Ⅰ 类和 Ⅱ 类崩岗分布为主。长汀样区崩岗的 Ⅰ 类崩岗有 67 个、占总数的 39.64%，Ⅱ 类崩岗有 57 个、占总数的 33.73%，Ⅲ 类崩岗有 23 个、占总数的 13.61%，Ⅳ 类崩岗有 22 个、占总数的 13.02%；与赣县样区相似，长汀样区崩岗也以 Ⅰ 类和 Ⅱ 类崩岗为主，但随着 Ⅰ 类到 Ⅳ 类呈现逐渐减少的趋势。五华样区崩岗的 Ⅰ 类崩岗有 41 个、占总数的 13.40%，Ⅱ 类崩岗有 119 个、占总数的 38.89%，Ⅲ 类崩岗有 97 个、占总数的 31.70%，Ⅳ 类崩岗有 49 个、占总数的 16.01%；这说明了五华样区崩岗以 Ⅱ 类和 Ⅲ 类崩岗分布为主，随着 Ⅰ 类到 Ⅳ 类呈现先增加后逐渐减少的趋势。聚类分析结果可知，由北向南，Ⅰ 类崩岗在数量比例上呈现逐渐降低的趋势，Ⅱ 类崩岗变化趋势不明显，但通城样区的分布数量和比例明显低于其他三个样区，Ⅲ 类崩岗和 Ⅳ 类崩岗由北向南呈现逐渐增加的趋势。由此可见，由北向南，崩岗的侵蚀强度逐渐增加，数量更多，侵蚀强度较大的比例更多。

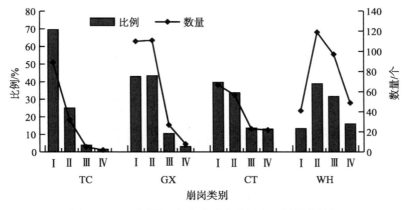

图 5-18　不同样区各类别崩岗数量和比例分布特征

二、面积特征

由图 5-19 可知，不同类别的崩岗在面积分布上也存在较大差异。研究区不同类型崩岗面积的分布和面积所占比例中，通城样区的Ⅰ类崩岗的面积为 3.48 hm²、占总面积的 42.13％，Ⅱ类崩岗的面积为 3.36 hm²、占总面积的 40.60％，Ⅲ类崩岗的面积为 0.80 hm²、占总面积的 9.64％，Ⅳ类崩岗的面积为 0.63 hm²、占总面积的 7.63％；随着Ⅰ类到Ⅳ类，崩岗的面积和比例呈现逐渐减少的趋势。赣县样区的Ⅰ类崩岗的面积为 5.56 hm²、占总面积的 25.90％，Ⅱ类崩岗的面积为 9.44 hm²、占总面积的 43.95％，Ⅲ类崩岗的面积为 4.12 hm²、占总面积的 19.18％，Ⅳ类崩岗的面积为 2.36 hm²、占总面积的 10.98％；随着Ⅰ类到Ⅳ类，崩岗的面积和比例呈现先增加后减少的趋势。长汀样区的Ⅰ类崩岗的面积为 2.51 hm²、占总面积的 14.16％，Ⅱ类崩岗的面积为 4.25 hm²、占总面积的 23.97％，Ⅲ类崩岗的面积为 3.63 hm²、占总面积的 20.49％，Ⅳ类崩岗的面积为 7.33 hm²、占总面积的 41.38％，可见Ⅳ类崩岗的面积最大；随着Ⅰ类到Ⅳ类，崩岗的面积和比例呈现先增加、后减少、然后增加的趋势。五华样区的Ⅰ类崩岗的面积为 1.70 hm²、仅占总面积的 4.58％，Ⅱ类崩岗的面积为 8.43 hm²、占总面积的 22.74％，Ⅲ类崩岗的面积为 13.21 hm²、占总面积的 35.63％，Ⅳ类崩岗的面积为 13.74 hm²、占总面积的 37.06％；随着Ⅰ类到Ⅳ类，崩岗的面积和比例呈逐渐增加的趋势，这说明五华样区崩岗的面积分布主要以Ⅲ类和Ⅳ类为主。聚类分析结果显示，由北往南，Ⅰ类和Ⅱ类崩岗在面积的比例上呈逐渐降低的趋势，Ⅲ类和Ⅳ类崩岗呈逐渐增加的趋势，侵蚀强度逐渐增强。

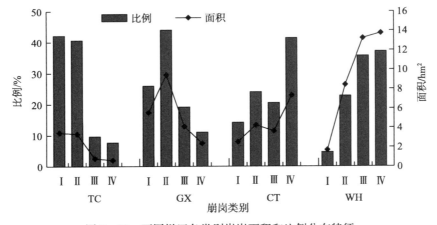

图 5-19　不同样区各类别崩岗面积和比例分布特征

第六章

环境因素与崩岗侵蚀的关系分析

　　根据已有的研究成果，可以认识到崩岗侵蚀的发育过程和形成机理极其复杂，该侵蚀地貌的形成综合了气候、母质、地形、土壤植被和人为活动等内在和外在的共同作用。松散的土壤和母质形成深厚的风化壳，为崩岗的侵蚀提供了物质基础，这些属于崩岗形成的内在因素，而外在因素的研究，目前也有部分相关报道，相关研究者根据各自研究区域重点对崩岗形成的影响因素进行了比较广泛的研究。

　　人为活动在水土流失中扮演着重要的角色，崩岗的形成和发育很大程度取决于自然坡面的破坏，坡面破坏对崩岗的发育起到诱发及促进作用（张淑光等，1990；黄艳霞，1990）。我国南方的大量人口生活在低山丘陵区，人们的生产和生活依赖于对自然的索取，这种索取造成坡地不同程度的破坏，乱砍滥伐就是对自然破坏最严重的手段，而坡地在此基础上给崩岗发育创造了条件（刘瑞华，2004）。然而，人为活动除了较多的消极作用外，也会起到一定程度的积极作用，主要表现在采用工程措施、生物措施等使崩岗侵蚀得到减缓或停止，主动防止水土流失的启动和发生（牛德奎，1990）。

　　气候是发生水土流失最关键的环境因素，崩岗形成和发育的驱动力为持续性降雨。史德明（1984）和吴志峰等（1997）通过对崩岗分布区域的分析，认为热带和亚热带是崩岗分布的集中地带，该区域水热条件良好，同时风化壳的物理化学作用活跃，容易促进花岗岩等母质风化成深厚的土层，不仅为崩岗提供物质基础，也起到了驱动作用。牛德奎等（2009）通过分析崩岗的分布特征与气候条件可知，年平均气温的临界值为 18 ℃，而年平均降雨量为 1 600 mm，崩岗主要分布在等温线或等雨量线以南的地区，其中崩岗分布数量最多的为年平均气温 19.5～21.5 ℃的区域内，占总数量的 69%。李双喜等（2013）则指出崩岗主要分布在年平均降雨量为 1 300～2 000 mm 的区域，经统计，超过 95% 的崩岗分布在该区域；同时，约 28.1% 的崩岗分布在年平均降雨量为 1 600～1 700 mm 的区域，而超过 99% 的崩岗分布在年平均气温为 15.0～21.5 ℃的区域。气候不仅在崩岗的分布上造成了地带性差异，同时也在崩岗发生的过程中起到驱动力作用。丁树文等（1995）通过鄂东南地区崩岗的观测与研究，认为持续性的降雨是花岗岩地区土壤侵蚀的动力，土壤黏粒在径流作用下不断流失，破坏了土壤结构，加快了岩土节理面的发育，为崩岗的发生和发育创造了条件。王彦华等（2000b）通过广东地区崩岗成因机理的研究，从土体力学稳定性的角度提出，在降雨作用下，水分进入土体内部，导致土体的自重增加，不仅提高了崩岗土体的重力势能，同时导致土体抗剪强度的降低，增加了土体崩塌的概率。阮伏水（2003）以福建地区的小流域为研究对象，通过建设试验站研究崩岗径流量和产沙量的关系，研究结果显示，崩岗土体的径流量和产沙量与降雨量的大小呈正比例关系。Woo 等（1997）和 Scott 等（1997）通过对广东德庆崩岗的研究，均提到降雨促进崩岗的发育，径流冲刷在整个过程中起到决定性的作用。

　　良好的植被条件能够削减降雨的能量，降低雨滴对地面的作用力，可以有效地分散雨水，减少坡面的汇水量，制约水土流失的发生。同时，良好的植被根系固土作用能够降低土体的崩塌概率，植被覆盖物更能保护坡面的土壤。相反，植被环境差则会促进崩岗的发育（夏栋，2015）。吴志峰等（1997）研究了广东地区崩岗的发育与植被的关系，认为植被的覆盖度与坡面的朝向有密切的联系，阴坡的水分条件较好，适合植物生长，因此植被覆盖度较高，崩岗发育的概率较低，而阳坡的干湿循环频率较高，植被覆盖度较低，这为崩岗的发育创造了立地条件。牛德奎等（2000）也提出花岗岩丘陵区在原生植被遭到破坏的条件下，植被多退化为疏林地或裸地，崩岗侵蚀较容易发生。此外，刘瑞华（2004）从植被类型与崩岗侵蚀的关系方面进行研究，他提出崩岗侵蚀在针阔叶混交林的区域发育较少，而在属于针叶林的马尾松林地发育较多。坡面植被的破坏，加快了径流量汇集的速度，同时也加大了土壤侵蚀强度，花岗岩土壤被侵蚀到抗蚀性更弱的碎屑层后，土体的不断崩塌促进崩岗的发育（何溢钧，2014）。

　　地质地貌与崩岗侵蚀的关系研究也有相应的报道，地质地貌从某种程度上来说控制了崩岗发育的活动强度。阮伏水（2003）通过统计福建省的崩岗分布可知，约85％的崩岗集中分布在海拔 50～500 m 的低山丘陵区。李双喜等（2013）通过对 2005 年崩岗普查的数据进行分析，结果显示分布在 500 m 海拔以下的崩岗数量为 22.89 万个，超过崩岗总数的 95％，说明崩岗主要分布在低山丘陵区。而对于坡向的选择性方面，相关学者提出，崩岗分布在阳坡的数量和面积远多于阴坡，并推断了这种分布特征的成因机制（陈志彪等，2006；刘希林等，2011）。同时，Luk 等（1997）通过研究广东省德庆崩岗的发育特点，得出了相似的结论，他们指出崩岗发育具有方向性，以南向坡较多，且在坡度较缓部位更易发生。葛宏力等（2007）提出，海拔高度是崩岗侵蚀的重要因素，除此之外，相对侵蚀基准面的高度更决定了崩岗的活动强度，同时相对侵蚀基准面为土体的重力势能提供了决定性作用，相对高度越大，崩塌越容易发生，崩岗发育更为严重，研究结果显示崩岗大多分布在相对高差为 20～100 m的丘陵山区。刘希林等（2011）通过对崩岗发育的地形进行研究，总结得出影响崩岗发育的因素中，相对高程的作用相比于海拔高度更为显著。

综上所述，关于环境因子与崩岗侵蚀关联性的报道较多，但这些环境因子与不同纬度崩岗侵蚀强度差异的内在原因研究较少。明确不同地理环境条件中，崩岗侵蚀驱动的因素和引起侵蚀强度差异的主控因子，对正确认识崩岗分布规律有重要意义，可为崩岗的防治提供理论依据。

第一节　人为活动

人为活动是崩岗侵蚀启动和发育极为关键的因素，具体表现在人类对于山坡土体的扰动，这些扰动可划分为坡面扰动和坡脚扰动。由本章研究可知，完整的花岗岩土壤剖面体现了明显的层次性差异，其中表层和表下层土壤具有高度的稳定性，而下层土壤极为松散，容易遭到侵蚀。因此，人类对于坡面和坡脚的扰动，实际上都是对于土壤表层的破坏，但两种破坏方式，对崩岗的影响程度不同。一般而言，同等的人为扰动程度，坡脚的下层土壤容易暴露，而坡面的下层土壤暴露的时间需要更长，这对于崩岗的启动和发育有重要意义。根据野外调查，坡面扰动的主要方式包括森林砍伐、地表草地破坏和山地开发不当等；坡脚扰动的主要方式包括土石资源的开采、交通与工业建设和不同的土地利用方式等。这些人为活动，给崩岗侵蚀创造了良好的条件，同时也带来了不可估量的经济损失。

一、坡面扰动

森林砍伐是坡面最直接的破坏方式。南方煤炭资源稀缺，千百年来，砍柴作为燃料是解决生活能源的唯一办法，同时，许多林木具有较好的经济价值，如成林的杉树、马尾松等，可直接用于经济建设，因此，森林乱砍滥伐的现象非常严重，坡面土壤大面积出露，加剧生态环境的恶化。长汀县河田镇是崩岗发生极为典型的区域，这里的森林曾遭到几次不同程度的破坏。据记载，1912—1916年，因封建宗族的林权纠纷，发生大规模的砍伐林木，甚至采取纵火烧山的方式，掠夺性的乱砍滥伐致使林地变成灌草地。1934 年，砍伐林木用于建设，又使河田镇的森林遭到破坏。1958 年，砍伐大量林木烧炭用于炼钢铁，使得森林再次遭到严重影响。1960—1980 年，人们对残存的林木几乎砍光伐尽用于生活生产建设，导致河田镇生态环境严重退化。经过几十年的森林砍伐，河田镇的大部分山地，崩岗侵蚀极为严重。

地表草皮是保护坡面土壤最后一道屏障，这层覆盖物可直接减少水土流失。地表草皮可以减缓雨滴溅蚀以及拦截部分降雨，减少地表径流，防止地表土壤被直接侵蚀。同时，地表草皮能够使土壤具有良好的结构，提高土壤孔隙度，减缓地表径流流速，也能防止面蚀和沟蚀的发展。此外，地表草皮的根系能够固结土壤，增强斜坡的稳定性，减少土壤侵蚀的发生。然而，人为不合理的经营活动，包括为解决土壤肥力而烧火土、铲草皮，不仅破坏了植被的生长，对地表植被的再生长也有严重的影响。如华南的幕阜山地区，老百姓习惯于烧山取肥，每到春季，大片灌草地被全部烧毁，从坡脚往坡上，数百米山坡的灌草地变为光秃秃的坡面，春季也是降雨量较大的季节，地表径流直接侵蚀坡面，大量的泥沙下移，发育为深沟、切沟，逐渐形成崩岗。由于经济水平的局限性，当地居民还习惯铲草皮肥田，主要是将地表的草类植物连同薄层的土壤铲起放入农田，草皮肥力有限，需要量大。因此，草皮被铲光之后，大面积的花岗岩红土裸露，降雨条件下径流更为强烈，侵蚀强度更大，侵蚀物质流入农田，反而致使土壤肥力下降。放牧也造成草地的破坏，植物不仅被直接破坏，连地表的很多灌草也会被连根拔起，加剧地表的荒漠化。

山地开发不当也严重影响土地的资源利用。低山丘陵区是农业生产的集中区域，适当开发部分林地作为农田是必要的，但片面地以粮为纲，不注重对土地的保护，开发水源林进行农作物种植会加剧水土流失。海拔较高、坡面较陡的山地宜封山育林，然而过度开垦种植农作物，造成地表覆盖度降低，暴雨季节山坡发生强烈径流，不仅破坏农作物，更破坏了表土和掩埋坡脚的农田。以山地开发种植油茶林为例，为了减少园地中的杂草和灌木与油茶林的竞争关系，进行除草，结果易造成地表光秃、导致土壤侵蚀。南方的果园用地也会诱发同样的水土流失问题，即土地面积裸露而导致的水土流失，同时遇到水果价格低廉的情况，果农无心集约经营，农业耕作模式的恶化也对生态环境带来负面影响。

二、坡脚扰动

土石资源的开采是对坡脚的一种严重破坏方式。南方地区存在较多的开山采石、露天开矿等获取土地资源的现象，然而人们在这个过程中很少采取水土保持措施，缺少周密计划，造成乱挖、乱堆、乱倒的现象，加剧了水土流失的发生。五华采矿模式以个体矿山开采为主，长期以来，开采布局不合理，选址不科学，不注重山区生态环境保护，导致严重的崩岗侵蚀。根据野外调查，五华崩岗样区一处采石场诱发系列崩岗，其中诱发的瓢形崩岗面积接近 5 000 m^2，崩岗高度超过 40 m，崩壁宽度接近 80 m，沟长超过 100 m。采石采矿属于大规模的破坏，而坡脚土体的开挖，也容易引发土壤侵蚀，华南的一处瓷泥厂，因盲目开挖，导致崩岗的形成，约 3 000m^3 土体发生严重崩塌，给当地居民的生命和财产带来严重危害（刘瑞华，2004）。

交通与工业建设是对坡脚常见的破坏方式。道路修建和房屋工厂的建设大多在坡脚进行，这些开发建设项目直接对坡脚的土石造成破坏，同时，如果护坡措施不及时，会直接导致崩岗侵蚀的发生。交通和工业建设的影响体现在两个方面：大规模破坏直接发生崩塌引发崩岗；小规模的坡脚破坏使得花岗岩下层土壤出露，诱发形成崩岗。根据野外调查，赣县田村镇中超过 100 个崩岗分布在道路两旁，直接受到交通建设的影响，崩岗样区中超过 50 个崩岗发育在房屋建设区域，单个崩岗有的接近 5 000 m²。

不同土地利用方式对坡脚有不同程度的破坏，小部分土地利用方式直接导致崩岗侵蚀，大部分破坏诱发崩岗侵蚀的发育。根据野外调查，本文将坡脚土地利用方式划分为建设用地、耕地、水域、湿地和其他用地共五种进行研究，其他用地包括林地、灌木、草地和裸地等。由图 6-1 可知，通城、赣县、长汀和五华样区的崩岗坡脚存在不同的土地利用方式，建设用地、耕地、水域、湿地和其他用地都有不同比例的分布。通城样区崩岗坡脚为耕地的数量比例最高，占样区崩岗总数量的 42.97%；其次是湿地和水域，分别占 18.75% 和 15.63%；坡脚为其他用地和建设用地，分别占 11.72% 和 10.94%。样区崩岗坡脚为耕地的面积比例最大，占样区崩岗总面积的 41.43%；其次是湿地和建设用地，分别占 21.79% 和 14.92%；坡脚为其他用地和水域的崩岗面积比例相当，分别占样区崩岗总面积 10.86% 和 10.31%。由此可知，通城样区坡脚的耕地对于当地崩岗侵蚀的发育影响最大，其次是湿地，坡脚为建设用地的崩岗数量最少，然而该土地利用方式的崩岗总面积比水域和其他用地更大。

赣县样区崩岗坡脚各类土地利用方式的数量比例相当，其中耕地的数量比例最高，占样区崩岗总数量的 29.30%；其次是水域，占 26.95%；坡脚为湿地、建设用地和其他用地的崩岗分别占 19.53%、12.89% 和 11.33%。样区崩岗坡脚为耕地的面积比例最大，占样区崩岗总面积的 33.04%；其次是水域和湿地，分别占 24.61% 和 20.36%；坡脚为建设用地和其他用地的崩岗面积比例相当，分别占样区崩岗总面积 11.81% 和 10.17%。由此可知，赣县样区坡脚的耕地对当地崩岗侵蚀的发育影响最大。

由图 6-1 可知，长汀样区崩岗坡脚为耕地的数量比例显著高于其他土地利用方式，占样区崩岗总数量的 49.70%；其次是建设用地，占样区崩岗总数量的 23.67%；坡脚为湿地、水域和其他用地的崩岗数量相对较少，分别占 11.83%、10.06% 和 4.73%。样区崩岗坡脚为耕地的数量比例最多，相应地，该土地利用方式的崩岗面积比例最大，占样区崩岗总面积的 57.61%，超过了坡脚为其他土地利用方式的崩岗总面积。坡脚为建设用地、湿地、水域和其他用地的崩岗面积分别占总面积的 17.41%、12.01%、8.71% 和 4.27%。

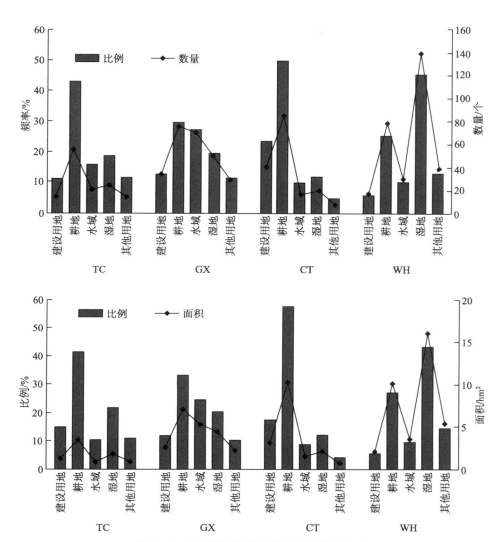

图 6-1　不同样区崩岗的坡脚土地利用方式

五华样区崩岗坡脚为湿地的数量比例最高，占样区崩岗总数量的
45.10%；其次是耕地和其他用地，分别占 25.49% 和 13.07%；坡脚为水域和
建设用地相对较少，分别占 10.46% 和 5.88%。与数量比例相同，样区崩岗坡
脚为湿地的面积比例最大，占样区崩岗总面积的 43.20%；其次是耕地和其他
用地，分别占 27.20% 和 14.41%；坡脚为水域和建设用地的崩岗面积分别占
总面积的 9.53% 和 5.65%。

四个崩岗样区坡脚的土地利用方式均有不同，其中通城、赣县和长汀崩岗

样区坡脚最多的土地利用方式为耕地，而五华样区为湿地，但五华样区坡脚为耕地的崩岗数量仅次于湿地，说明农业用地可能是人为活动导致崩岗侵蚀的最重要的因素，耕地主要破坏了坡脚的土壤，易导致下土层的暴露，从而不断侵蚀形成崩岗。建设用地和其他用地与耕地破坏坡脚的原理相似。坡脚为水域和湿地，不仅直接对坡脚有破坏作用，同时地下水位较高，也加剧崩岗侵蚀。

坡面和坡脚的人为扰动，都是影响崩岗侵蚀的重要因素。因此，人们违反自然规律的一切活动，都利于崩岗侵蚀的加剧发展。南方花岗岩丘陵区的低海拔地区是人们生活最为集中、人口密度最大的区域，而生产生活导致山坡的破坏，致使大面积坡面裸露，容易发生广泛的水土流失。花岗岩土壤区的低山、高丘陵区崩岗数量较少可能是由于人为活动较少，植被保存较好。综上，人为活动在崩岗侵蚀的发育中起到至关重要的作用，没有对坡面进行人为干扰一般不会发育崩岗侵蚀。

第二节　气候因素

气候因素是崩岗侵蚀发育的决定性因素，尤其是降雨产生的径流为崩岗发育的主要外营力。南方花岗岩丘陵区处于热带和亚热带季风气候，降雨量充沛、气候温和，气候因素对崩岗侵蚀形成和发育的影响主要体现在两个方面：一是湿热的气候条件有利于花岗岩深厚风化壳的形成，深厚风化壳的形成依赖于水和热的共同作用，这为崩岗发育奠定了物质基础；二是湿热的气候对坡面土体直接性破坏导致崩岗侵蚀的形成和发育，集中降雨和突发性暴雨是崩岗侵蚀的直接动力，气温的极值不断交替而导致土体热胀冷缩产生裂隙，加快土体的风化，同时也为降雨条件形成优先流提供水分通道。

一、降雨量

不同崩岗样区平均月降雨量和最大连续降雨量见图6-2。由图6-2可知，各崩岗样区平均月降雨量最大值在3—8月；通城样区平均月降雨量最大的为6月，其次是5月、7月和4月；赣县样区平均月降雨量最大的为5月，其次是6月、4月和3月；而长汀样区平均月降雨量较大的依次为6月、5月、4月和3月；五华样区平均月降雨量较大的依次为6月、8月，4月、5月和7月平均降雨量相当；各样区的1月、10—12月的平均降雨量均较少。由图可知，除了长汀样区的4—6月的平均降雨量稍高外，各样区的平均月降雨量没有明显的差异，结合全年平均降雨量，通城样区为1 604 mm，赣县样区为1 446 mm，长汀样区为1 712 mm，五华样区为1 528 mm，四个样区没有明显的变化规律。由图6-2可知，通城、赣县、长汀和五华样区最大连续降雨量的最大值分别在7月、

6月、8月和6月，尤其五华样区6月的最大连续降雨量为539.80 mm，远大于该样区和其他样区的最大连续降雨量；其次，各崩岗样区最大连续降雨量最大值在3—8月。最大连续降雨量比平均降雨量对于崩岗侵蚀的影响更大，平均降雨量包括了整个时段，可能有连续降雨和间歇性降雨，而崩岗侵蚀具有突发性和连续性，尤其在连续的强降雨作用下发育最快、侵蚀最严重。同时，最大连续降雨量由北往南有增加的趋势，这与崩岗侵蚀的强度对应，五华样区6月的连续降雨量极其显著，崩岗侵蚀强度显著大于其他样区。综上，根据年平均降雨量的数据显示，华南崩岗侵蚀主要发生在年降雨量1 400～1 700 mm等雨量线的区域。

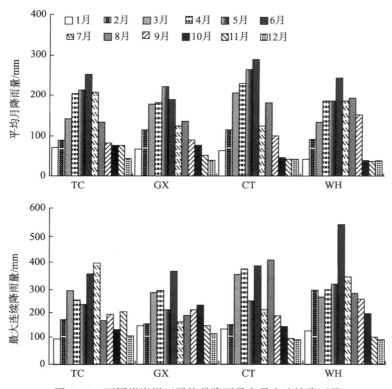

图6-2　不同崩岗样区平均月降雨量和最大连续降雨量

二、气温

温度是岩石物理风化的重要条件（Elliott，2008），同时在化学风化中也能起到催化条件。华南丰富的热量条件促使花岗岩母质产生强烈的风化过程，促进岩石的崩解和风化壳的形成。温度促进岩石风化的机理主要包括岩石本身的热胀冷缩、岩石内的水分变化以及生物活动等。岩石由多种物质混合而成，各种物质受热膨胀率不同，温度变化情况下，岩石表面容易产生裂隙，逐渐造成岩石崩解；同时，温度的变化促使岩石中的水分发生相变，固态和液态的交替导致体积膨胀而造成岩石崩解；此外，岩石中的微生物活动、植物根系的分泌物都会导致岩石的物理或化学风化。通城、赣县、长汀和五华样区的年平均气温分别为 17.1 ℃、19.6 ℃、18.5 ℃和 21.4 ℃。由此可知，由北往南，年平均气温有明显的递增趋势；同时，分析崩岗与温度的关系可知，华南崩岗侵蚀主要发育在年平均气温 17 ℃的等温线以南的区域。通城、赣县、长汀和五华样区的最高气温≥30.0 ℃日数分别为 96 d、123 d、106 d 和 138 d，与年平均气温相似，由北往南呈现递增趋势。由此可见，花岗岩风化壳的厚度由北往南逐渐增加是在湿热条件下产生剧烈风化作用的结果。

不同崩岗样区月平均气温、月平均最高气温和月平均最低气温见图 6-3。由图 6-3（A）可知，月平均气温呈现一定的变化规律，由北往南，1—5 月、10—12 月的平均气温呈现递增的趋势，而 6—9 月各样区的平均气温没有明显的变化规律。由此可见，气温较低的地区，花岗岩风化壳发育的速率较慢；而气温保持较高的地区，强烈的风化作用促使深厚的花岗岩风化壳的形成，为崩岗侵蚀创造了有利条件。

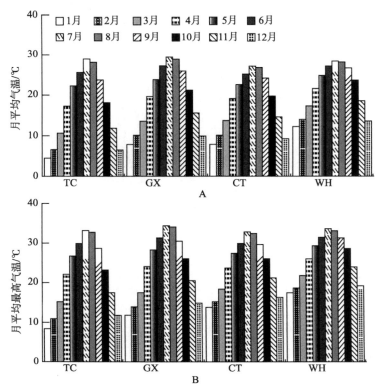

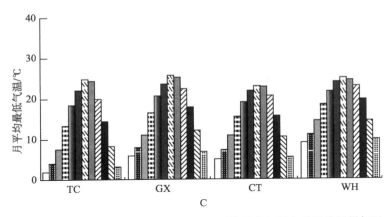

图 6-3　不同崩岗样区月平均气温、月平均最高气温和月平均最低气温

不同崩岗样区月平均最高气温和月平均最低气温见图 6-3（B）和图 6-3（C）。由图 6-3（B）可知，由北往南，月平均最高气温呈现一定的变化规律，1—5 月、9—12 月的平均气温呈递增趋势，而 6—8 月各样区的平均最高气温没有明显的变化规律。由图 6-3（C）可知，由北往南的变化规律与月平均最高气温变化规律相同，1—5 月、9—12 月的月平均最低气温呈现递增的趋势，而 6—8 月各样区的平均最低气温无明显变化规律。由此可见，各崩岗样区 1—5 月、9—12 月的气温差异较大，而 6—8 月的样区气温差异不明显。

不同崩岗样区最高气温≥30 ℃日数见图 6-4。由图 6-4 可知，各样区 1 月和 12 月最高气温≥30 ℃日数为 0 d，2 月、3 月和 11 月也较少出现气温≥30 ℃的情况。4—6 月、9 月和 10 月，最高气温≥30 ℃日数由北往南逐渐增加，7 月和 8 月各样区月最高气温≥30 ℃的日数较长，均超过 20 d，由北往南有微弱的增加趋势。

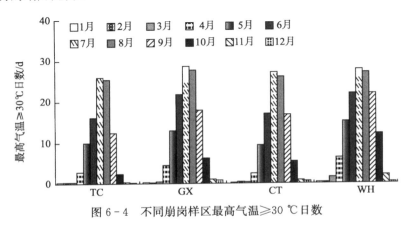

图 6-4　不同崩岗样区最高气温≥30 ℃日数

第三节　植被因素

南方崩岗侵蚀区的地带性植被属亚热带常绿阔叶林和热带雨林森林群落。植被是防止水土流失的积极因素，不仅能保护土壤免受降雨的击溅作用，也能遏止坡面径流的发生和发展。植被的凋落物还为土壤提供了有机物质，提高土壤的抗蚀能力（Cerdà，1999；Gu et al.，2013）。植被对崩岗侵蚀的影响比较复杂。坡面植被的破坏是导致面蚀和沟蚀的主要因素，而崩岗的形成大部分由面蚀和沟蚀引起（丁光敏，2001）。根据野外调查，各崩岗样区的植被类型有较多的异同点，崩岗所在坡面的植被覆盖度也呈现不同的分布。

一、植被类型

植被类型与水土流失有密切联系，郁闭度较大的阔叶林有较强的截留雨水、涵养水源的功能，而郁闭度较小的针叶林的生态调节和水土保持的作用较差。通城崩岗样区的植被主要以旱生类植物的亚热带灌草丛及耐旱、耐贫瘠的马尾松和杉木人工林组成，人工林高5～10 m，灌木种类包括桃金娘、羊角拗、金樱子、胡枝子、菝葜和檵木等，高度为0.5～1 m，草本植物主要包括铁芒萁、白茅、五节芒等，高度为0.5～1 m。赣县崩岗样区的乔木种类主要包括马尾松、杉木、枫香树和木荷，高度5～15 m；灌木种类包括岗松、桃金娘、野牡丹、乌饭树、白檀、黄栀子和胡枝子等，高度1～2 m；草本植物主要包括铁芒萁、鹧鸪草、野古草等，高度为0.5～1 m。长汀崩岗样区的乔木种类主要包括马尾松、杉木等，高度5～15 m；灌木种类包括岗松、毛冬青、石斑木、轮叶蒲桃和黄瑞木等，高度1～2 m；草本植物主要包括铁芒萁、五节芒、黑莎草、乌毛蕨等，高度为0.5～1 m。五华崩岗样区的乔木种类主要包括马尾松和木荷等，高度3～8 m；灌木种类包括桃金娘、岗松、乌饭树和檵木等，高度为0.5～1 m；草本植物包括铁芒萁、五节芒等，高度为0.5～1 m。

综上，各崩岗样区植被类型均包括乔木类的马尾松和草本类的铁芒萁，两种植物均适宜于酸性土壤中生长。马尾松对土壤的适应能力较强，在恢复森林系统中能够起到引导作用。然而，由于各种因素，林下植被稀少，作为针叶林植被，林下凋落物较少，难以形成腐殖质层防止土壤侵蚀，水土保持的作用及经济效益都较差。铁芒萁是著名的酸性土壤指示植物，不管是肥沃还是贫瘠的土壤，都能较好生长。两种植物作为崩岗样区的主要类型，但在各样区的覆盖度有较大差别，对于崩岗侵蚀的形成和发生也有不同的影响。

二、植被覆盖度

植被覆盖度与水土流失的关系密切，植被覆盖度越高，防止水土流失的作用越大（Vásquez-Méndez，2010；Kateb，2013）。然而，根据四个崩岗样区的野外调查，植被较好的区域仍然存在崩岗发育。因此，我们调查了不同样区每个崩岗所在的坡面植被覆盖度的分布特征。由表6-1和图6-5可知，四个样区崩岗坡面植被覆盖度的变化范围为5%～60%，变异系数为62.2%，属于中度变异，说明崩岗的坡面植被覆盖度差异较大。样区崩岗坡面植被覆盖度的平均值为21.2%，说明南方发生崩岗的坡面植被覆盖度较低。

表6-1　不同样区崩岗坡面植被覆盖度的描述性统计（%）

指标	极小值	极大值	平均值	标准差	CV
TC（$n=128$）	7	60	14.7	10.3	70.3
GX（$n=256$）	5	45	22.1	8.5	38.5
CT（$n=169$）	12	58	39.7	11.3	28.5
WH（$n=306$）	6	40	13.1	6.5	49.3
总体（$n=859$）	5	60	21.2	13.2	62.2

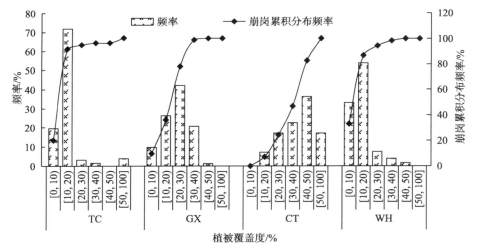

图6-5　不同样区崩岗坡面植被覆盖度的分布特征

通城样区崩岗坡面的植被覆盖度的变化范围为7%～60%，变异系数为70.3%，平均值为14.7%，其中坡面植被覆盖度为10%～20%的崩岗比例最高，其次是0%～10%，说明通城样区崩岗坡面的植被覆盖度普遍偏低。赣县样区崩岗坡面的植被覆盖度的变化范围为5%～45%，变异系数为38.5%，平均值为22.1%，变异系数比通城样区小，但仍然属于中度变异，其中坡面植被覆盖度为 20%～30% 的崩岗比例最高，其次是 10%～20% 和 30%～40%，植被覆盖度高于通城样区的崩岗坡面。长汀样区崩岗坡面的植被覆盖度的变化范围为 12%～58%，变异系数为 28.5%，平均值为 39.7%，变异系数在四个样区里最小，其中坡面植被覆盖度为 40%～50% 的崩岗比例最高，其次是 30%～40%，崩岗坡面平均植被覆盖度在四个样区中最高。五华样区崩岗坡面的植被覆盖度的变化范围为 6%～40%，变异系数为 49.3%，属于中等变异，平均值为 13.1%，坡面平均植被覆盖度在四个样区中最低，其中坡面植被覆盖度为 10%～20% 的崩岗比例最高，其次是 0%～10%，植被覆盖度≥30% 的坡面崩岗数量较少。

综上，各样区崩岗坡面的植被覆盖度分布各异，变异系数较大，其中长汀样区崩岗坡面的植被覆盖度平均值最高，其次是赣县、通城样区，五华样区最低。结合崩岗数量，五华样区崩岗最多，其次是赣县、长汀样区，通城样区崩岗最少。五华样区崩岗坡面植被覆盖度最低与崩岗数量最多相对应，这说明了植被覆盖度较少影响了崩岗的发生和形成；然而，通城样区崩岗数量最少，坡面植被覆盖度也极低，又说明植被覆盖度不一定是影响崩岗侵蚀强度的因素。赣县和长汀的植被覆盖度相对较高，然而崩岗数量较多，侵蚀强度也较大，说明坡面植被覆盖度不一定与崩岗侵蚀数量成负相关，较好的植被条件下崩岗侵蚀仍然会形成和发育。

第四节　地形因素

地形是指地表各种各样的形态，具体指地表以上分布的固定物体共同呈现出的高低起伏的各种状态（Hofer et al.，2006；Sun et al.，2014）。本文从地形的五个因子对崩岗侵蚀的影响进行研究。四个样区所有崩岗各地形因子的描述性统计结果见表 6-2。由表 6-2 可知，样区崩岗的海拔的变化范围为 45～329 m，平均值为 181.7 m；坡度的变化范围为 6°～45°，平均值为 21.9°；坡向的变化范围为 0°～358°，平均值为 190.1°；坡长的变化范围为 13～220 m，平均值为 77.9 m；相对高差的变化范围为 6～86 m，平均值为 29.1 m。

表 6-2　样区崩岗各地形因子的描述性统计（$n=859$）

指标	极小值	极大值	中位数	偏度	峰度	平均值	标准差	CV/%
海拔/m	45	329	171	0.45	−0.26	181.7	69.9	38.5
坡度/(°)	6	45	22	0.51	0.09	21.9	5.9	26.9
坡向/(°)	0	358	201	−0.26	−0.92	190.1	91.4	48.1
坡长/m	13	220	75	0.67	0.87	77.9	30.2	38.7
相对高差/m	6	86	26	0.88	0.38	29.1	14.0	48.0

一、海拔

海拔影响着地貌发育过程，海拔越高则气温越低，地表岩土风化过程越缓慢，风化壳一般就越薄（刘希林等，2011；Yisehak et al.，2013）。相反，海拔越低，越有利于深厚风化壳的发育，风化壳的厚度是崩岗侵蚀的物质基础。不同样区崩岗发育的各地形因子的描述性统计结果见表 6-3，崩岗海拔的分布特征见图 6-6，各样区崩岗的海拔分布以 10 m 作为一个区间进行统计。

表 6-3　不同样区崩岗各地形因子的描述性统计

类别	指标	海拔/m	坡度/(°)	坡向/(°)	坡长/m	相对高差/m
TC (n=128)	极小值	45	10	0	13	6
	极大值	102	38	358	145	46
	平均值	74.1	20.6	176.6	56.1	18.7
	标准差	12.3	5.0	108.6	24.9	7.2
	CV/%	16.6	24.3	61.5	44.4	38.7
GX (n=256)	极小值	139	9	0	35	8
	极大值	190	35	356	138	45
	平均值	163.0	18.5	201.8	67.1	21.0
	标准差	12.4	4.3	85.3	18.8	7.0
	CV/%	7.6	23.3	42.3	28.1	33.2
CT (n=169)	极小值	282	6	0	19	8
	极大值	329	45	358	220	57
	平均值	302.2	20.7	197.7	76.4	25.7
	标准差	10.3	6.4	87.6	35.3	10.1
	CV/%	3.4	30.7	44.3	46.2	39.3
WH (n=306)	极小值	140	13	0	36	13
	极大值	230	42	358	200	86
	平均值	175.8	26.0	181.8	97.0	42.1
	标准差	16.0	4.6	89.3	25.5	12.4
	CV/%	9.1	17.9	49.1	26.3	29.5

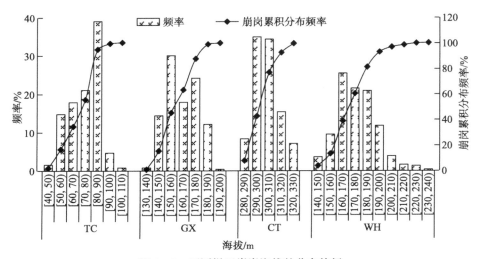

图 6-6　不同样区崩岗海拔的分布特征

由表 6-3 和图 6-6 可知，通城样区崩岗分布的海拔变化范围为 45～102 m，平均值为 74.1 m，变异系数为 16.6%。通城样区崩岗在不同海拔区间都有分布，分布数量和比例最多的是海拔为 [80 m，90 m) 的崩岗，占通城样区崩岗数量的 39.1%；其次是海拔为 [70 m，80 m)、[60 m，70 m) 和 [50 m，60 m) 的崩岗，分别占总数的 21.1%、18.0% 和 14.8%；其他海拔的崩岗数量较少。通城样区崩岗累积分布频率为 S 型，曲线在海拔为 [50 m，90 m) 区间斜率最大，说明该区间崩岗数量随着海拔的增加增长最快，>90 m 和 <50 m 的海拔崩岗分布较少。赣县样区崩岗分布的海拔变化范围为 139～190 m，平均值为 163.0 m，变异系数为 7.6%。其中，分布数量和比例最多的是海拔为 [150 m，160 m) 的崩岗，占赣县样区崩岗数量的 30.1%；其次是海拔为 [170 m，180 m) 的崩岗，占总数的 24.2%；[160 m，170 m)、[140 m，150 m) 和 [180 m，190 m) 的崩岗，分别占总数的 18.0%、14.5% 和 12.1%；其他海拔的崩岗数量较少，崩岗累积分布曲线在 [140 m，190 m) 区间斜率最大。长汀样区崩岗分布的海拔变化范围为 282～329 m，平均值为 302.2 m，变异系数为 3.4%，属于低度变异，说明样区的地形起伏度较小，崩岗分布的海拔比较集中。其中，海拔为 [290 m，300 m) 和 [300 m，310 m) 的崩岗分布数量较多，分别占总数的 34.9% 和 34.3%；[310 m，320 m)、[280 m，290 m) 和 [320 m，330 m) 的崩岗，分别占总数的 15.4%、8.3% 和 7.1%，样区在其他海拔的崩岗未见分布。崩岗累积分布曲线在 [280 m，310 m) 区间斜率最大。五华样区崩岗分布的海拔变化范围为 140～230 m，平均值为 175.8 m，变异系数为 9.1%。其中，分布数量和比例最多的是海拔为 [160 m，170 m) 的崩岗，占五华样区崩岗数量的 25.5%；其次是海拔为 [170 m，180 m) 和 [180 m，190 m) 的崩岗，分别占总数的 21.6% 和 20.9%；[190 m，200 m) 和 [150 m，160 m) 分别占 11.8% 和 9.5%；其他海拔的崩岗所占比例较小。崩岗累积分布曲线在 [150 m，190 m) 区间斜率最大，说明在该区间崩岗增长速率较快。

综上，随着纬度带由北往南，崩岗分布的海拔有增加的趋势，说明在一定的海拔范围内，崩岗分布的数量与海拔成正比，这可能跟研究区的选择有关，但仍然可以反映华南花岗岩土壤区的崩岗主要分布在 50～350 m 海拔范围内。

二、坡度

坡度可反映丘陵坡面的陡峭程度。坡面越陡峭，岩土风化物质越不容易积累，土地利用困难，人为破坏较少，风化壳越薄，不容易发生崩岗；坡面越平缓，风化壳越深厚（Reubens et al.，2007；Ziadat et al.，2013）。各崩岗样区的坡度分布以 5°作为一个区间进行统计。

由表 6-3 和图 6-7 可知，崩岗在不同坡度区间都有分布，通城样区崩岗分布的坡度变化范围为 10°~38°，平均值为 20.6°，变异系数为 24.3%。分布比例最多的是坡度为 [20°，25°) 的崩岗，占通城样区崩岗数量的 38.3%；其次是坡度为 [15°，20°) 的崩岗，占总数的 35.9%；其他坡度的崩岗数量较少，尤其是 <10°和>40°的坡度范围几乎无崩岗发育。崩岗累积分布频率曲线在 [10°，25°) 区间斜率最大，说明该区间崩岗数量随着坡度的增加增长最快。较平缓和较陡峭的坡面崩岗发育较少，这是由于较平缓的坡面重力侵蚀的条件不足，而较陡峭的坡面直接受降雨侵蚀的有效面积较小，形成的径流不足以导致崩岗的形成和发育。

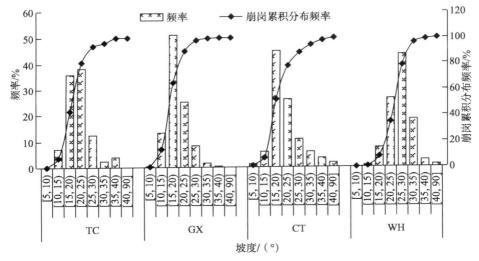

图 6-7　不同样区崩岗所在坡面坡度的分布特征

赣县样区崩岗分布的坡度变化范围为 9°~35°，平均值为 18.5°，变异系数为 23.3%。分布比例最多的是坡度为 [15°，20°) 的崩岗，占样区崩岗数量的 51.2%；其次是坡度为 [20°，25°) 和 [10°，15°) 的崩岗，分别占总数的 25.0%和 13.3%；其他坡度的崩岗分布相对较少，<5°和>40°的坡度范围几乎没有崩岗发育。崩岗累积分布频率曲线在 [10°，25°) 区间斜率最大。

长汀样区崩岗分布的坡度变化范围为 6°~45°，平均值为 20.7°，变异系数为 30.7%。分布比例最多的是坡度为 [15°，20°) 的崩岗，占样区崩岗数量的 45.0%；其次是坡度为 [20°，25°) 的崩岗，占总数的 26.0%；其他坡度的崩岗分布相对较少，<5°坡度范围几乎没有崩岗发育，≥40°的坡度范围有 1.8%的崩岗发育。崩岗累积分布频率曲线在 [10°，30°) 区间斜率最大。

五华样区崩岗分布的坡度变化范围为 13°~42°，平均值为 26.0°，变异系数为 17.9%。分布比例最多的是坡度为［25°，30°)的崩岗，占样区崩岗数量的 43.5%；其次是坡度为［20°，25°)和［30°，35°)的崩岗，分别占总数的 26.5%和 18.3%；其他坡度的崩岗分布相对较少，<10°坡度范围几乎没有崩岗发育，≥40°的坡度范围有 1.0%的崩岗发育。崩岗累积分布频率曲线在［15°，35°)区间斜率最大，崩岗分布数量有增加的趋势，这与前三个样区有区别。累积曲线在一定程度接近 100%，说明≥40°坡度发育崩岗的概率较低。

综上，通城、赣县、长汀样区的崩岗主要发育在［15°，25°)的坡度范围，而五华样区的崩岗主要发育在［20°，30°)的坡度范围。结合各样区崩岗发育坡度的平均值可知，由北往南，崩岗发育的坡度有增加的趋势。

三、坡向

坡向定义为坡面法线在水平面上的投影的方向，坡向对坡面的水热条件有较大影响，阳坡和阴坡之间降雨量、气温和植被覆盖度均有较大差异。本文坡向按逆时针方向进行测量，以度为单位，角度范围介于 0°（正北）到 360°（仍是正北）之间。

由表 6-3 和图 6-8 可知，崩岗在不同坡向区间都有分布。通城样区崩岗分布的坡向变化范围为 0°~358°，平均值为 176.6°，变异系数为 61.5%，属于中等变异。分布比例较多的崩岗为坡向在 10°~90°、190°~210°和 270°~320°，分布在这些坡向的崩岗占总数的 62.50%。其中，阳坡崩岗占样区总数的 35.9%，阴坡的崩岗占样区总数的 64.1%。由此可见，通城样区崩岗主要分布在阴坡，而阳坡分布的数量较少。赣县样区崩岗分布的坡向变化范围为 0°~356°，平均值为 201.8°，变异系数为 42.3%。其中，崩岗主要分布在坡向为 80°~290°的范围，分布在这些坡向的崩岗占总数的 76.97%。阳坡崩岗占崩岗总数的 59.9%，阴坡的崩岗占崩岗总数的 40.1%，这说明赣县样区崩岗在阳坡的数量多于阴坡。长汀样区崩岗分布的坡向变化范围为 0°~358°，平均值为 197.7°，变异系数为 44.3%。其中，崩岗主要分布在坡向为 180°~290°的范围，分布在这些坡向的崩岗占总数的 58.0%，长汀样区崩岗的坡向主要分布在西南方向。阳坡的崩岗占崩岗总数的 66.3%，阴坡的崩岗占崩岗总数的 33.7%，这说明长汀样区崩岗在阳坡的数量显著多于阴坡。五华样区崩岗分布的坡向变化范围为 0°~358°，平均值为 181.8°，变异系数为 49.1%。其中，崩岗主要分布在坡向为 80°~100°、160°~200°和 250°~280°的范围，分布在这些坡向的崩岗占总数的 57.2%，五华样区崩岗的坡向主要分布在正东、正西和正南方向。阳坡崩岗占崩岗总数的 62.8%，阴坡崩岗占崩岗总数的 37.3%，这说明五华样区崩岗在阳坡的数量多于阴坡。

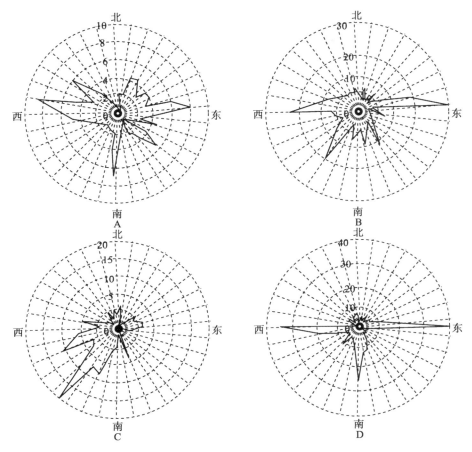

图 6-8　不同样区崩岗所在坡面坡向的分布特征
A. TC　B. GX　C. CT　D. WH

综合通城、赣县、长汀和五华崩岗样区的坡向进行分析，阳坡崩岗的比例分别为 35.9%、59.9%、66.3% 和 62.8%，由此可见，由北往南，崩岗分布在阳坡的比例有增加的趋势，这可能是因为由北往南，降雨和气温都逐渐增加，花岗岩风化壳接受太阳辐射和雨滴溅蚀的概率增加，阳坡侵蚀强度增加的趋势越往南则越明显。由阳坡和阴坡崩岗的比例可知，赣县、长汀和五华样区分布在阳坡的崩岗比例显著多于阴坡，这与丘世钧（1994）、阮伏水（2003）等研究结果一致，而通城分布在阳坡的崩岗比例显著少于阴坡，这可能与通城样区的低山丘陵区的走向有关。

四、坡长

坡长通过影响坡面径流、泥沙的运移规律以及侵蚀形态的演化过程来影响侵蚀产沙过程，决定着坡面水流能量的变化及水流泥沙的运移规律，是影响坡面侵蚀的重要因子（付兴涛等，2014）。坡长一直以来都是水土保持学科研究的核心问题，因此，研究坡长与崩岗侵蚀的关系十分必要。各崩岗样区的坡长分布以 20 m 作为一个区间进行统计。

由表 6-3 和图 6-9 可知，崩岗在不同坡长区间都有分布。通城样区崩岗分布的坡长变化范围为 13～145 m，平均值为 56.1 m，变异系数为 44.4%。分布比例最多的是坡长为 [40 m，60 m) 的崩岗，占通城样区崩岗数量的30.5%；其次是坡长为 [20 m，40 m)、[60 m，80 m) 和 [80 m，100 m) 的崩岗，分别占总数的 25.8%、21.9% 和 14.1%；其他坡长的崩岗数量较少。累积分布频率曲线在 [20 m，100 m) 区间斜率最大。

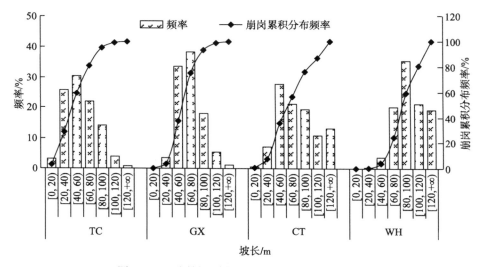

图 6-9 不同样区崩岗所在坡面坡长的分布特征

赣县样区崩岗分布的坡长变化范围为 35～138 m，平均值为 67.1 m，变异系数为 28.1%。坡长为 [60 m，80 m) 的崩岗比例最多，占赣县样区崩岗数量的 38.3%；其次是坡长为 [40 m，60 m) 和 [80 m，100 m) 的崩岗，分别占总数的 33.6% 和 18.0%；其他坡长的崩岗数量较少，坡长＜20 m 的崩岗发育较少。累积分布频率曲线在 [20 m，80 m) 区间斜率最大，说明该区间内崩岗数量随着坡长的增加而显著增加。

长汀样区崩岗分布的坡长变化范围为 19～220 m，平均值为 76.4 m，变异系数为 46.2%。坡长为 [40 m，60 m) 的崩岗比例最多，占长汀样区崩岗数量的 27.8%；其次是坡长为 [60 m，80 m) 和 [80 m，100 m) 的崩岗，分别占总数的 21.3% 和 19.5%；坡长＜20 m 的崩岗发育较少，但坡长≥120 m 的崩岗发育的数量仍然占有一定比例。累积分布频率曲线在［40 m，100 m）区间斜率最大，说明该区间内崩岗数量随着坡长的增加而显著增加。

五华样区崩岗分布的坡长变化范围为36～200 m，平均值为97.0 m，变异系数为26.3％。分布比例最多的是坡长为［80 m，100 m）的崩岗，占样区崩岗数量的35.3％；其次是坡长为［100 m，120 m）、［60 m，80 m）和≥120 m的崩岗，三个坡长区间的崩岗比例相近，分别占总数的21.2％、20.3％和19.3％；坡长＜60 m的崩岗比例较少。累积分布频率曲线在［40 m，120 m）区间斜率最大。综上，由北往南，崩岗发育的坡长有显著增加的规律。

五、相对高差

相对高差，指的是坡面顶点到坡脚的垂直高度，相对高差直接决定着崩岗自身的重力势能，相对高差越大其重力势能越大，产生崩岗的可能性也越大，反之亦然。各崩岗样区的相对高差分布以10 m作为一个区间进行统计。

由表6-3和图6-10可知，崩岗在不同相对高差区间都有分布；通城样区崩岗分布的相对高差变化范围为6～46 m，平均值为18.7 m，变异系数为38.7％。分布比例最多的是相对高差为［10 m，20 m）的崩岗，占通城样区崩岗数量的49.2％；其次是相对高差为［20 m，30 m）的崩岗，占总数的34.4％；其他相对高差的崩岗数量较少。累积分布频率曲线在［10 m，30 m）区间斜率最大。

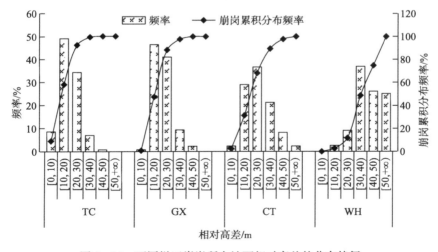

图6-10 不同样区崩岗所在坡面相对高差的分布特征

赣县样区崩岗分布的相对高差变化范围为8～45 m，均值为21.0 m，变异系数为33.2％。与通城样区崩岗分布的规律相似，分布比例最多的是相对高

差为 [10 m, 20 m) 的崩岗, 占赣县样区崩岗数量的 46.5%; 其次是相对高差为 [20 m, 30 m) 的崩岗, 占总数的 41.0%; 其他相对高差的崩岗分布较少。

长汀样区崩岗分布的相对高差变化范围为 8~57 m, 平均值为 25.7 m, 变异系数为 39.3%。相对高差为 [20 m, 30 m) 的崩岗比例最多, 占长汀样区崩岗数量的 36.7%; 其次是相对高差为 [10 m, 20 m) 和 [30 m, 40 m) 的崩岗, 分别占总数的 29.0% 和 21.3%。累积分布频率曲线在 [10 m, 40 m) 区间斜率最大。

五华样区崩岗分布的相对高差变化范围为 13~86 m, 平均值为 42.1 m, 变异系数为 29.5%。分布比例最多的是相对高差为 [30 m, 40 m) 的崩岗, 占样区崩岗数量的 36.9%; 其次是相对高差为 [40 m, 50 m) 和 ≥50 m 的崩岗, 两个坡长区间的崩岗比例相近, 分别占总数的 26.1% 和 25.2%。

综上, 由北往南, 崩岗发育的相对高差有显著增加的规律, 这说明了斜坡造成的重力势增加了给崩岗发育的概率。

第五节　崩岗侵蚀强度的影响机制

自然因素和崩岗参数的相关性分析见表 6-4, 由表 6-4 可知, 自然因素均对崩岗形态有不同程度的影响。年平均降雨量与崩岗的坡度和支沟数量呈极显著的正相关关系 ($P<0.01$), 与崩壁宽度、崩壁倾角呈极显著的负相关关系 ($P<0.01$), 与崩岗沟口宽度呈显著的负相关关系 ($P<0.05$); 年平均气温除与崩岗朝向无显著的相关性外 ($P>0.05$), 均与崩岗其他的形态参数呈极显著的正相关关系 ($P<0.01$); 最大连续降雨量与崩岗面积、高度、坡度、斜边长、崩壁高度、主沟长度、主沟坡降、沟口宽度和支沟数量均呈极显著的正相关关系 ($P<0.01$); 大于 30℃日数除了与崩岗朝向无显著的相关性外, 均与崩岗其他的形态参数呈极显著的正相关关系 ($P<0.01$); 由此可见, 气候指标与崩岗形态参数的关系密切, 气候影响了崩岗的发育和侵蚀强度。海拔与崩岗面积、高度、斜边长、崩壁高度、崩壁宽度、崩壁倾角、主沟长度、沟口宽度和支沟数量均呈极显著正相关关系 ($P<0.01$); 坡度与崩岗高度、坡度、崩壁高度和主沟坡降呈极显著的正相关关系 ($P<0.01$), 尤其是崩岗的坡度和主沟坡降与坡度的相关性系数较高, 说明坡度很大程度上决定了崩岗的坡度和主沟的坡降; 坡向与崩岗朝向呈极显著的正相关关系 ($P<0.01$), 相关性系数为 0.884, 说明坡向决定了崩岗的朝向; 坡长与崩岗面积、高度、斜边长、崩壁高度、崩壁宽度、主沟长度、主沟坡降、沟口宽度和支沟数量呈极显著的正相关关系 ($P<0.01$), 与崩岗坡度呈极显著的负相关关系 ($P<0.01$);

表 6 - 4　自然因素与崩岗形态参数的 Pearson 相关系数 ($n=859$)

指标	面积	崩岗高度	崩岗坡度	崩岗朝向	斜边长	崩壁高度	崩壁宽度	崩壁倾角	主沟长度	主沟坡降	沟口宽度	支沟数量
年平均降雨量	0.026	-0.007	0.125**	-0.052	-0.011	0.020	-0.144**	-0.260**	-0.034	0.013	-0.068*	0.114**
年平均气温	0.207**	0.528**	0.193**	0.006	0.336**	0.436**	0.178**	0.211**	0.206**	0.254**	0.237**	0.270**
最大连续降雨量	0.210**	0.598**	0.326**	-0.081*	0.334**	0.498**	0.020	-0.130**	0.182**	0.315**	0.167**	0.304**
大于 30 ℃日数	0.185**	0.488**	0.160**	0.011	0.310**	0.399**	0.182**	0.225**	0.194**	0.234**	0.227**	0.228**
海拔	0.150**	0.144**	0.056	0.058	0.161**	0.155**	0.109**	0.206**	0.104**	0.033	0.123**	0.248**
坡度	0.002	0.451**	0.713**	-0.133**	-0.040	0.343**	-0.059	-0.028	-0.147**	0.539**	-0.023	0.060
坡向	-0.002	-0.078*	-0.137**	0.884**	0.018	-0.107**	0.013	0.044	0.033	-0.054	0.029	-0.019
坡长	0.640**	0.792**	-0.126**	0.017	0.873**	0.604**	0.443**	0.057	0.803**	0.146**	0.425**	0.469**
相对高差	0.496**	0.899**	0.286**	-0.057	0.670**	0.669**	0.299**	0.047	0.548**	0.433**	0.310**	0.398**
植被覆盖度	-0.046	-0.177**	-0.058	0.101**	-0.075*	-0.156**	-0.014	0.115**	-0.059	-0.053	-0.025	-0.032

相对高差除了与崩岗朝向和崩壁倾角没有显著的相关性之外（$P>0.05$），均与崩岗其他的形态参数呈极显著的正相关关系（$P<0.01$），这说明了地形条件与崩岗形态发育关系密切；植被覆盖度与崩岗朝向、崩壁倾角呈极显著的正相关关系（$P<0.01$），与崩岗高度、崩壁高度均呈极显著的负相关关系（$P<0.01$），同时与其他形态参数无显著的相关性（$P>0.05$），相关性系数均较小。

第七章
崩岗治理模式总结与效益评价指标体系构建

　　崩岗的土壤侵蚀强度大，治理难度大，若单纯靠工程措施或植物措施都难以达到稳定崩岗的目的。因此，治理中一方面用工程措施尽量排出坡面径流，拦沙滞洪，防止侵蚀沟进一步下切；另一方面植树种草，尽快恢复植被。崩岗治理应遵循生物措施与工程措施相结合，生态治理与经济开发相结合，措施高标准、后期重管护，当地政府牵头、充分调动民间的投入等原则。

　　依据崩岗的特征规律以及崩岗系统组成，其治理的思路应从以下五个方面考虑：营造集水区水土保持林，修筑截流排水工程措施；崩壁防崩塌，降坡稳坡；稳定崩积堆，营造崩岗体内部水土保持林；逐级拦截泥沙，抬高侵蚀基准面；乔灌草立体配置，迅速绿化。在崩岗的治理中，应将崩岗整体作为一个完整的系统，分析系统的物质、能量流动，统筹规划生物措施、工程措施及耕作措施，同时区别对待不同形态、不同活动性、不同大小崩岗的治理，针对集水区、崩壁、崩积堆、侵蚀沟及洪积扇各自的特点，有重点地治理每个部位，抓住关键点，做到有的放矢。此外，还要注重治理的综合效益，既要保证有效治理水土流失达到最优生态效益，又要争取创造合理可行的经济效益，促进农民的增收、经济的发展，以达到应有的社会效益，实现社会的可持续发展。总之，把各个部位的治理组合起来即能达到综合治理崩岗的目的。

　　本章从崩岗生态系统角度明确了崩岗的综合治理应遵循的规律，概括了崩岗综合治理特点和治理模式，通过文献分析、实地勘察、样品测定等方法来构建针对性的综合效益评价指标体系，建立基于综合效益的崩岗区适宜性评估指标、标准和方法，以期评价不同地区、不同治理措施的水土保持效益。

第一节 研究概述

一、崩岗治理的规划与设计

根据崩岗的特点与规律，应该遵循预防与治理并重的原则，合理确定崩岗治理目标、任务、步骤、模式、方法及保障措施。有了科学的规划与设计，才能高效完成治理任务，避免走弯路。规划与设计的要点是：以崩岗侵蚀区为治理单元，并细分到单一崩岗子单元，统一规划设计各种措施，以形成综合防治体系。

坡面防治体系为崩岗系统创造一个良好的生态环境，以获得防治崩岗的最大生态经济效益。坡面防治体系要最大限度减少崩岗集水区汇集的径流流入崩岗体内，尽量排走或就地入渗和利用，从而阻隔崩岗崩塌的能量来源，同时也能增强崩岗坡地的抗旱能力。为此，根据当地的土质及土地类型等特点，合理布设水土保持林草措施，修筑截流排水设施，将拦水、蓄水、用水有机地结合起来，形成综合的坡面防治体系。

坡面防治体系的设计要从崩岗的上部到下部、从沟头到沟口因害设防，层层阻挡，全面布置，因沟制宜，通过削坡开梯、修筑崩壁小台阶等方法降低崩壁坡度，消除不稳定的崩壁，逐级修筑谷坊、截流排水沟渠等措施以提高侵蚀基准面，拦蓄泥沙。在工程体系的基础上，依据崩岗立地条件，合理选择优良树种、草种，建立乔灌草（藤）立体配置体系，以一年生与多年生相组合、近期利益与长远利益相结合的原则，从崩壁上部到崩岗出口、由高处到低处营造一道道防冲林或经济林，建立沟道生物防治体系，最大限度地保持水土。

崩岗综合治理的设计应综合考虑生态发展规律，并遵循开放性、整体性、区域性和环境保护的原则，根据当地自然条件综合防治，治理与开发相结合，充分利用有限土地资源。如此规划与设计既能保证崩岗侵蚀区的治理成效，改善生态环境，还能促进当地农村经济的发展。

二、崩岗生态系统

每个崩岗生态系统均可分为生命系统和环境系统两大部分。两大部分相互融合、相互影响，是不可拆分的。

崩岗生命系统指崩岗侵蚀区内动植物、微生物等有生命的生物的集合。按在生态系统内部具有的功能可分成生产者、消费者及分解者三类。生产者扮演的是能量和物质进入崩岗生态系统的源头，包括所有的绿色植物及能进行光合作用的细菌。消费者扮演的是物质与能量转化的中间人角色。分解者能够分解各类有机体转化为简单有机物，并最终氧化为 H_2O 和 CO_2，无机物中的元素也相应地回归到环境中去，被生产者再度利用。如是循环，生生不息。

崩岗环境系统指崩岗侵蚀区内光、水、气、热、土、无机物和有机物的集合。环境系统是生态系统中所有生命活动的物质、能量的源泉，大气、水、岩石、土壤及各个生命代谢过程的环境要素是生命活动的重要基质。参与物质循环的各类无机物质有 C、N、P、K、Si、O_2、H_2O 等，而用于联结生物与环境两边的有机物质有腐殖质、蛋白质、糖等。光照、温度、风、湿度等组成环境系统的气候因素。

崩岗生态系统中各个基本组成部分是相互联系、相互制约的，而生物群落是崩岗生态系统的核心。生物群落的优劣决定了崩岗生态系统的能力、能量流动和外貌景观。崩岗侵蚀区的环境是生命活动的空间载体、资源前提，同样也是生命活动对生态环境作用的结果。

崩岗的治理过程即崩岗生态系统不断修复的过程。处于正常状态的生态系统是能够维持自身系统的平衡的，各个组成部分能按照一定的规律在一个平衡位置上做允许范围内的左右波动。崩岗生态系统则是一个处在非正常状态的受损的生态系统。受损生态系统可通过改建和重建来完成其恢复。崩岗侵蚀区的生态环境一般可认为处于极度退化生态系统阶段，在人工重建下是可以将其恢复到接近初始状态的。崩岗生态系统的恢复具体指通过一定的生物措施、工程措施等技术与方法，人工去改变或切断崩岗生态系统退化的主导因素与进程，优化系统的结构，使系统逐步恢复到或接近原有水平。

三、崩岗综合治理的特点

崩岗综合治理的特点主要包括：综合性、社会性、公益性、基础性及长期性。

1. 综合性 崩岗的发育规律、土壤侵蚀特点和崩岗治理的目的等多方面因素决定了崩岗治理具有综合性的特点。即崩岗侵蚀区为大的框架，以崩岗各个组成要素作为治理单元，沟渠、林草、道路、用地统一规划，各类措施综合应用，形成综合的防治体系，发挥措施的集群效应，实现生态、社会和经济效益三大效益最大化。实践表明，综合治理方式是崩岗治理的最有效的途径，任何单一的措施，均难以有效地治理好崩岗危害。尤其是崩岗侵蚀程度较严重的区域，应该采取工程措施治标、生物措施治本，标本兼治的方法，尽快减少水土的流失，迅速恢复地表植被，从根本上解决崩岗危害的问题。

2. 社会性 人类的生存与发展依靠水土资源。具有社会性的水土资源决定了崩岗综合治理具有社会性的特点，防治崩岗不可能脱离社会而孤立存在。在解决崩岗侵蚀区上游与下游的不同危害、人类活动与崩岗的关系等问题上，既需要充分考虑地区之间、经济活动之间的相互连接，统筹兼顾，还要约束各类经济活动，使其服从水土保持相关法律法规，更要依靠社会力量共同治理和开发。将崩岗治理纳入社会和谐发展的进程中来，是新时期生态建设的重要保证。

3. 公益性 崩岗综合治理主要考虑的是生态效益与社会效益，同时也要兼顾经济效益，而生态效益与社会效益均是广域上的。崩岗侵蚀区开展治理工作，恢复了当地的生态环境，减少了流向下游河道的泥沙，减轻了洪涝灾害，上游下游地区都受益，促进社会的可持续发展。水土保持部门在崩岗治理与开发过程中自身不形成自我的利益，而是为广大老百姓和社会经济发展服务的。客观上，水土保持部门用于防治崩岗的资金将主要由国家或地区政策性投入，所以崩岗的治理必须纳入国家经济发展计划，以保证能够得到国家资金的投入。

4. 基础性 崩岗综合治理能有效保护侵蚀区的水土资源，改善崩岗侵蚀区的生产生活条件与自然生态环境，促进社会的和谐可持续发展。综合治理不仅是当地社会经济发展的前提，而且是社会进一步发展的有力保障。

5. 长期性 崩岗危害的严重性与长期性决定了崩岗综合治理的长期性。我国现有崩岗约 23.91 万个，即使不计算新生成的崩岗，如果按每年治理 5 000 个崩岗，初步治理都需要 50 年之久。同时，随着我国经济的快速发展，各种工程的开发与施工，都有可能造成新的崩岗，而且治理崩岗本身就有反复性。另外，随着生活水平的逐步提高，人们对周围的环境要求也会慢慢提升，只有治理的标准也相应提升，才能满足大众的需求。

第二节　崩岗侵蚀区综合治理模式

崩岗在我国南方花岗岩区广泛分布，危害性大，治理难度大。水利部也相当重视我国南方崩岗的综合治理工作，《全国水土保持生态环境建设规划》将崩岗治理纳入南方崩岗地区治理工程和国家优先实施的工程项目。此外，南方各省（自治区）也有针对性地部署了崩岗治理的整体规划。2008 年 11 月，国家标准化管理委员会颁布了修订后的《水土保持综合治理 技术规范 崩岗治理技术》，并于 2009 年 2 月 1 日实施，该技术规范为我国科学防治崩岗危害提供了规范性指导，有利于崩岗综合治理的规划与实施。

早在 1977 年，有学者就中国东南部花岗岩地貌与水土流失问题提出"崩山削级，台阶绿化，级内开坑，坑内造林"综合治理办法（曾昭璇等，1977）。目前总结了一套较为经典的治理方案，即"上拦、下堵、中削、内外绿化"。①上拦，即在崩岗周围坡地（集水区）实行封禁治理，同时在集水坡面上营造一定宽度的植物保护带，修筑截水沟、竹节水平沟等沟头防护措施，拦截集水区汇集的大量径流并将其引排到其他安全区域，从而阻断径流流入崩岗体，防止冲刷崩壁导致崩壁倒塌。②中削，即将陡峭的崩壁、崩积体等由上到下修筑台地或修筑等高条带，以减缓崩壁坡度或使崩壁台阶化，消除崩岗崩塌的隐患，从而减少崩塌稳定崩壁，创造绿化崩岗内部的条件。③下堵，即在崩岗出口处修建拦挡措施（谷坊等），起到抬高崩岗侵蚀基准面、拦截泥沙、稳定崩脚等目的。④内外绿化，指在工程措施的基础上，配套相应的生物措施，以迅速绿化崩岗，达到标本兼治的目的。

大量研究得出：采取生物措施与工程措施相结合是目前治理崩岗最有效且合理的办法。在工程措施中沟头防护工程与沟谷防护工程的合理布设十分重要，沟头防护工程以截水沟为主要形式，沟谷工程则以拦沙坝、谷坊为主要形式，同时应根据不同的崩岗部位及其所处环境，选取适宜的植物种类，具体布设时应合理搭配，包括沟头植物措施、崩壁植物措施、沟谷植物措施、洪积扇植物措施和崩坡植物措施（黄志尘等，2000）。只有因地制宜、合理搭配两大措施才能最终根治崩岗危害。

崩岗按形态可划分为条形、瓢形、弧形、爪形及混合型五类；按规模大小可分为小型、中型和大型三个等级；按发育程度分为活动型和相对稳定型；按发育阶段可分为初期崩岗、活跃期崩岗和稳定期崩岗。不同发育阶段的崩岗在防治措施的布设上有不同的针对性，需要按照崩岗侵蚀发育阶段合理安排综合防治措施。崩岗的土壤侵蚀强度大，治理难度大，若单纯靠工程措施或植物措施都难以达到稳定崩岗的目的。因此，治理中一方面用工程措施尽量排出坡面径流，拦沙滞洪，防止侵蚀沟进一步下切；另一方面植树种草，尽快恢复植被。针对不同发育阶段的崩岗，按其特征和适用性对应总结不同的崩岗侵蚀治理模式，以期为构建具有明显生态效益、经济效益、惠及民生的小流域综合治理和社会经济协调发展的崩岗区生态系统恢复重建提供总体思路和技术策略。

一、生态防护型治理模式

发育初期、崩口规模较小的崩岗，物种的种类和数量随着侵蚀的加剧在逐渐下降，植被覆盖度等也逐渐减小，此类崩岗的治理关键应是拦截坡面径流，预防坡面水流再次导致崩壁土体的坍塌，修建谷坊保护沟道，结合林草措施，通过植被绿化和坡面防护技术尽快固定崩口，以营造良好的生态环境，达到工程建设和生态保护兼顾的目的。

发育初期崩岗集水区面积较大，降水尤其是集中降雨和暴流形成的径流，易对崩岗产生下切侵蚀而加速崩岗崩塌，因此，集水坡面的治理是发育初期崩岗治理的重点。考虑每个崩岗坡面的立地条件不同，可选择种植浅根根系发达的灌、草类（如芒萁、百喜草和胡枝子等）搭配乔木栽植乔-灌-草多层次的水源涵养林，或刈割取材、种植护坡薪炭林，一方面可加强表土强度，增大土体的抗蚀性，另一方面可拦截、滞留降雨，削弱形成崩塌的水动力条件；工程措施方面尽可能设排水沟，排出径流，减少跌水。崩积堆的土体结构疏松且地表裸露，缺乏植被保护，防止崩积堆再侵蚀也是防止崩壁不断向上坡崩塌、沟道不断下切侵蚀的重要环节。发育初期的崩积体可进行整地，填平侵蚀沟，混种间距适宜根系发达的香根草、芒萁、糖蜜草，再结合材质较硬、耐水湿、抗洪涝的藤枝竹造林，起到涵养水源、保护生态的作用。沟道部分选择在关键部位修建谷坊，以拦蓄泥沙；当沟底宽且石英砂层较薄时，宜种植香根草带，草带间套种绿竹和麻竹；沟底窄且石英砂层较厚时，改种耐旱瘠的藤枝竹；需要注意的是，沟底的土壤有机质含量较低，种植植物时，均需客土以提高成活率。

广东省乌陂河小流域和大冲河小流域采取在集水坡面种植混交林，增加植被覆盖度，开挖截排水沟，拦截分散径流；部分崩积堆开挖反坡平台，同步进行植被覆盖；沟道、洪积扇区客土施肥，种植生长周期短、适应能力强的草种等技术措施。其中，大冲河小流域结合乡镇规划要求，修建了拦沙坝等对供电、通信设施进行恢复重建，以工程护生物，取得了一定的生态效益和环境效益，实现了人与自然和谐共处。赣县上塘小流域对于植被覆盖较好或交通不便、远离村庄的崩岗群，以治坡、降坡、稳坡三位一体的模式，种植景观林草植被，实现生态防护（图7-1、图7-2）。

图7-1　工程措施＋生物措施生态防护型治理模式前（在）后（右）对比照

图 7 - 2　赣县上塘小流域生态防护型综合治理园区

二、产业经济型治理模式

崩岗发育最旺盛的阶段也是防治最困难的时期，侵蚀区域的植被稀少、物种变化大，从坡面、崩壁、沟道再到洪积扇的土壤性质差异较大，急需规划治理。治理的关键可总结为坡面拦水降压、崩壁稳定保护、沟道设小型拦沙坝或大型谷坊以拦堵泥沙、沟口内外绿化恢复植被，通过有效利用土地资源，集成开发形成具有当地特色的产业经济。

对活动强烈、发育盛期的崩岗，不强行通过人工措施制止其发育，而是将治理重点放在防止其造成的危害上，一般采取在崩岗顶部及两侧开挖截排水沟及竹节水平沟等泄水式沟头防护工程，对进入崩岗的水流进行拦蓄，减少径流对崩壁的进一步侵蚀而扩大崩塌的范围。在条件许可时，崩积体部位 25° 以下的坡地可实施削坡开级，从上到下修成反坡台地或修筑成等高条带，截短坡长，减缓坡度或台阶化，为种植经济林木、果树及开展农业生产创造有利条件。其中，针对削坡开梯后斜坡坡面土壤侵蚀严重的问题，相关学者做了黄麻土工布护坡的探索研究，通过长期室外径流观测，进行了黄麻土工布保持水土的研究，发现黄麻土工布可增加地面覆盖度，减少溅蚀，阻挡和分散流水，且能提高植物的出苗速度和栽植成活率，有助于迅速建立植被，并在高温干旱地区和平地漫坡地上均适用，此类研究在增加坡面地表覆盖度、提高农业经济效益方面起着重要作用。实施工程治理的同时，需采取科学的生物措施，植树种草、育林绿化是崩岗治理的根本措施，反坡台地搭配经果林的综合治理模式对于活跃期和稳定期的崩岗均适用，但由于初期的投入耗资较大，要求集约开发，获取更大的经济效益。25°以上的坡地应退耕植树种草，水土条件好的台地上种植长势快的经果林，或修建种植以乔、灌、草多层次结构搭配的水土保持林，推崇经济效益较高的绿竹或者麻竹结合种草的有效开发性治理模式。活跃期的崩岗活动性强，在沟口处修建谷坊或拦沙坝，巩固和抬高侵蚀基准面，在堤坝内外种树种草，沟底铺设柴草、芒萁、草皮等，使崩塌面逐步稳定。谷坊的修建一般选取在沟口狭窄、基础坚固的地方，修建谷坊时花费较大，故一般在关键部位修建，如若沟道较长，可修建梯级谷坊群，以自上而下原则分段拦截。洪积扇的治理建议以竹草为主，土质坚实的地方可修建拦沙坝，尤其注意在修建拦沙坝和谷坊时，顶部和侧坡配合种植牧草或铺设草皮，用以保护工程安全。

以福建省清流县益晟、滕头园林项目区为例，对于治理难度大、发育强烈的崩岗，利用工程机械强烈削坡，推平整成台地或梯田，配置排水系统与挡土墙设施，生物措施方面选取种植罗汉松、红枫、紫薇和山茶等20余种具有观赏价值且易于生长的苗木。项目区于2008年3月开始整地，翌年春季种植，经过五年精心培养，益晟、滕头园林项目区在清流县各拥有140多 hm² 和330多 hm² 的种植面积，同时带动周边农户种植苗木获得增收；从治理效益评价上看，各项效益均达良好水平，实现了将水土流失治理与农业生态发展相结合的"产业经济型"治理模式。赣县区2017年山水林田湖生态保护修复工程金钩形项目区，按照"尊重自然、顺应自然、保护自然"的理念和"山水林田湖是一个生命共同体"的认识，贯彻落实"让崩岗长青树，叫沙洲变良田"的指示，将"治山"和"理水"有机结合起来，固好山上土，集净山间水，保护山下田。因地制宜地应用新技术、新材料、新的科技成果，筛选水保景观树草品种，让山体植被茂盛，水系有序灵动，田间作物盛产，有效恢复良好生态景观环境，变"烂山地貌、生态溃疡"为"绿水青山、金山银山"，实现崩岗治理示范与科研科普相结合、生态价值体现与乡村振兴的有机结合（图7-3、图7-4）。

三、修复完善型治理模式

发育稳定期的崩岗，水土流失已基本控制，生态平衡逐渐恢复，在防治上主要依靠崩岗生态系统的自我修复功能，一般不实施比较大的工程措施；发育相对稳定的崩岗，因其基本无新的崩塌产生，且有一定的植被覆盖，故以修复完善为主。此类崩岗治理的关键在于采取各类封禁保护性防治措施，消除崩岗的潜在危害，避免人为对地表植被的破坏，确保崩岗持续稳定恢复。

图 7-3　工程措施＋生物措施产业经济型治理模式前（左）后（右）对比照

图 7-4　赣县金钩形小流域生态经果林产业示范区

　　发育稳定期的崩岗沟头基本已切过分水岭，此时坡面的治理对于崩岗侵蚀已无较大作用，应把重点放在崩积体、沟道和洪积扇的治理上。稳定期崩积体面积较大、坡度缓，可对崩壁和崩积体进行削坡，运用"削坡开级＋小型谷坊＋植树种草"的系统性生态恢复治理手段，通过试种（如马尾松、湿地松、马占相思和绢毛相思等具有速生特点的树种）找出适合在崩岗侵蚀劣地生长的先锋树草种，选择性栽植，减弱崩岗侵蚀对土壤水分亏缺的胁迫。当有多条沟道在同一沟口汇聚时，应修建谷坊（如沙袋谷坊、石谷坊和生物谷坊），抬高侵蚀基点，变荒沟为生产用地。崩岗洪积扇的水分条件相对较好，但养分含量低、土壤沙化严重，采用适宜的培肥方式（如塘泥、化肥、生物肥、农家肥、沼液肥或种植绿肥等），改良土壤，增强土壤保肥能力，相应地可辅以排沙沟等工程措施或物理移沙，再以植物措施与耕作措施为主，选用符合立地条件的土地利用方式（包括水田、林地、菜地、果园），提高群落生产力，加快植被恢复进程。

　　江西省赣县白鹭乡上塘小流域针对发育晚期的崩岗实施了典型的"封禁恢复型"治理模式，利用南方红壤区雨热充足的特点，在坡面种植了草灌乔结构的先锋植物，设置了面积大小为 4 km² 的封禁区，充分应用生态系统的自我修复功能，促进植被恢复，针对生态退化相对严重的地区，通过削坡整平，开发了生物科技研发园区。类似的示范区经过综合治理，均提高了土地生产率，对当地的农业发展和经济产出产生了深远的影响。赣县上塘小流域针对被大户开发利用后二次崩塌的崩岗，以平整梯地田面、崩塌区，恢复林草植被，完善蓄排水系统为主，营造健康生态的生产环境（图 7-5）。

图 7-5　赣县上塘小流域修复完善型治理模式前（左）后（右）对比

第三节　崩岗侵蚀区治理效益指标评价体系

针对南方崩岗治理中存在的共性问题，综合权衡不同发育阶段崩岗的侵蚀规律、土壤结构、土壤肥力、植被恢复特征及社会经济发展等因素。以江西省赣县金钩形小流域内的崩岗为研究对象，通过文献阅读、问卷调查、土样采样、样品分析等试验，研究生态防护型治理模式下崩岗不同植被类型土壤各性质参数的变化规律，并结合数据分析在不同植被类型下土壤抗剪强度变化以及土壤质量的特征；在分析不同崩岗治理技术与模式效益评价指标的基础上，建立基于综合效益的崩岗区适宜性评估指标、标准和方法，对三种不同治理模式崩岗进行适宜性评估。

对 1999—2019 年从 CNKI 核心数据库中收集到的 886 篇文献进行分析，发现 1999—2005 年有关水土保持效益评价的文献较少，在 2005 年后开始呈现快速上升趋势，在 2011 年发文量最高为 71 篇，2013—2018 年呈现出逐渐减少的趋势，但在 2019 年有所上升（图 7-6）。

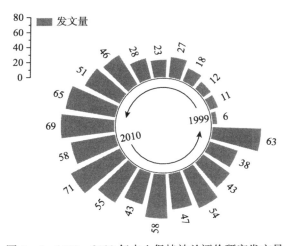

图 7-6　1999—2019 年水土保持效益评价研究发文量

根据研究目的和热点筛选出 84 篇着重阐述水土保持效益评价指标体系方面的文献，利用 Excel 对文献中选用的指标进行统计，按作者、文献名称、发表年份、评价方法统计出生态、经济、社会、防洪减灾等不同方面的 161 个常用指标，通过 Python 的 Anaconda 来计算两两指标在同一篇文献中出现的次数，共统计了 25 761 次，筛选得到 2 107 条有用的边数据。将指标节点数据和边数据导入 Gephi 9.2，构建指标关系网络图（图 7-7）。

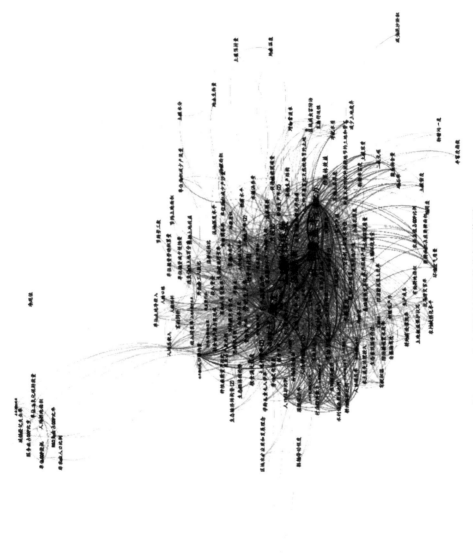

图 7 - 7　水土保持效益评价指标网络图

　　崩岗治理后受影响的区域通常划为以下两部分：崩岗侵蚀的主体范围称为侵蚀治理区，通过生态效益来反映，调查崩岗治理后在改善当地生态生活环境、增加植被覆盖度及降低土壤侵蚀方面带来的成效；下游影响区则为崩岗治理主体周围由于崩岗治理后受影响的区域社会环境，通过经济效益和生态效益来反映，调查治理后崩岗对当地社会环境产生的积极影响，以及区域重建后所产生的经济效益，包括各项措施投入后所获得的经济回报等。因此，本研究将生态、经济和社会效益作为崩岗治理后的评价指标。

　　根据指标网络图结果、结合三种不同治理模式崩岗的特点和评价目的，通过文献资料收集及现状调查，以及一定的统计方法，针对三种不同治理模式崩岗，建立效益评价指标体系。水土保持治理效益中常用指标统计如表 7-1 所示。

表 7-1　水土保持治理效益中常用指标统计分析

生态效益		社会效益		经济效益	
指标	使用频次	指标	使用频次	指标	使用频次
植被覆盖度	65	恩格尔系数	22	人均纯收入	33
土壤侵蚀模数	53	农产品商品率	18	劳动生产率	25
径流系数	41	人均耕地面积	18	产投比	23
治理度	36	土地利用率	18	投资回收期	21
土壤肥力指数	32	人均粮食产量	17	土地生产率	21
生物多样性	16	人口容纳量	14	粮食单产	14
水土流失面积比	12	灾害防护率	9	净效益	13
减蚀模数	9	土地利用结构	8	总产值	12
蓄水降雨水平	9	粮食满足程度	7	农业总产增加	11

一、生态防护型崩岗侵蚀治理的效益评价指标体系

　　生态防护型治理模式，主要适用于发育初期侵蚀规模较小的崩岗（图 7-8）。此时的崩岗，植被覆盖度、物种的种类和数量在逐渐减少，由于降雨易造成集水区的崩塌，为拦截径流，预防其再次崩塌，可以通过林草措施和坡面防护来治理，注重崩岗侵蚀区的植被恢复。该类型治理模式的崩岗所产生的效益以生态效益和社会效益为主，因此，对该类型的崩岗进行指标选取时着重于选取有关生态效益方面的指标。

图 7-8　赣县上塘小流域生态防护型治理模式崩岗

由表 7-2 可知，对于生态防护型治理模式的崩岗，通过植被覆盖度和土壤侵蚀模数的变化，既能够直观地反映治理后的生态环境变化，也可以间接地反映崩岗侵蚀治理后的水土流失现状。通过径流模数和土壤肥力指数的变化，能够反映出崩岗治理后土壤肥力的变化以及治理后的保土作用。

表 7-2　生态防护型崩岗侵蚀治理综合效益评价指标体系

目标层（A）	准则层（B）	指标层（C）
		径流系数（C1）
		土壤侵蚀模数（C2）
	生态效益（B1）	植被覆盖度（C3）
		土壤肥力指数（C4）
综合效益（A1）		年人均纯收入（C5）
	经济效益（B2）	产投比（C6）
		投资回收期（C7）
	社会效益（B3）	恩格尔系数（C8）
		土地生产率（C9）

二、产业经济型崩岗侵蚀治理的效益评价指标体系

产业经济型治理模式，主要适用于活动强烈、发育盛期的崩岗，此时崩岗的植被覆盖度以及生物多样性急剧减少，崩岗各部位侵蚀剧烈（图 7-9）。该类型崩岗仅仅应用生物措施较难治理，一般选择利用一些工程措施，如削坡开级、种植农业经济作物等。不仅能够治理崩岗的侵蚀，同时能够为当地居民产生一定的经济效益，促进当地的发展。该类型治理模式的崩岗所产生的效益以经济效益为主，因此，对该类型崩岗进行指标体系构建时着重于选取有关经济效益方面的指标。

图 7－9　赣县金钩形小流域产业经济型治理模式崩岗

　　由表 7－3 可知，对于产业经济型治理模式的崩岗，通过投资回收期和产投比的变化，能够反映出当地的产业发展情况和经济状况。人均纯收入和劳动生产率的指标状况，可以反映出崩岗治理后的土地质量状况以及当地人民在崩岗治理后的经济和生活状况的变化。

表 7－3　产业经济型崩岗侵蚀治理综合效益评价指标体系

目标层	准则层（B）	指标层（C）
		土壤肥力指数（C1）
	生态效益（B1）	土壤侵蚀模数（C2）
		植被覆盖度（C3）
		劳动生产率（C4）
综合效益（A2）	经济效益（B2）	年人均纯收入（C5）
		产投比（C6）
		投资回收期（C7）
		恩格尔系数（C8）
	社会效益（B3）	土地生产率（C9）

三、修复完善型崩岗侵蚀治理的效益评价指标体系

　　修复完善型治理模式，适用于发育稳定期的崩岗，此时崩岗的水土流失基本已经控制，崩岗也开始自我修复，植被逐渐恢复（图 7－10）。应采取封禁保护治理，使其自身稳定恢复。针对侵蚀较为严重的地区，可以通过削坡整平，种植相应的农作物或景观植被，发展相应的产业。该类型治理模式的崩岗所产生的效益以社会效益和生态效益为主，因此，对该类型的崩岗进行指标选取时着重于选取有关社会效益和生态效益方面的指标。

图7-10　赣县金钩形小流域修复完善型治理模式崩岗

由表7-4可知，对于修复完善型治理模式的崩岗，治理后的崩岗不仅对当地的生态环境产生了影响，也要对当地的社会经济条件有适当的改善，发展当地特色产业，同时使农民的生活水平相对提高。恩格尔系数是衡量一个家庭或一个国家富裕程度的主要标准之一。因此，将恩格尔系数、土地生产率和农产品商品率作为评价的指标，能同时反映崩岗侵蚀治理后对当地人民产生的经济和社会效益。

表7-4　修复完善型崩岗侵蚀治理综合效益评价指标体系

目标层	准则层（B）	指标层（C）
		径流模数（C1）
	生态效益（B1）	土壤侵蚀模数（C2）
		植被覆盖度（C3）
		投资回收期（C4）
综合效益（A3）	经济效益（B2）	年人均纯收入（C5）
		产投比（C6）
		农产品商品率（C7）
	社会效益（B3）	恩格尔系数（C8）
		土地生产率（C9）

第八章

崩岗治理区土壤质量恢复特征

　　土壤质量是农业生态系统的众多组成部分之一，是维持可持续生产能力、环境净化能力的集中体现，常被用来作为评价土地生产力的依据。崩岗造成的水土流失，导致土壤养分流失严重，加上自然因素和人为因素导致的土壤退化，使得土壤质量大幅度降低，对地方生态环境和经济发展带来了严重的挑战。因此，了解崩岗的土壤质量恢复规律，对崩岗进行科学治理显得尤为重要。不少学者从侵蚀成因方面，探索治理崩岗的技术措施，发现各地区崩岗治理措施自成体系，缺乏对治理后实施效果进行评估，使得一些治理工程中的崩岗在短期内出现再次崩塌现象，造成二次危害。植被作为生态恢复中较敏感的环境要素，能够直观地反映自然环境现状，植被措施被广泛用于水土流失治理，以增加表层土壤的强度、土壤的抗侵蚀能力来减少土壤侵蚀。植被能够通过拦截部分降雨和径流，来减少表面土壤流失，增加入渗率；还可以通过凋落物和根的输入有效地改善地下生态系统，改善土壤物理结构并增加土壤生物量和生物活性，对土壤肥力的改善是耕地可持续经营的重要条件。本文根据先前的调查研究，对总结的生态防护型、产业经济型及修复完善型三种不同治理模式崩岗进行分析，探究其土壤理化性质、抗剪切能力的变化趋势，揭示不同植被类型下崩岗土壤质量的恢复情况，从而评价不同治理模式崩岗的综合效益。研究结论对于探究崩岗治理后的区域生态环境恢复与保护过程具有重要意义。

第一节　典型治理区样点调查

　　试验区位于赣州市赣县北部的金钩形小流域（26°10′N—26°13′N，115°9′E—115°13′E），地处亚热带湿润季风气候区，气候温暖、雨量丰富。多年平均气温为 19.3 ℃，多年平均降雨量为 1 476 mm，主要集中在 4—7 月，约占全年降水量的 50%，且大部分时间以暴雨的形式出现。地貌类型 60% 左右为丘陵，主要分布在研究区河谷两侧，其余主要为河谷平地。土壤类型以红壤为主，主要分布在海拔 200～400 m 的山坡上，土壤酸性偏强、质地粗糙、沙砾含量高，一旦发生暴雨，在强地表径流的冲刷下，极易造成严重的水土流失，造成该地区植被遭到严重破坏，进而发展成崩岗。研究区包括田村镇、白鹭乡、南塘镇、三溪乡、吉埠镇、江口镇、石芫乡等乡镇。据统计，区内总人口 51 200 人，农业产业结构不尽合理，农业生产占主导地位，农民收入以种植业为主，2017 年农民人均纯收入 6 865 元，比平均水平 7 568 元低 703 元。粮食作物占较大优势，经济作物、林果产值比重较小，经济结构单调。粮食作物主要以水稻生产为主，经济林果主要以脐橙、柑橘、梨、油茶等为主。经济林果发展潜力在于通过营造木荷、枫香、湿地松等水保林，大力发展脐橙、梨、油茶等，治理水土流失的同时发展研究区经济。赣县的崩岗治理起步较早，在 20 世纪 50 年代初期就开展了大规模的群众性治理，治理效果较好。进入 90 年代后，赣县加大了崩岗治理力度，坚持植物措施与工程开发相结合的原则，开展了崩岗综合治理与开发示范推广，取得较好的成效。但全区仍有 4 138 座崩岗亟待整治，崩岗危害极其严重。在前期调查研究的基础上，根据崩岗的发育阶段和治理特点，归纳总结了三种不同治理模式的崩岗（生态防护型、产业经济型、修复完善型）（表 8-1、图 8-1），选取 7 个生态防护型治理

表 8-1 不同治理模式崩岗的基本情况

治理模式	措施实施年份	经度	纬度	海拔/m	主要植被类型
生态防护型	2010	115°11′00″E	26°12′01″N	210	宽叶雀稗、油茶
产业经济型	2007	115°11′31″E	26°12′15″N	220	柑橘、杨梅、油茶等
修复完善型	2000	115°11′01″E	26°11′39″N	198	马尾松、铁芒萁、杉木等
CK	—	115°11′35″E	26°12′08″N	210	马尾松、铁芒萁等

图 8-1 不同治理模式崩岗样地

模式后的崩岗，该治理模式特点为发育初期、崩口较小的崩岗，主要通过拦截坡面径流和修建谷坊保护沟道，在原地貌的基础上，通过人工种植农作物、坡面防护技术结合林草措施，构建良好的生态环境（表8-2、图8-2）。在此基础上，选取流域内毗邻的三种不同治理模式的崩岗。所选崩岗，均未通过机械重新堆积，能代表崩岗土壤的基本信息。

表8-2　生态防护型崩岗不同植被类型下的土壤基本特征

样点	植被类型	位置	海拔/m	恢复时间/年	主要植物
NF30	林地	115°11′00″E 26°12′01″N	198	30	湿地松＋木荷
RA13	柑橘地	115°11′31″E 26°12′15″N	220	13	甜橙
RA10	柑橘地	115°10′59″E 26°12′17″N	195	10	甜橙
RA8	柑橘地	115°11′24″E 26°12′12″N	224	8	甜橙
RS9	灌木地	115°11′11″E 26°12′00″N	212	9	茶树
RS3	灌木地	115°11′04″E 26°12′22″N	200	3	茶树
AG2	草地	115°11′38″E 26°11′59″N	203	2	宽叶雀稗
EA	—	115°11′35″E 26°12′08″N	210	—	铁芒萁＋马尾松

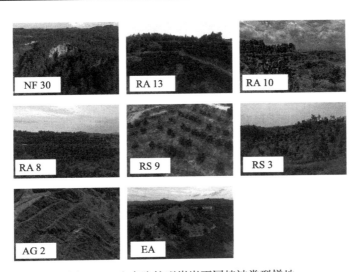

图8-2　生态防护型崩岗不同植被类型样地

项目区通过治理，变成可利用的耕地，按作物种植情况，2018年7月分别采集7个生态防护型崩岗以及三种不同治理模式崩岗的坡上、坡中和坡下表层土壤（0～20 cm）。采样点的布设主要考虑3个方面：一是采样点的土壤为崩岗原状土，未通过机械重新堆积，能代表崩岗土壤的基本信息；二是土壤样品能够反映对象的真实情况，具有代表性；三是样点获取较便利。土壤样品采集时按照S形采集，对三个部位各选取3～5个样点，一共156个样点，每个样点采取3个100 cm³普通环刀样、12个60 cm³直剪环刀样，最后采取1～2 kg混合散土样装入自封袋密封后带回实验室。室内通风阴干，待完全风干后根据土壤理化性质分析样品要求，剔出土壤中作物根系、杂草等，分别过筛，密封贮藏备用。同时，记录每个采样点的位置、高程、植被类型及措施实施年限等多项参数。

土壤侵蚀模数和径流系数指标通过查阅相关县区崩岗治理、水土流失与降雨特性关系以及农村经济发展方面的资料与文献，梳理水土流失治理、典型降雨径流系数等信息。其他社会经济指标主要以社会问卷调查的形式为主，在详细了解当地的实际情况并查阅相关治理项目设施后，于研究区内开展农户调查，调查范围包括杨梅村、大塘村、上塘村、白鹭村、桃溪村、吉塘村6个村庄。同时，在当地水土保持相关单位查阅崩岗侵蚀治理、农村经济发展方面的材料，收集调查问卷，用以分析区域内生态治理修复工程对周围农户的社会经济影响。问卷内容主要包括家庭人员组成、家庭年人均收入、粮食产量、农产品商品率，以及研究区治理技术等相关情况。做到逐人逐户实地调查，确保获取的基础数据具有真实性、客观性和说服性。

第二节　典型崩岗治理区土壤抗剪强度

土壤作为植物生长的物质基础，其养分含量直接影响了植物的生长发育，进而影响作物的产量和品质。由表8-3和图8-3可知，崩岗治理前后土壤基本性质存在显著差异。林地（NF30）的沙粒含量（7.31%～15.82%）和柑橘地（RA13）的粉粒含量（32.47%～45.85%）均显著低于其他样地，草地（AG2）的黏粒含量最低。土壤容重变化范围在1.12～1.56 g/cm³，与机械组成呈现相反的趋势。林地的土壤容重显著低于草地（$P<0.05$），而土壤含水量显著高于其他样地（$P<0.05$），并且林地最大值是草地最小值的2.25倍。土壤饱和导水率的变化范围为0.01～0.13 cm/min，与侵蚀区相比，林地、柑橘地和灌木地的土壤饱和导水率均显著提高。其中，以林地的土壤饱和导水率值最高为0.13 cm/min。

表8-3　生态防护型崩岗不同植被类型土壤物理性质统计参数

物理性质	NF30				RA13				RA10				RA8			
	最小值	最大值	平均值	标准差	最小值	最大值	平均值	标准差	最小值	最大值	平均值	标准差	最小值	最大值	平均值	标准差
BD/(g/cm³)	1.12	1.22	1.20c	0.03	1.14	1.32	1.23c	0.06	1.21	1.34	1.27bc	0.05	1.20	1.40	1.27bc	0.06
CP/%	45.83	54.43	49.20a	3.80	41.50	52.75	46.16ab	4.18	43.85	49.15	47.07ab	1.82	42.58	51.22	46.79ab	3.00
TP/%	49.36	56.96	53.61a	3.09	46.36	49.66	48.27bc	0.94	46.46	53.24	50.14ab	2.67	45.50	52.75	48.69bc	2.64
WC/%	20.00	25.47	22.09a	1.89	18.77	22.75	20.65ab	1.56	17.74	22.03	19.93ab	1.47	16.54	20.57	18.37bc	1.35
K_s/(cm/min)	0.11	0.13	0.12a	0.00	0.08	0.12	0.10b	0.01	0.07	0.09	0.08c	0.01	0.06	0.09	0.07cd	0.01
$Clay$/%	38.34	49.17	42.27ab	4.32	37.48	51.41	45.92a	5.99	22.81	33.04	27.75bc	3.90	21.72	33.02	27.92bc	4.36
$Silt$/%	36.54	53.22	45.77cd	6.70	32.47	45.85	38.02d	4.63	38.51	60.73	51.20cd	9.00	49.99	66.95	57.39bc	6.17
$Sand$/%	7.31	15.82	11.96a	2.93	6.55	23.30	16.06a	5.45	16.47	29.45	21.05a	5.52	11.31	22.95	14.66a	3.67
物理性质	RS9				RS3				AG2				EA			
	最小值	最大值	平均值	标准差	最小值	最大值	平均值	标准差	最小值	最大值	平均值	标准差	最小值	最大值	平均值	标准差
BD/(g/cm³)	1.34	1.43	1.40a	0.04	1.34	1.53	1.40a	0.04	1.35	1.50	1.44a	0.04	1.20	1.56	1.36ab	0.12
CP/%	41.66	50.38	45.18ab	3.68	42.66	46.48	43.75ab	1.16	38.75	45.27	42.72b	2.60	39.66	44.49	42.45b	1.86
TP/%	43.72	46.73	45.27cd	1.07	42.63	45.86	44.14d	1.20	40.65	45.37	43.02d	1.82	40.45	44.86	42.25d	1.62
WC/%	16.00	20.11	17.93bc	1.58	11.81	18.49	15.46cd	2.26	11.34	16.87	14.04d	2.11	11.65	16.13	14.06d	1.35
K_s/(cm/min)	0.05	0.07	0.06d	0.01	0.04	0.07	0.06d	0.01	0.04	0.05	0.04e	0.00	0.01	0.06	0.04e	0.02
$Clay$/%	25.36	39.61	33.01ab	5.90	21.18	52.35	34.78ab	12.64	1.57	5.00	2.94d	1.39	1.92	30.94	14.87cd	11.66
$Silt$/%	33.46	62.76	47.38cd	10.23	35.02	52.00	43.69cd	7.50	75.99	88.58	81.68a	3.92	57.82	93.71	71.35ab	15.55
$Sand$/%	11.88	28.88	19.61a	5.52	12.63	31.63	21.54a	5.95	9.17	22.33	15.38a	4.55	4.36	24.42	13.79a	7.47

注：NF30表示崩岗侵蚀后自然恢复30年灌木林；RA13、RA10、RA8表示治理后崩岗种植13年、10年、8年柑橘地；RS9、RS3表示治理后崩岗种植9年、3年崩岗治理后种植草地；AG2表示崩岗治理后种植13年崩岗种植草地；EA表示崩岗侵蚀区。BD, 容重；CP, 毛管孔隙度；TP, 总孔隙度；WC, 土壤含水量；K_s, 土壤饱和导水率；$Clay$, 黏粒含量；$Silt$, 粉粒含量；$Sand$, 沙粒含量。

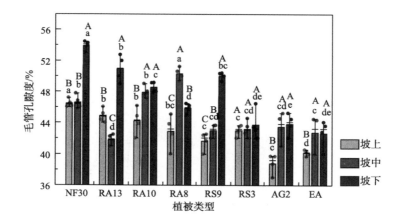

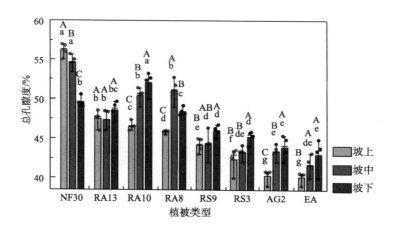

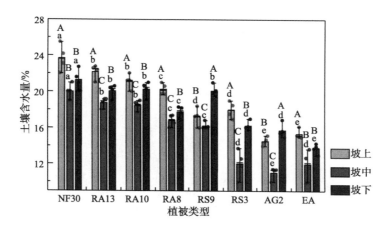

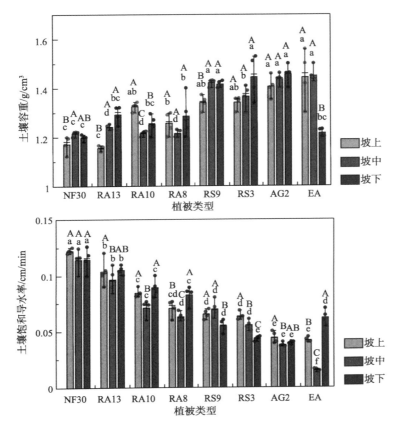

图 8-3　崩岗不同植被类型下各部位土壤物理性质变化

注：图中点为同一植被类型下同一位置经过多次测量的实测值，柱状图为实测值的平均数。下同。

土壤物理性质随空间部位的变化而呈现出不同的变化趋势，坡上的容重最低，为 1.31 kg/m³，土壤含水量最高（19.23%），土壤容重最小值为 1.12 kg/m³。坡中的粉粒含量最高，黏粒含量（26.88%）较低，导致坡中土壤质地与其他部位相比较差。总孔隙度在坡上最低（47.42%），此时的土壤饱和导水率最高（0.08 cm/min），表明孔隙分布对土壤的水分入渗状况有影响。

土壤养分在土壤表面的积累是植物和土壤生物调节的生物过程以及大气与生物化学过程相互作用的结果。由表 8-4 和图 8-4 可知，不同植被类型下土壤 pH 之间无明显变化，范围在 3.95~5.96，呈现中-强酸性。草地土壤养分状况最差，有机质含量最低（4.59 g/kg），土壤保肥保水能力差。除草地外，林地、柑橘地和灌木地的土壤全磷、有效磷含量都显著大于侵蚀区，其中林地最大，在 0.64~0.80 g/kg、55.23~70.13 mg/kg。一般来说，土壤阳离子交换量是土壤肥力和养分保持能力的指标。土壤阳离子交换量在柑橘地和灌木地中无显著差异，在侵蚀区最低，为 4.23~7.21 cmol/kg。全氮、碱解氮含量和阳离

表8-4 生态防护型崩岗不同植被类型土壤化学性质统计参数

化学性质	NF30				RA13				RA10				RA8			
	最小值	最大值	平均值	标准差	最小值	最大值	平均值	标准差	最小值	最大值	平均值	标准差	最小值	最大值	平均值	标准差
TP/g/kg	0.64	0.80	0.73a	0.06	0.54	0.61	0.58b	0.03	0.41	0.50	0.46c	0.03	0.26	0.42	0.33d	0.06
AP/mg/kg	55.23	70.13	60.28a	4.79	37.88	73.50	53.07a	11.22	35.04	47.97	41.57b	5.16	32.06	39.88	34.81bc	3.14
TN/g/kg	0.77	0.98	0.90a	0.10	0.64	0.72	0.68b	0.03	0.49	0.60	0.56bc	0.04	0.41	0.51	0.44c	0.05
AN/mg/kg	70.96	79.23	75.67a	2.78	52.29	76.17	63.09b	9.31	35.84	51.01	45.02c	4.92	27.69	51.06	42.05c	9.21
pH	4.40	4.70	4.57bcd	0.11	3.95	4.67	4.28d	0.29	4.45	4.95	4.64bcd	0.19	3.99	4.71	4.33cd	0.26
CEC/cmol/kg	10.69	18.07	14.67a	2.86	10.31	14.64	12.41a	1.67	7.99	12.79	9.58b	1.41	7.57	9.72	8.34bc	0.91
OM/g/kg	14.33	16.18	15.12a	0.64	9.29	15.16	12.63ab	2.07	9.23	14.17	11.60b	1.50	6.74	12.35	9.61b	1.47
AK/mg/kg	163.38	189.64	179.65a	10.41	151.75	173.98	165.28ab	8.42	120.62	149.21	136.52c	12.17	91.68	125.57	113.25d	15.72

化学性质	RS9				RS3				AG2				EA			
	最小值	最大值	平均值	标准差	最小值	最大值	平均值	标准差	最小值	最大值	平均值	标准差	最小值	最大值	平均值	标准差
TP/g/kg	0.31	0.39	0.37d	0.03	0.11	0.19	0.15e	0.03	0.03	0.08	0.06ef	0.02	0.04	0.19	0.13f	0.06
AP/mg/kg	33.17	46.86	37.66bc	5.05	23.54	32.78	27.66c	3.45	3.34	4.55	4.00e	0.52	12.31	16.56	15.66d	1.35
TN/g/kg	0.46	0.73	0.58b	0.10	0.30	0.66	0.44c	0.12	0.12	0.20	0.14d	0.02	0.07	0.21	0.14d	0.04
AN/mg/kg	33.74	51.56	45.51c	6.57	26.35	46.82	33.93c	8.10	6.64	9.08	7.52d	0.98	8.40	21.64	13.68d	5.19
pH	4.51	5.00	4.66bc	0.16	4.69	5.96	5.30a	0.39	4.59	4.85	4.71bc	0.08	4.85	4.91	4.88b	0.02
CEC/cmol/kg	5.93	9.02	8.10bc	1.12	4.78	7.93	6.58c	0.91	5.58	7.04	6.28c	0.43	4.23	7.21	5.86c	1.19
OM/g/kg	10.99	18.64	13.14ab	2.91	6.45	12.55	9.89b	2.43	3.00	5.78	4.59c	0.77	3.63	10.94	6.18c	2.39
AK/mg/kg	134.49	169.73	147.87bc	16.25	72.97	85.48	78.22e	5.04	32.36	45.54	37.92f	5.54	33.69	42.86	38.48f	3.34

注：TP，全磷；AP，有效磷；TN，全氮；AN，碱解氮；CEC，阳离子交换量；OM，有机质；AK，速效钾。

子交换量在同种植被类型中，均随着恢复年限逐渐增加。与土壤有机质和速效磷的变化相似，灌木地（RS3）土壤碱解氮的积累量也显著增加。然而，草地的土壤碱解氮含量与侵蚀区相比无显著增加，土壤速效钾含量也没有显著差异。

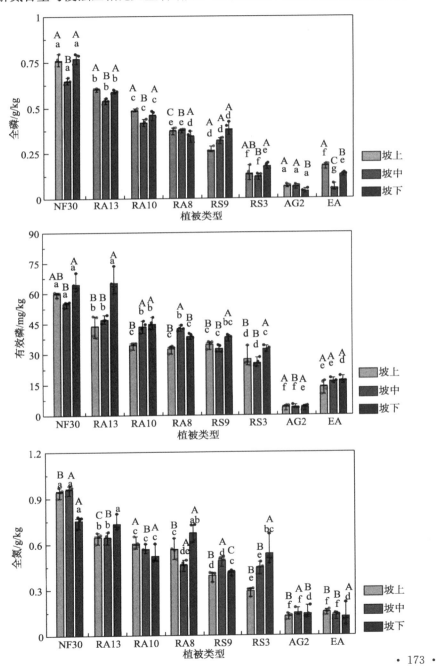

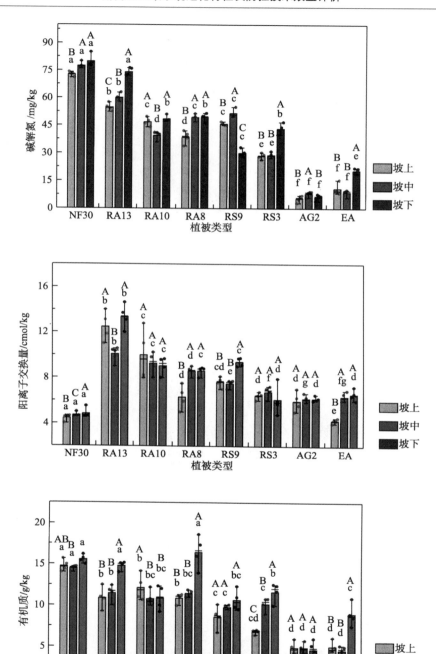

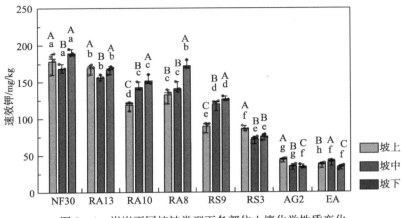

图 8-4　崩岗不同植被类型下各部位土壤化学性质变化

　　土壤化学性质在各坡位呈现不同的变化趋势。整体来看，坡中的全氮含量最低，为 0.33 g/kg，表现为坡上＞坡下＞坡中。全磷与全氮含量变化相似，除灌木地（RS9）、柑橘地（RA8）和草地外，其他样地坡中的土壤全磷含量均显著低于其他坡位。土壤速效养分能够直接被作物吸收利用，是影响作物产量的重要因素。研究表明，随着地势的降低，土壤有效磷和碱解氮含量逐渐增加，坡下的有效磷含量为 36.61 mg/kg，是坡上的 1.13 倍；碱解氮含量为 42.58 mg/kg，大于坡上（38.05 mg/kg）和坡中（39.46 mg/kg）。土壤有机质含量与速效养分变化趋势一致，坡下有机质含量最大（11.07 g/kg）。阳离子交换量也表现出同样的趋势，在坡中最低，坡下（9.41 cmol/kg）＞坡上（8.80 cmol/kg）＞坡中（8.49 cmol/kg）。

　　土壤抗剪强度大小受黏聚力、内摩擦角及法向应力 3 个因素的影响。如图 8-5 所示，林地坡下土壤黏聚力最高，达到 14.28 kPa，整体黏聚力大小表现为林地＞柑橘地＞灌木地＞侵蚀区＞草地。柑橘地崩岗的土壤各部位黏聚力显著大于灌木地的崩岗土壤黏聚力，可能是因为柑橘地种植时间较长，根系缠绕固结程度较深，随着生态恢复和土壤养分含量逐渐上升，崩岗土体形成稳定的土壤结构形式，增强了土壤颗粒的聚合能力。其中，柑橘地（RA13）的黏聚力为灌木地（RS9）的 1.15～1.90 倍，并表现为坡下＞坡上＞坡中；草地（AG2）的土壤黏聚力最低，是林地的 10%～23%。不同植被类型下崩岗土壤的内摩擦角随恢复时间的增长出现缓慢下降趋势，即随着恢复时间增长，孔隙度增加、容重减小，土壤紧密程度下降，颗粒间摩擦相对减弱，内摩擦角随之降低。柑橘地较灌木地土壤抗剪强度提高较快，陈旭等（2020）研究表明，灌木林＞草地＞乔木地，这与本研究结果不一致。可能是因为南北地区土壤性质差异的影响，乔木地的容重大于草地和灌木，辽西沙化地区受风蚀影响，土壤沙化严重。

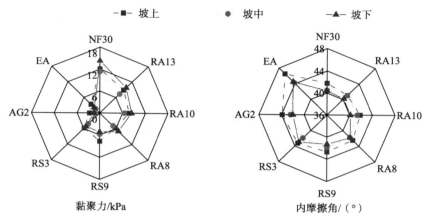

图 8-5 生态防护型崩岗不同植被类型各部位（内摩擦角、黏聚力）雷达图

不同空间部位的抗剪强度参数由表 8-5 所示，土壤黏聚力变化范围在 1.47～14.28 kPa，变异系数 44.59%～62.91%，属于中等变异。内摩擦角在 34.04°～49.75°，变异系数在 4.09%～6.14%。内摩擦角表现为坡上最大，随地势降低呈缓慢下降的趋势，这是由于饱和土壤的含水量较大，土壤中被水软化的胶结物质在颗粒间发挥了润滑作用，土壤中的细颗粒物质随水流冲刷沉降在坡脚，导致坡下土壤的颗粒间摩擦减弱，进而降低了内摩擦角。其中，坡中的抗剪强度最低，与其他空间部位存在显著区别，原因是坡地位置差异导致土壤的基本理化性质产生区别，坡中植被覆盖度较低，受人为扰动较大。

表 8-5 不同植被类型各部位抗剪强度统计参数

	部位	最小值	最大值	平均值	标准误差	变异系数/%
黏聚力/kPa	坡上	2.78	12.04	6.75	3.01	44.59
	坡中	1.47	11.27	5.38	3.19	59.29
	坡下	1.48	14.28	6.66	4.19	62.91
内摩擦角/（°）	坡上	40.45	46.99	42.54	1.99	4.33
	坡中	34.04	49.75	42.04	1.43	6.14
	坡下	37.45	45.49	41.82	1.71	4.09

土壤抗剪强度主要受内摩擦角和黏聚力的影响，而这些因素与土壤的物理化学性质存在着不可分割的联系。约束性排序方法 RDA 排序结果显示了黏聚力与内摩擦角和土壤基本指标之间的相关关系：箭头的长度表示两者之间的相关程度，两个箭头之间的角度表示因素之间的相关程度。由图 8 - 6 可知，土壤黏聚力与有机质、土壤饱和导水率和毛管孔隙度显著正相关（$P<$0.01），其次是容重和沙粒含量，与持水量相关性最小，土壤黏聚力相关性表现为 NF30＞RA13＞RA10＞RS9＞RA8＞RS3＞AG2＞EA，土壤有机质通过胶结作用使土壤结构更加稳定；土壤内摩擦角与粉粒含量、土壤容重显著正相关（$P<0.01$），受植被类型变化影响，这表明土壤抗剪强度指标受植被类型影响较强。RDA 分析表明，两个分类轴的特征值之和分别占所有分类轴的特征值之和的 99.93％和 99.11％，能够用来反映土壤基本性质之间的关系。

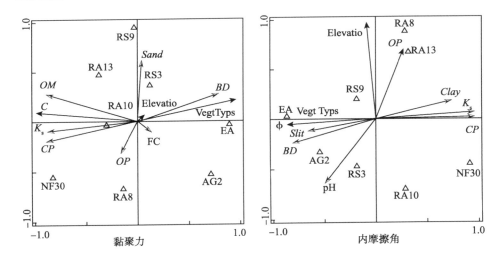

图 8 - 6　基于 RDA 排序的土壤抗剪强度与环境因素排序

注：NF30，崩岗侵蚀后自然恢复 30 年林地；RA13、RA10、RA8，治理后崩岗种植 13 年、10 年、8 年柑橘地；RS9、RS3，治理后崩岗种植 9 年、3 年灌木林；AG2，崩岗治理后种植草地；EA，崩岗侵蚀区。BD，容重；CP，毛管孔隙度；OP，总孔隙度；OM，有机质；WC，土壤含水量；K_s，土壤饱和导水率；C，土壤黏聚力；Clay，黏粒含量；Silt，粉粒含量；Sand，沙粒含量 Elevatio，高程；Vegt Typs，植被类型。

李想等（2017）研究表明，干密度、团聚体干筛团聚体平均重量直径（MWD）是影响土壤抗剪强度的主要因素，对于灌木林和混交林来说总孔隙度影响最大，可能是由于植物的根系作用，通过影响土壤内摩擦角大小来影响土壤抗剪强度。也有研究表明，容重是土壤的物质组成，容重越大土壤结构就越密实，进而影响土壤中孔隙的分布，是影响土壤抗剪强度的主要因素。而本文是在测定多种基本性质的前提下，利用数理统计方法选取贡献度最大的因素。其中，土壤容重与土壤饱和导水率呈显著负相关，可以通过间接影响饱和导水率来影响土壤抗剪强度。

将上述参数与两个抗剪强度指标分别使用逐步回归分析，根据结果选定了总孔隙度、毛管孔隙度、黏粒含量和饱和导水率作为最适参数指标和土壤抗剪强度参数进行拟合。用上述选取的参数进行拟合来表征抗剪强度变化，分别呈现出如图 8-7 的幂函数和线性函数关系。饱和导水率和黏聚力之间存在较优的幂函数关系（$R^2 = 0.88$），黏粒含量、毛管孔隙度和内摩擦角之间也存在较优的幂函数关系（$R^2 = 0.57$ 或 0.51），而总孔隙度和黏聚力则存在较优的线性相关关系（$R^2 = 0.55$）。

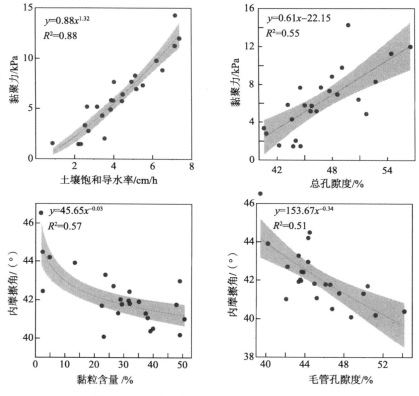

图 8-7　土壤基本性质与抗剪强度指标的关系

采用拟合结果较优的黏粒含量与毛管孔隙度为自变量，构造以黏聚力和内摩擦角为因变量的多元回归模型；采用决定系数（$R^2 = 0.74$）、均方根误差（$RMSE = 0.97$）对拟合方程的有效性进行评价，拟合结果较好。综合试验结果可知，土壤黏粒是影响土壤内摩擦角的主要因素，其次为毛管孔隙，相同条件下土壤细颗粒含量越大，土壤间黏结性越强，土壤抗剪强度越大。土壤水分入渗状况以及各部分土壤养分的转化受土壤中的孔隙大小分布的直接影响，水分通过对土壤黏结作用的影响，来影响农作物的生长发育状况。土壤入渗率越高，降雨时水分易入渗到深层土壤，随着土体饱和度的逐渐增大，表面张力的逐渐消失，土体颗粒之间的挤密作用也逐渐消失，非水稳性团聚体结构被分解，从而减小土粒间摩擦作用，导致黏聚力也进一步降低。

$$S=0.06K_s^{1.59}OP^{0.63}+P\tan\left(-8.54\,Clay^{-1.08}\,CP^{-1.06}\right)+44.54$$

$$(8-1)$$

式中，S 表示黏聚力；P 表示垂直压力；K_s 表示土壤饱和导水率；OP 表示土壤总孔隙度；$Clay$ 表示土壤黏粒含量；CP 表示毛管孔隙度。

结果表明，上述四个参数对于抗剪强度有较好的预测能力（$R^2=0.89$，$P<0.01$），改善土壤孔隙大小、黏粒含量和饱和导水率对提高土壤稳定性具有重要作用。土壤中细颗粒增多，使得土体密度增加，整体结构性能提升。基于数学方法选取的参数与土壤抗剪强度拟合，预测模型的模拟值与预测值如图 8-8 所示，预测值与实测值具有良好的相似性（$R^2=0.80$，$P<0.01$，$RMSE=5.95$），表明选取的参数与抗剪强度构建的预测方程预测效果较好，可信度较高。

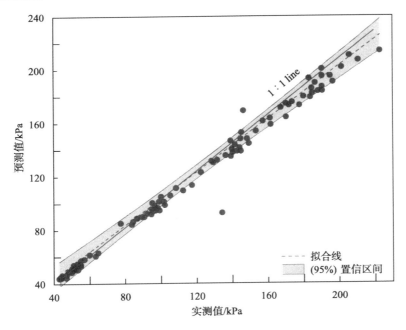

图 8-8　拟合方程预测值与实测值对比

花岗岩的物质基础与结构特性对风化土的强度特性有较强影响，土体颗粒的粒径分布导致了土体的显著差异。本试验分析生态防护型崩岗不同植被类型下，土壤基本理化性质对土壤饱和抗剪强度值的影响以及变化特征。研究表明：对于生态防护型崩岗来说，相同植被类型下，随着恢复年限的增长，土壤物理性状逐渐得到改善，崩岗各部位黏聚力表现为递增趋势，随地势降低而升高，内摩擦角则随恢复时间的增长出现缓慢下降趋势，并且柑橘地的土壤抗剪能力优于灌木地和草地。从空间角度看，随地势降低，毛管孔隙度总体呈升高趋势，黏粒、粉粒等细颗粒物质占比也不断上升，汇聚于坡下。土壤养分含量上升，能够有效地促使土壤构成稳定的团粒结构，从而推进土壤质量的有效提高。

综合以上结果，以测定的参数进行相关性和逐步回归分析，得出表征土壤抗剪强度的最适参数指标为总孔隙度、毛管孔隙度、黏粒含量和饱和导水率。以这四个指标来表征土壤抗剪强度，构造出预测模型，结果达到预测精度要求，具有一定参考意义，但缺少对植物根系的研究，对于土壤性质的差异存在一定的不确定性。因此，在对试验的进一步深入时，需要对植被根系特征进行研究。

第三节　典型崩岗治理区土壤质量恢复特征

采用主成分分析对试验土壤指标进行分组（表 8-6），前两个指标的特征值解释了总方差的 81.42%（PC1 64.88%，PC2 16.54%），均大于 1，说明它们能够解释数据结构的大部分信息。在第 1 主成分（PC1）中，TP、AP、TN、AN、OM、AK、$Clay$、$Silt$、K_s 和 C 是权重较高的指标。在第 2 主成分（PC2）中，pH 和 $Sand$ 是权重较高的指标。由图 8-9 可知，土壤黏粒含量与容重呈显著负相关关系（$P<0.05$），与全氮、全磷、有机质呈极显著正相关（$P<0.01$）。除黏粒含量、饱和导水率外，毛管孔隙度与其他土壤物理性质呈负相关。土壤容重与有机质呈极显著负相关关系（$P<0.01$），与 pH 呈极显著正相关（$P<0.01$）。说明土壤黏粒含量越高，土壤越疏松，有机质含量越高。土壤含水量与大部分土壤物理性质呈极显著负相关（$P<0.01$）。土壤各个化学性质之间均呈极显著正相关关系（$P<0.01$）。

表 8-6　土壤指标的主成分分析结果

统计结果	主成分 1	主成分 2
特征值	10.38	2.65
变量百分比/%	64.88	16.54
累计变量百分比/%	64.88	81.42

（续）

统计结果	主成分1	主成分2
TP	**0.90**	0.36
AP	**0.92**	0.29
TN	**0.94**	0.14
AN	**0.93**	0.25
pH	−0.28	**−0.73**
CEC	0.79	0.48
OM	**0.94**	0.06
AK	**0.91**	0.27
Clay	**0.91**	−0.14
Silt	**−0.89**	0.39
Sand	0.16	**−0.74**
BD	−0.63	−0.49
CP	0.52	0.54
WC	0.84	0.24
K_s	**0.85**	0.33
C	**0.90**	0.30

注：加粗的部分为高度加权指标；*TP*，全磷；*AP*，有效磷；*TN*，全氮；*AN*，碱解氮；*CEC*，阳离子交换量；*OM*，有机质；*AK*，速效钾；*Clay*，黏粒含量；*Silt*，粉粒含量；*Sand*，沙粒含量；*BD*，容重；*CP*，毛管孔隙度；*WC*，土壤含水量；K_s，土壤饱和导水率；*C*，土壤黏聚力。

　　研究土壤入渗是探讨地表径流产生的前提和基础，土壤饱和导水率作为影响土壤入渗的其中一个指标，常用来评价土壤抗蚀能力。对土壤基本物理性质和饱和导水率进行分析，发现饱和导水率与含水量、土壤黏聚力呈极显著正相关（$P<0.01$），与容重呈极显著负相关（$P<0.01$），通过逐步回归筛选出影响饱和导水率的最佳因素（图 8-9）。结果表明，当 X_1 为土壤含水量、X_2 为土壤容重、X_3 为土壤黏聚力时，回归方程的拟合度最优，表示为

$$Y=0.13\,X_1-7.27\,X_2-0.19\,X_3+10.23，\quad R^2=0.985，\quad P<0.05$$

$$(8-2)$$

式中，Y 为饱和导水率；X_1 为土壤含水量；X_2 为土壤容重；X_3 为土壤黏聚力。

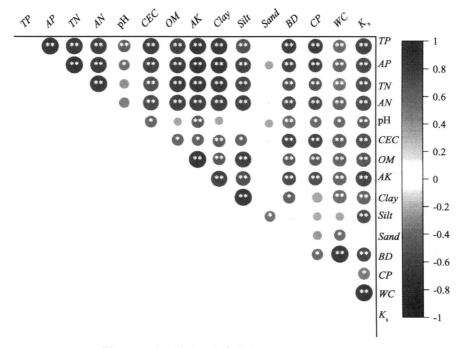

图 8-9　主成分中具有高荷载的因子相关关系矩阵

　　根据上述结果，构建影响土壤饱和导水率因素的概念路径模型。如图8-10所示，解释了饱和导水率中 87% 的方差。结果表明，由于土壤含水量和土壤黏聚力的变化，土壤容重也发生变化，从而影响土壤饱和导水率。土壤黏聚力对饱和导水率的直接影响最大（标准化路径系数为 0.76，$P<0.001$），其次是容重（标准化路径系数为 -0.30，$P<0.001$），含水量的影响最小（标准化路径系数为 0.02）。此外，在间接影响方面，黏聚力有最大的影响，其标准化路径系数为 -0.44（$P<0.01$），其次是含水量（标准化路径系数为 -0.40，$P<0.05$），

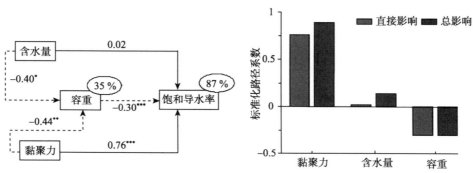

图 8-10　土壤性质与饱和导水率关系的路径图

并且它们都通过土壤容重来影响饱和导水率。黏聚力的直接影响高于间接影响，二者均通过容重影响饱和导水率，说明容重对饱和导水率具有重要意义。容重和含水量可以通过影响团聚体稳定性和微孔隙度来影响饱和导水率。

因此，在 PC1 中 *TP*、*AP*、*TN*、*AN*、*AK*、*Clay*、*Silt*、K_s 和 *C* 与 *OM* 高度相关（$P < 0.01$），最小数据集（MDS）中仅保留 *OM*；PC2 中，pH 与 *Sand* 无显著相关性（$P > 0.05$），相关系数小于 0.6，在 MDS 中 pH 和 *Sand* 保留。考虑到 *C* 是预测土壤抗剪切能力的重要力学参数，MDS 中仍保留该参数，且 K_s 相关性之和最小，可以用来反映容重和含水量的变化，因此，选择 K_s 作为 MDS 参数。最后在 MDS 中选取 *OM*、K_s、*C*、pH 和 *Sand* 进行土壤质量综合指数（SQI）计算。

不同植被类型的土壤质量综合指数结果如图 8-11 所示。在 8 个不同样地上，林地的土壤质量综合指数最大，平均值为 0.66，显著高于其他植被类型。其次是柑橘地（RA13 为 0.60、RA10 为 0.57、RA8 为 0.51）、灌木地（RS9 为 0.46、RS3 为 0.45）、侵蚀区（EA 为 0.26）和草地（AG2 为 0.23）。灌木地和柑橘地土壤质量的改善，可以归因于崩岗治理后植被盖度和生物多样性的增加，以及人为种植农作物，通过一定途径，加强植物根系对养分的吸收，增加了土壤养分的输入（Moscatelli et al；2007；Leung et al.，2015）。本文中，柑橘地（RA13）的土壤质量综合指数显著高于灌木地（RS9、RS3），顺序为 RA13＞RS9＞RS3，表明在恢复时间较长的情况下，柑橘地比灌木地的土壤质量恢复得更好。其中，草地的土壤质量最低，原因可能如下：草地恢复时间短，人为干预较大；草地植被根系固结弱，表层土壤疏松；草地对土壤有机质输入的降低。

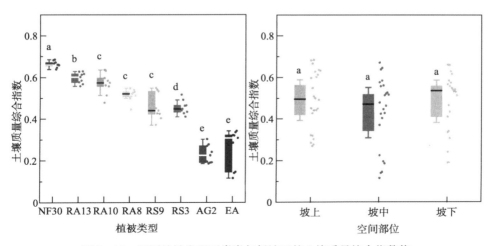

图 8-11　不同植被类型下崩岗与侵蚀区的土壤质量综合指数值

　　土壤质量综合指数在不同的空间位置变异性较大，根据三个坡位的平均土壤质量综合指数来看，其值在坡中达到最低，可能是因为降雨冲刷土壤表面，导致表层土壤细颗粒流失，加上崩岗坡中植被覆盖较低，以及一定程度的人为活动，使得坡中的土壤质量与其他部位相比较低。其中，林地的土壤质量综合指数是草地的 2.26～3.58 倍，侵蚀区的土壤质量综合指数在 0.14～0.33，在坡下达到最高，整体表现为随着地势的降低，土壤质量综合指数值逐渐增高。综合来看，在同种植被类型中，坡中的土壤质量综合指数低于其他两个空间部位。表明柑橘地和灌木地植被都适合崩岗土壤修复，但种植柑橘更加有效。

　　一般线性模型（GLM）的结果显示（图 8-12），植被类型占土壤质量综合指数变化的 46.41%，与其他指标相比占比最大。而土壤空间部位与植被类型的相互作用和空间部位也分别导致了土壤质量综合指数变化的 24.36% 和 17.64%，其他不确定因素解释了约 10% 的土壤质量综合指数。表明植被覆盖直接影响土壤质量，对改善土壤参数、减少土壤侵蚀具有重要意义，可以通过改善土壤的基本特征来改善土壤质量，优化生态环境。

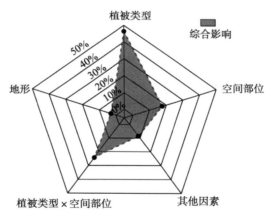

图 8-12　不同因素对土壤质量综合指数的影响

　　在主成分分析中（图 8-13），林地、柑橘地（RA13、RA10、RA8）被归为一类，这可能是由于它们具有较好的土壤性质，包括低容重和较高的土壤养分、抗剪力和导水率。柑橘地比灌木地植被更能改善土壤质量，这可能是由于以下三个原因：①较高的柑橘地盖度可以有效拦截部分降雨，减少林地下养分的损失；②地表凋落物可以为土壤提供养分；③柑橘地深根有利于养分的吸收和利用。Zhang 等（2011）提到，与人工选择的植被相比，自然植被是在不受人为影响的情况下，通过自然演替而产生的，能够更好地适应自然环境条件，恢复土壤结构，这与我们的研究结果相似。随着恢复时间的增加，土壤质量呈上升趋势，土壤养分进一步增强。而人工草地初始恢复过程中土壤质量变化不明显，是由于植物生长缓慢、凋落物相对较小所致。同时，表土结构松散，土壤固结弱，植物生长也需要吸收一些养分。我们发现，由于植被覆盖度较小和一定人类活动的影响，坡面中部土壤养分含量较其他地方低，径流带走了大量的土壤养分和细颗粒，土壤养分含量呈现出从坡中向坡下上升的趋势。

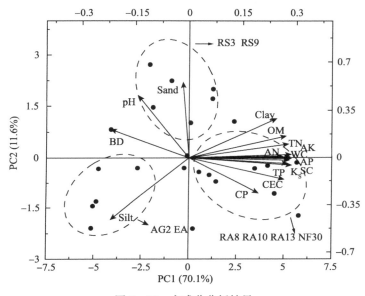

图 8-13　主成分分析结果

　　利用土壤质量综合指数系统评价了不同植被类型对崩岗土壤质量的影响。不同植被类型样地的土壤理化性质存在显著差异，说明植被类型对土壤理化性质有较大影响。通过数据处理，发现土壤容重、含水量和土壤黏聚力是影响土壤饱和导水率的主要参数。在此基础上，进一步分析发现土壤饱和导水率、pH、黏聚力、有机质和沙粒含量可作为评价植被恢复对土壤质量影响的有效指标。结果表明，柑橘地和灌木地的土壤质量综合指数值高于侵蚀区，并且每年靠种植作物收入能够满足日常生活所需，说明对崩岗进行种植经济作物的治理方式不仅适合恢复土壤质量，而且具有一定的经济效益。草地的土壤质量综合指数值在恢复初期变化不明显，但作为景观开发的基础，由于当地的旅游开发，可以带来一定的经济和社会效益，为土壤恢复奠定基础。一般线性模型结果表明，选择适宜的土壤植被恢复类型是提高土壤质量的关键，揭示了在今后南方崩岗植被恢复选择中，与茶树相比种植柑橘是植被恢复的首选。土壤质量综合指数是一种有效的土壤质量评价和监测工具。但是，为了更全面、准确地评价土壤质量，未来的研究应考虑植物生长参数和不同土层下土壤质量综合指数的变化趋势，以及探究同一恢复时间下植被类型之间的差异。

第九章

崩岗区生态系统恢复重建技术效益评价

通过资料收集、数据统计处理，以网络分析选取的指标因子频度为基础，结合项目区实际情况，利用层次分析和专家打分相结合的方法，构建了三种不同治理模式崩岗的效益评价指标体系框架，包括土壤侵蚀模数、植被覆盖度、径流系数、土壤肥力指数、产投比、投资回收期、恩格尔系数、土地生产率等用以表征其生态、社会和经济方面效益的有关指标，进行综合效益评价。选取的指标体系便于获得及针对性、科学性、系统性较强。三种不同治理模式的崩岗，是在前期调查的基础上选取的金钩形小流域内具有代表性的崩岗。从评价结果来看，不仅可以调节自然环境、改善土壤结构，而且能够调动当地居民务工的积极性，提高社会经济效益。

第一节 生态防护型崩岗治理模式的效益评价

一、效益评价指标体系

详见第七章第三节。

二、指标权重的确定

采用专家打分法确定指标权重，向 16 位专家发放专家咨询表，根据生态防护型崩岗治理模式的特点和目的，对选取的各个指标的相对重要性进行判断，对判断结果进行分析（图 9-1）。

运用 Excel、yaahp 软件计算各个判断矩阵的最大特征值 λ_{max} 和层次单排序结果，所有的随机一致性比率（CR）<0.1，表明构建的矩阵都通过了一致性检验，得到的向量值可以作为评价指标的权重。根据矩阵单排序的结果，计算每一个判断矩阵的权向量，并计算指标层对目标层的层次总排序，如表 9-1 所示。

矩阵 1　*A - B* 判断矩阵

层次	B1	B2	B3
B1	1.00	0.25	3.00
B2	0.25	1.00	0.33
B3	0.33	3.00	1.00

矩阵 2　*B1 - C* 判断矩阵

层次	C1	C2	C3	C4
C1	1.000 0	2.130 2	3.312 5	3.989 6
C2	1.150 0	1.000 0	3.231 3	4.062 5
C3	0.851 2	0.732 9	1.000 0	2.875 0
C4	0.575 8	0.311 6	0.375 0	1.000 0

矩阵 3　*B2 - C* 判断矩阵

层次	C5	C6	C7
C5	1.000 0	2.947 9	3.045 8
C6	0.783 9	1.000 0	1.744 8
C7	1.090 2	1.525 0	1.000 0

矩阵 4　*B3 - C* 判断矩阵

层次	C8	C9
C8	1.000 0	2.645 8
C9	0.656 8	1.000 0

图 9 - 1　生态防护型崩岗综合效益评价指标判断矩阵

表 9 - 1　生态防护型崩岗综合效益评价 *C - A* 的层次总排序

层次	B1	B2	B3	层次排序 a_j
	0.608 0	0.119 9	0.272 1	
C1	0.374 8	0.000 0	0.000 0	0.227 9
C2	0.334 1	0.000 0	0.000 0	0.203 1
C3	0.194 8	0.000 0	0.000 0	0.118 4
C4	0.096 4	0.000 0	0.000 0	0.058 6
C5	0.000 0	0.491 4	0.000 0	0.058 9
C6	0.000 0	0.233 9	0.000 0	0.028 0
C7	0.000 0	0.274 8	0.000 0	0.032 9
C8	0.000 0	0.000 0	0.661 4	0.180 0
C9	0.000 0	0.000 0	0.338 5	0.092 1

根据检验公式：

$$Rc = \frac{\sum\limits_{j=1}^{m} a_j CI_j}{\sum\limits_{j=1}^{m} a_j RI_j} \qquad (9-1)$$

其中，Rc 为层次总排序一致性比率，当 $Rc<0.1$ 时，认为层次总排序通过一致性检验，否则需要重新调整那些一致性比率高的判断矩阵的元素取值；设 B 层 $B1$，$B2$，$\cdots$，Bn 对上层（A 层）中因素 a_j（$j=1$，2，$\cdots$，m）的层次单排序一致性指标为 CI_j，随机一致性指标为 RI_j。

可以计算出 C-A 的随机一致性比率小于 0.1，通过组合一致性检验，表明层次排序合理。由上可得，该评价值指标体系的评价所得权重亦符合评价要求，可以用于评估不同治理模式崩岗的适宜性。各指标的权重见表 9-2。

表 9-2　生态防护型崩岗综合效益评价指标权重

目标层（A）	准则层（B）	指标层（C）	权重
综合效益（A1）	生态效益（B1）	土壤侵蚀模数（C1）	0.227 9
		植被覆盖度（C2）	0.203 1
		土壤肥力指数（C3）	0.118 4
		径流模数（C4）	0.058 6
	经济效益（B2）	年人均纯收入（C5）	0.058 9
		产投比（C6）	0.028 0
		投资回收期（C7）	0.032 9
	社会效益（B3）	土地生产率（C8）	0.180 0
		恩格尔系数（C9）	0.092 1

三、生态效益分析

生态效益对于水土流失治理后的生态环境提高十分重要，也是基本要求。对于不同治理模式的崩岗，土壤肥力指数、土壤侵蚀模数和植被覆盖度等相似的指标被选取来评价水土保持的生态效益。其中，土壤肥力能够反映供应和协调植物生长的能力，是土壤的本质属性。在评价土壤肥力指数时，单一的土壤特性指标无法综合反映最终的结果，因此，通常需要土壤基本理化指标（有机质、容重、全磷等）综合起来作为评价的一个指标。对土壤进行实地采样后，测定基本理化性质，最后将土壤基本数据统一成土壤肥力指数以便作为崩岗侵蚀治理生态效益的一个指标。

在计算土壤肥力指标时，因为各项指标对土壤肥力的影响程度不同，土壤各属性关系之间也存在着一定的关联性，所以在计算时不仅要考虑到土壤的自然环境特性、土壤利用类型等，还需要使选取的指标能够客观、全面、综合地反映土壤肥力质量的各个方面。因此，利用因子分析法来确定土壤肥力指标的最小数据集以及每项指标的权重系数。根据 Kaiser 准则，对因子分析结果后保留特征值大于 1 的成分，则可以认为选取的主成分反映了原来因子足够的信息。结果如表 9-3 所示。生态防护型治理模式的崩岗，土壤肥力指标中，第 1 主成分中因子载荷值属于最高载荷值的 10% 变化范围内的包括：有机质、粉粒、碱解氮、黏粒、全氮和全磷。其中，贡献率最大的是有机质。第 2 主成分中容重、总孔隙度和毛管持水量是最高加权指标。土壤饱和导水率在第 3 主成分中的载荷值最高。3 个主成分的累计方差百分比达到了 91.72%，可以用来反映因子的信息。

表 9-3　生态防护型崩岗土壤肥力指标的因子分析结果

统计结果	生态防护型		
	主成分 1	主成分 2	主成分 3
特征值	8.77	3.89	2.02
方差百分比	54.81	24.31	12.60
累计百分比	54.81	79.12	91.72
变量载荷值			
容重	0.08	0.98	0.06
粉粒	−0.96	−0.01	0.11
黏粒	0.97	−0.10	0.05
总孔隙度	−0.08	−0.98	−0.06
毛管孔隙度	0.04	−0.87	−0.27
饱和导水率	0.22	−0.13	−0.97
初始含水量	0.29	0.36	0.84
毛管持水量	−0.37	−0.92	−0.07
pH	0.71	0.40	−0.55
有机质	0.98	−0.15	0.02
全氮	0.95	0.29	−0.10
碱解氮	0.91	0.28	−0.19
全磷	0.91	0.39	0.04
有效磷	0.61	0.44	0.41
速效钾	0.64	0.48	0.34
阳离子交换量	0.81	0.14	0.35

　　根据其因子分析的结果，选取 3 个主成分中贡献最大的指标（土壤有机质、容重和饱和导水率），再进一步对因子分析中最高载荷值 10% 变化范围内

的指标进行相关性分析（图 9-2），剔除冗余变量。可以看出，第 1 主成分中有机质与黏粒、全氮、碱解氮和全磷含量呈显著正相关（$P<0.05$），与土壤粉粒含量呈显著负相关；第 2 主成分中土壤容重与土壤总孔隙度和毛管持水量都显著相关（$P<0.05$）；第 3 主成分中最高载荷值为土壤饱和导水率。因此，只选取有机质、容重和土壤饱和导水率到最小数据集中。在其他未选取的指标中，总孔隙度的相关性最小，因此也被选入最小数据集中。

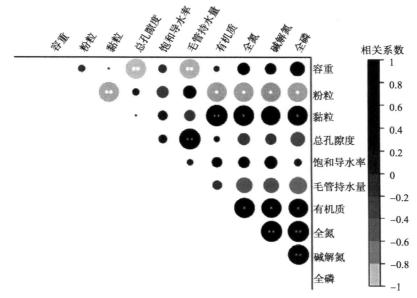

图 9-2　主成分中具有高载荷因子的相关关系系数矩阵（生态防护型）

　　根据各因素之间的关系，将建立的最小数据集中的指标分为土壤的养分状况和供应植物养分时所处的物理和化学环境两部分，以此来分析治理后崩岗土壤肥力的养分状态以及与养分供应能力有关的土壤性质和状态（Larson et al.，1991）。生态防护型崩岗治理模式下的基本指标的公因子方差和权重如表 9-4 所示，土壤形成过程是综合因子作用的结果，它可以影响土壤生物化学性质以及作物对营养元素的吸收、生长发育。

表 9-4　生态防护型崩岗土壤肥力指数最小数据集的公因子方差及权重

治理模式	指标	公因子方差	权重
生态防护型	容重	0.96	0.33
	饱和导水率	0.96	0.33
	总孔隙度	1.00	0.34
	有机质	0.99	1.00

　　生态防护型治理模式的崩岗在土壤的物理和化学环境中，三项指标的权重都在 0.33 左右，其中总孔隙度的权重最大为 0.34，因为总孔隙度反映了基质的孔隙状况，总孔隙度大小与土壤能容纳水分和空气的能力有关，总孔隙大的土壤能够有效地容纳水分，有利于植物根系发育的同时能够提高土壤抗侵蚀能力。土壤养分中，有机质权重最高为 1，较高的有机质含量是获得高品质农副产品的必需条件。利用非线性函数，对土壤肥力各项基础指标值进行量化，进而获取土壤肥力指数，用于崩岗侵蚀综合评价。再根据模糊数学中的加乘法原则，对最小数据集和权重进行计算，得到土壤养分肥力指标值（EFI）、物理和化学环境指标（NFI）、土壤肥力质量综合评价指标（IFI），如图 9 - 3 所示。

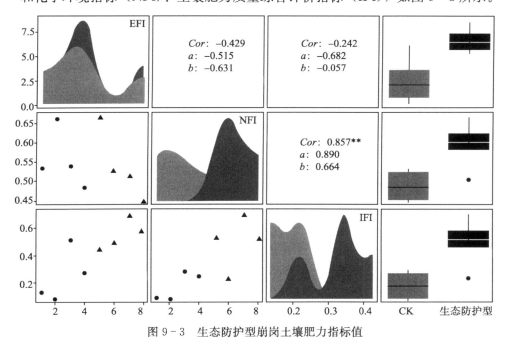

图 9 - 3　生态防护型崩岗土壤肥力指标值

　　从图 9 - 3 中可以看出，生态防护型治理模式的崩岗与未治理崩岗的物理和化学环境指标值相似，土壤养分指标是未治理崩岗的 1.81 倍，这表明经过治理后土壤肥力得到了很大程度的改善，治理后崩岗道路两侧和边坡都有植被的恢复，包括人工种植的一些经济作物，如百香果、脐橙等，提高了治理后样地内的生物多样性。生态防护治理后的崩岗坡下的土壤养分指标值最大，是坡上和坡中的 1.14 倍、1.88 倍。

四、社会经济效益分析

　　社会效益数据来源于农户调查问卷，通过对不同治理模式崩岗区的实地调查、向当地居民发放调查问卷、当地水保局收集资料并整理相关统计年鉴等，来获取所需的数据。①调查对象：金钩形小流域内的居民。②问卷包含 2 个部分：一部分是当地居民在崩岗治理后的社会经济情况，当地居民对其治理的参与情况以及了解情况；另一部分是崩岗治理后当地产业的发展状况以及对今后崩岗治理的相关建议。③由学生与当地村民一对一进行问卷填写，结束后当天进行问卷回收和有效问卷统计。

调查问卷共发放 60 份，最后根据实际情况整理有效问卷 53 份，有效率达到 88.33%。通过软件进行数据的处理，各指标统计见表 9-5。崩岗植被覆盖度和径流系数都得到了有效的提升，土壤侵蚀模数也显著降低；有些生态防护型治理崩岗经过开发，未来发展成景区、园区也将获得一定的社会经济效益。

表 9-5 生态防护型崩岗综合评价指标数据

崩岗	评价指标	指标层	治理前	治理后
生态防护型	生态效益	土壤侵蚀模数/t/(km²·年)	5 502.26	2 500.75
		植被覆盖度/%	25	58
		土壤肥力指数	0.17	0.32
		径流系数/%	20.24	32.46
	经济效益	年人均纯收入/元/人	6 870	8 529
		产投比/%	0.00	1.62
		投资回收期/年	0.00	4.63
	社会效益	土地生产率/t/hm²	0.00	25.58
		恩格尔系数/%	37.50	36.36

五、综合效益评价

利用模糊隶属函数对各指标值进行标准化处理后，综合效益指标值如图 9-4 所示。

崩岗侵蚀治理后综合效益值为 0.527 7，相比较于治理前的 0.151 9，有了明显的提高，比未治理综合效益高 2.47 倍，按综合评价等级为中等（C3）。治理后生态效益、经济效益和社会效益的综合评价值分别为 0.292 8、0.110 4、0.124 5，与治理前相比分别提高了 4.34 倍、1.44 倍、1.40 倍。由此可知，治理后的崩岗区生态效益明显，综合贡献率最大（55%），在综合效益中起主要作用。该项目的实施，紧密结合生产实际，技术上采取生物（内外绿化）、工程措施（植被固坡）相结合的方式，直接服务于治理与开发，有效地控制水土流失情况，改善当地生态环境，并且根据区域内地形地貌特点发展生态旅游产业，种植桂花中的珍贵品种状元红，具有较高的开发价值和社会经济效益。

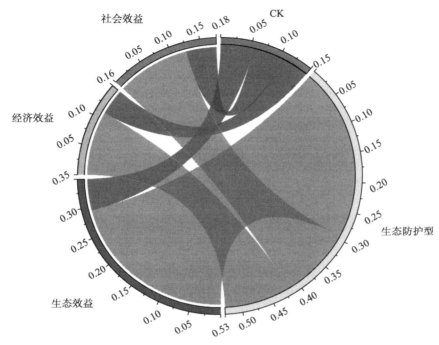

图9-4　生态防护型治理模式崩岗与未治理崩岗综合效益对比

治理后的崩岗区：①内种观赏植物，道路两侧和边坡都种植了宽叶雀稗、山合欢、胡枝子和波斯菊等相关植被，在提高植被覆盖度（58%）的同时增加了生物的多样性，径流系数是治理前的1.60倍；提高了土壤肥力，使土壤渗透性和抗剪切能力得到进一步的提高。②治理后研究区内下游环境得到明显的改善，提高土地生产率，减缓了人口压力，实现了崩岗治理与生态文明建设有机结合，一定程度上提高了当地群众参与水土流失治理的积极主动性。

第二节　产业经济型崩岗治理模式的 效益评价

一、效益评价指标体系

详见第七章第三节。

二、指标权重的确定

根据产业经济型崩岗治理模式的特点和目的，对选取的各个指标的相对重要性进行判断，对判断结果进行分析如图9-5所示。

矩阵 1 A-B 判断矩阵

层次	B1	B2	B3
B1	1.000 0	0.333 3	2.000 0
B2	3.000 0	1.000 0	3.000 0
B3	0.500 0	0.333 3	1.000 0

矩阵 2 B1-C 判断矩阵

层次	C1	C2
C1	1.000 0	1.989 6
C2	1.189 6	1.000 0
C3	1.424 1	1.579 5

矩阵 3 B2-C 判断矩阵

层次	C4	C5	C6	C7
C4	1.000 0	2.812 5	3.007 3	3.750 0
C5	0.829 2	1.000 0	1.799 0	2.937 5
C6	1.224 1	1.639 6	1.000 0	2.250 0
C7	0.262 5	0.343 8	0.489 6	1.000 0

矩阵 4 B3-C 判断矩阵

层次	C8	C9
C8	1.000 0	3.625 0
C9	0.384 6	1.000 0

图 9-5 产业经济型崩岗综合效益评价指标判断矩阵

所有的随机一致性比率小于 0.1，都通过了一致性检验，表示得到的向量值可以作为评价指标的权重。层次总排序的随机一致性比率 $Rc<0.1$，通过组合一致性检验，表明层次排序合理（表 9-6）。产业经济型崩岗综合效益评价指标权重如表 9-7 所示。

表 9-6 产业经济型崩岗综合效益评价 C-A 的层次总排序

层次	B1	B2	B3	层次排序 a_j
	0.251 9	0.588 9	0.159 3	
C1	0.384 2	0.000 0	0.000 0	0.096 8
C2	0.367 7	0.000 0	0.000 0	0.092 6
C3	0.248 1	0.000 0	0.000 0	0.062 5
C4	0.000 0	0.407 5	0.000 0	0.240 0
C5	0.000 0	0.249 3	0.000 0	0.146 8
C6	0.000 0	0.255 0	0.000 0	0.150 2
C7	0.000 0	0.094 4	0.000 0	0.055 6
C8	0.000 0	0.000 0	0.742 2	0.118 2
C9	0.000 0	0.000 0	0.257 8	0.041 1

表9-7 产业经济型崩岗综合效益评价指标权重

目标层（A）	准则层（B）	指标层（C）	权重
综合效益（A2）	生态效益（B1）	土壤侵蚀模数（C1）	0.096 8
		植被覆盖度（C2）	0.092 6
		土壤肥力指数（C3）	0.062 5
	经济效益（B2）	年人均纯收入（C4）	0.240 0
		劳动生产率（C5）	0.146 8
		产投比（C6）	0.150 2
		投资回收期（C7）	0.055 6
	社会效益（B3）	土地生产率（C8）	0.118 2
		恩格尔系数（C9）	0.041 1

三、效益分析

产业经济型治理模式的崩岗，土壤肥力指标中，第 1 主成分的土壤黏粒、有机质、全氮、阳离子交换量、碱解氮和容重的因子载荷值变化范围内，其中贡献率最大的是有机质；第 2 主成分中粉粒、黏粒和饱和导水率是最高加权指标。pH 和全磷在第 3 主成分中的载荷值最高。3 个主成分的累计方差百分比达到了 92.39%，可以用来反映因子的足够信息（表 9-8）。

表9-8 产业经济型崩岗土壤肥力指标的因子分析结果

统计结果	产业经济型		
	主成分1	主成分2	主成分3
特征值	9.65	3.48	1.69
方差百分比	60.34	21.46	10.59
累计百分比	60.34	81.80	92.39
变量载荷值			
容重	−0.89	−0.25	−0.15
粉粒	−0.22	−0.87	−0.24
黏粒	0.49	0.76	0.42
总孔隙度	0.90	0.23	0.15
毛管孔隙度	0.89	0.06	0.18
饱和导水率	−0.46	0.84	0.17
初始含水量	0.81	0.18	0.32
毛管持水量	0.99	−0.15	0.00
pH	−0.43	−0.09	−0.89
有机质	0.89	0.41	0.19
全氮	0.46	0.75	0.42
碱解氮	0.72	0.63	0.03
全磷	0.13	0.12	0.94
有效磷	−0.08	0.37	0.91
速效钾	0.23	0.50	0.82
阳离子交换量	0.56	0.69	0.31

根据其因子分析的结果，选取 3 个主成分中贡献最大的指标（毛管持水量、粉粒和全磷），再进一步对因子分析中最高载荷值 10％ 变化范围内的指标进行相关性分析（图 9-6），剔除冗余变量。可以看出，第 1 主成分中毛管持水量与总孔隙度、毛管孔隙度和土壤有机质含量呈显著正相关（$P<0.05$），与土壤容重显著负相关；第 2 主成分中土壤饱和导水率与土壤中粉粒含量无显著相关性，但相关性系数大于 0.6（$P>0.05$）；第 3 主成分中全磷含量与 pH 和有效磷含量都有显著相关性。因此，只选取毛管孔隙度、粉粒度和全磷度到最小数据集中。在其他剩余的指标中，土壤饱和导水率被选入最小数据集中。

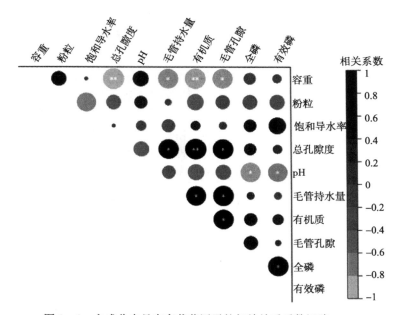

图 9-6　主成分中具有高载荷因子的相关关系系数矩阵

基本指标的公因子方差和权重如表 9-9 所示，土壤形成过程是综合因子作用的结果，它可以影响土壤生物化学性质以及作物对营养元素的吸收、生长发育。

表 9-9　产业经济型土壤肥力指数最小数据集的公因子方差及权重

治理模式	指标	公因子方差	权重
	粉粒	0.86	0.31
产业经济型	饱和导水率	0.94	0.34
	毛管持水量	0.99	0.35
	全磷	0.91	1.00

　　产业经济型治理模式的崩岗，毛管持水量的权重最大，为 0.35，因为土壤中毛管持水量是对作物有效的水分，受土壤质地、结构和孔隙状况的影响。土壤养分中，全磷的权重最高，为 1。全磷是评价土壤肥力水平的一项重要指标。

　　产业经济型治理模式的崩岗三项指标值都比未治理崩岗的大（图 9-7）。其中，产业型治理模式崩岗土壤养分的平均值最大，是未治理崩岗的 2.14 倍，这表明治理后的崩岗区通过种植经济林，土壤养分的含量得到了明显的提升。产业经济型治理模式崩岗的物理和化学环境指标的平均值是未治理崩岗的 0.98 倍，治理后崩岗区植被覆盖度有明显的提高，周围物理和化学环境得到一定程度上的恢复。未治理崩岗坡中的土壤养分肥力指标值最小，是坡上和坡下的 0.20 倍、0.22 倍，这可能是因为未治理的崩岗坡中植被覆盖度最低，土壤受降雨、径流冲刷较严重，导致崩岗坡中土壤松散、生物养分被分解。产业经济型崩岗治理模式综合评价各指标统计如表 9-10 所示。

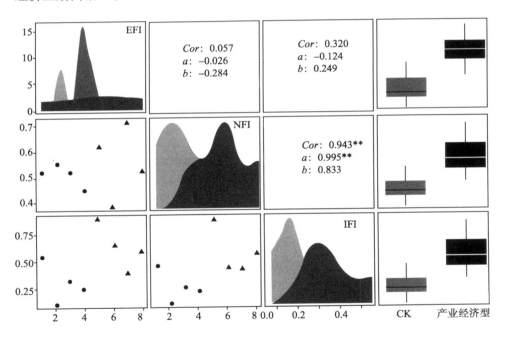

图 9-7　产业经济型崩岗的土壤肥力指标值

　　注：图中圆形点代表崩岗土壤样本值，三角形点代表产业经济型土壤样本值。其中，纵坐标由上到下依次为 EFI、NFI 和 IFI；由左到右三列的横坐标分别为 EFI、NFI 和 IFI。Cor 指 correlation coefficient，即各土壤肥力指标之间的相关系数；a 为对照组崩岗的土壤肥力指标之间的相关系数；b 为产业经济型崩岗土壤肥力指标之间的相关系数。** 表示极显著相关，$P < 0.01$；* 表示显著相关，$P < 0.05$。

表 9 - 10　产业经济型崩岗综合评价指标数据

崩岗	评价指标	指标层	治理前	治理后
产业经济型	生态效益	土壤侵蚀模数/t/(km²·年)	5 502.26	1 945.67
		植被覆盖度/%	25	55
		土壤肥力指数	0.17	0.34
	经济效益	年人均纯收入/元/人	6 870	8 580
		劳动生产率/kg/人	0.00	318
		产投比/%	0.00	2.65
		投资回收期/年	0.00	5.63
	社会效益	土地生产率/t/hm²	0.00	40.48
		恩格尔系数/%	37.50	36.09

四、综合效益评价

利用模糊隶属函数对各指标值进行标准化处理后，综合效益指标值如图 9 - 8 所示。

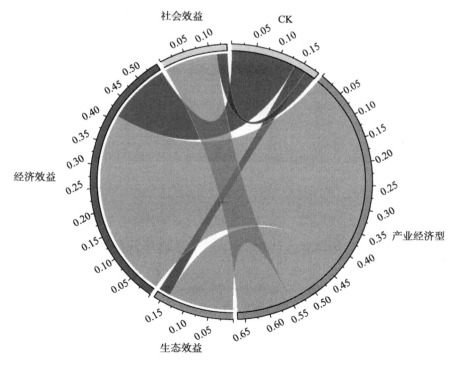

图 9 - 8　产业经济型治理模式崩岗与未治理崩岗综合效益对比

可知崩岗侵蚀治理后综合效益值为 0.664 8，相比较于未治理前的 0.184 5，有了明显的提高，比未治理高 2.60 倍，综合评价等级为较高（C2）。治理后生态效益、经济效益和社会效益的综合评价值分别为 0.138 5、0.417 7、0.114 6，与治理前相比提高了 4.38 倍、2.04 倍、3.96 倍。治理后的崩岗区经济效益改善值最低，可能是因为在投资回收期内，短期经济不显著。

选择较大的崩岗，利用相关工程措施在不破坏原有土层的情况下，将其整修成高标准的反坡台地，栽种经果林（如梨、脐橙、油茶等），再套种适宜季节生长的日常经济作物，如西瓜、甘薯等，使得研究区内的坡面和沟道都得到了整治。治理后的崩岗区：①种植经果林，边坡两侧都播种了相关植被，不仅使得区域内的植被覆盖度得到了提高，同时有效地控制了水土流失，提高了蓄水保土的能力。②治理后的崩岗土壤侵蚀模数大幅度降低，取得了显著的成效，其主要原因是种植果树后，地表植被得到了一定的恢复，果树可以阻断一部分雨滴直接打击地表，同时植物的根系可以固结土壤，提高土壤的抗蚀能力。③在产生一定的社会经济效益的同时，实现了崩岗治理与精准扶贫有机结合，打造了产业扶贫基地和贫困户就地就业基地，助推当地贫困户实现脱贫；能够吸引相关科研院所开展科研合作，推广相关科学技术和材料的应用。

第三节　修复完善型崩岗治理模式的效益评价

一、效益评价指标体系

详见第七章第三节。

二、指标权重的确定

根据修复完善型崩岗治理模式的特点和目的，对选取的各个指标的相对重要性进行判断，对判断结果进行分析（图 9-9）。

矩阵 1　*A-B* 判断矩阵

层次	B1	B2	B3
B1	1.00	0.25	3.00
B2	0.25	1.00	0.33
B3	0.33	3.00	1.00

矩阵 2   B1 - C 判断矩阵

层次	C1	C2	C3	C4
C1	1.000 0	2.130 2	3.312 5	3.989 6
C2	1.150 0	1.000 0	3.231 3	4.062 5
C3	0.851 2	0.732 9	1.000 0	2.875 0
C4	0.575 8	0.311 6	0.375 0	1.000 0

矩阵 3   B2 - C 判断矩阵

层次	C5	C6	C7
C5	1.000 0	2.947 9	3.045 8
C6	0.783 9	1.000 0	1.744 8
C7	1.090 2	1.525 0	1.000 0

矩阵 4   B3 - C 判断矩阵

层次	C8	C9
C8	1.000 0	2.645 8
C9	0.656 8	1.000 0

图 9 - 9   修复完善型崩岗综合效益评价指标判断矩阵

所有的随机一致性比率小于 0.1，都通过了一致性检验，表示得到的向量值可以作为评价指标的权重。层次总排序的随机一致性比率 $Rc < 0.1$，通过组合一致性检验，表明层次排序合理（表 9 - 11）。修复完善型崩岗综合效益评价指标权重如表 9 - 12 所示。

表 9 - 11   修复完善型崩岗综合效益评价 C - A 的层次总排序

层次	B1	B2	B3	层次排序 a_j
	0.333 8	0.141 6	0.524 7	
C1	0.433 8	0.000 0	0.000 0	0.144 8
C2	0.348 4	0.000 0	0.000 0	0.116 3
C3	0.236 6	0.000 0	0.000 0	0.079 0
C4	0.000 0	0.499 7	0.000 0	0.070 8
C5	0.000 0	0.237 5	0.000 0	0.033 6
C6	0.000 0	0.262 8	0.000 0	0.037 2
C7	0.000 0	0.000 0	0.391 7	0.205 5
C8	0.000 0	0.000 0	0.385 2	0.202 1
C9	0.000 0	0.000 0	0.223 0	0.117 0

表 9 - 12　修复完善型崩岗综合效益评价指标权重

目标层（A）	准则层（B）	指标层（C）	权重
综合效益（A3）	生态效益（B1）	土壤侵蚀模数（C1）	0.144 8
		植被覆盖度（C2）	0.116 3
		土壤肥力指数（C3）	0.079 0
	经济效益（B2）	年人均纯收入（C4）	0.070 8
		产投比（C5）	0.033 6
		投资回收期（C6）	0.037 2
	社会效益（B3）	农产品商品率（C7）	0.205 5
		土地生产率（C8）	0.202 1
		恩格尔系数（C9）	0.117 0

三、效益分析

修复完善型治理模式的崩岗，第 1 主成分中选取 pH、全氮、碱解氮和阳离子交换量因子，其中贡献率最大的是全氮；第 2 主成分中容重、总孔隙度是最高加权指标；土壤饱和导水率和初始含水量在第 3 主成分中的载荷值最高；全磷在第 4 主成分中的载荷值最高。4 个主成分的累计方差百分比达到了94.43%，可以用来反映因子的足够信息（表 9 - 13）。

表 9 - 13　修复完善型崩岗土壤肥力指标的因子分析结果

统计结果	修复完善型			
	主成分 1	主成分 2	主成分 3	主成分 4
特征值	8.69	3.96	1.41	1.05
方差百分比	54.30	24.78	8.82	6.53
累计百分比	54.30	79.08	87.90	94.43
变量载荷值				
容重	−0.07	−0.99	−0.11	0.01
粉粒	−0.59	−0.11	−0.61	−0.38
黏粒	0.72	0.12	0.62	0.12
总孔隙度	0.06	0.99	0.11	−0.02
毛管孔隙度	−0.08	0.69	0.00	0.63
饱和导水率	0.31	0.08	0.92	0.22
初始含水量	−0.26	0.00	−0.93	−0.16
毛管持水量	−0.39	0.89	−0.24	0.02
pH	−0.87	0.29	−0.26	−0.01
有机质	0.79	0.27	0.54	0.06
全氮	0.93	−0.10	0.25	0.14

（续）

统计结果	修复完善型			
	主成分 1	主成分 2	主成分 3	主成分 4
碱解氮	0.86	0.12	0.11	0.24
全磷	0.22	−0.08	0.35	0.86
有效磷	−0.80	0.48	−0.31	−0.15
速效钾	0.47	−0.45	0.69	−0.12
阳离子交换量	0.87	−0.18	0.36	−0.28

　　根据其因子分析的结果，选取 4 个主成分中贡献最大的指标（全氮、容重、初始含水量和全磷），再进一步对因子分析中符合标准的指标进行相关性分析（图 9 - 10），剔除冗余变量。可以看出，第 1 主成分中全氮与碱解氮、阳离子交换量呈显著正相关（$P<0.05$），与 pH 呈显著负相关（$P<0.05$）；第 2 主成分中土壤容重与土壤总孔隙度和毛管持水量呈显著负相关（$P<0.05$）；第 3 主成分中初始含水量与土壤饱和导水率呈显著负相关；第 4 主成分中全磷为最高载荷值。因此，选取全氮、容重、初始含水量和全磷在最小数据集中。在其他未选中的指标中，毛管持水量被选入最小数据集中。基本指标的公因子方差和权重值如表 9 - 14 所示。

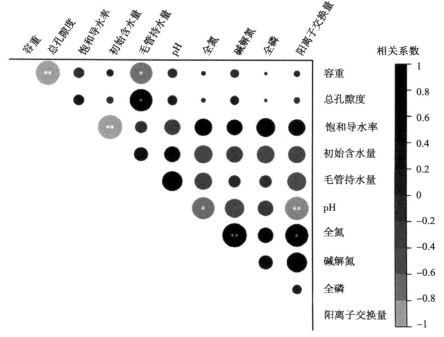

图 9 - 10　主成分中具有高载荷因子的相关关系系数矩阵（修复完善型崩岗）

表 9 - 14　修复完善型崩岗土壤肥力指数最小数据集的公因子方差及权重

治理模式	指标	公因子方差	权重
修复完善型	容重	0.99	0.34
	初始含水量	0.96	0.32
	毛管持水量	1.00	0.34
	全磷	0.92	0.49
	全氮	0.96	0.51

　　修复完善型治理模式的崩岗，容重和毛管持水量的权重一样为 0.34，土壤容重与土壤质地、颗粒密度、有机质含量以及各种管理措施有关，结构性好的土壤容重较小。土壤养分中，全磷和全氮权重相近为 0.49、0.51，氮和磷都是土壤提供植物生长所必需的营养元素。

　　修复完善型治理模式的崩岗土壤养分含量有明显的提升，物理和化学环境指标值低于未治理的崩岗，可能是一定的人为扰动，导致土壤表层疏松，降雨和径流的冲刷使得土壤质量恢复缓慢（图 9 - 11）。治理后崩岗的土壤养分含量是未治理崩岗的 2.31 倍，全磷、全氮含量都有明显的增加，生物多样性高使得植物残体归还土壤，增加了土壤养分的含量。崩岗生态效益和经济效益都有明显的提升，植被覆盖度达到了 62%，治理后周围生态环境得到了较好的恢复，有些居民在崩岗沟道处种植日常农作物也提高了土壤质量，同时可以获得一定的经济效益。修复完善型崩岗治理模式综合评价各指标统计如表 9 - 15 所示。

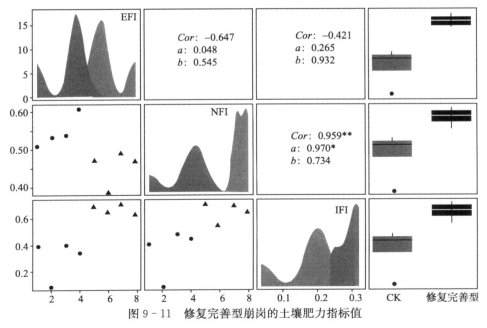

图 9 - 11　修复完善型崩岗的土壤肥力指标值

表 9 - 15 修复完善型崩岗综合评价指标数据

崩岗	评价指标	指标层	治理前	治理后
		土壤侵蚀模数/t/(km²·年)	5 502.26	1 890.92
	生态效益	植被覆盖度/%	25	62
		土壤肥力指数	0.17	0.29
		年人均纯收入/元/人	6 870	8 100
修复完善型		产投比/%	0.00	1.46
	经济效益	投资回收期/年	0.00	4.67
		农产品商品率/%	0.00	21.51
	社会效益	土地生产率/t/hm²	0.00	5.40
		恩格尔系数/%	37.50	36.15

四、综合效益评价

利用模糊隶属函数对各指标值进行标准化处理后，综合效益指标值如图 9 - 12 所示。

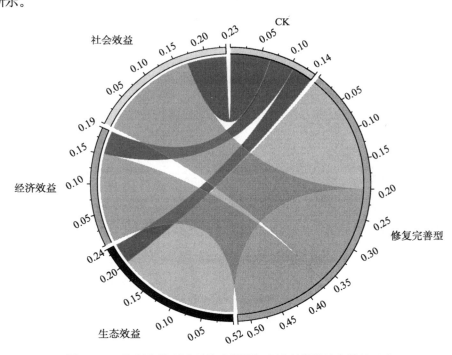

图 9 - 12 修复完善型治理模式崩岗与未治理崩岗综合效益对比

崩岗侵蚀治理后综合效益值为 0.520 3，相比较于未治理的 0.140 4，提高了 2.71 倍，综合评价等级为中等（C3）。治理后生态效益、经济效益和社会效益的综合评价值分别为 0.200 7、0.151 0、0.168 6，与治理前相比分别提高了 4.81 倍、2.78 倍、1.56 倍。治理后的崩岗区生态效益效果明显，在治理后综合效益中起主要作用。社会效益是从社会总体利益出发的某种效果和收益，短期内提高不显著，一方面可能需要一段较长的时间后才能发挥出来；另一方面在于社会效益包括一定的社会声誉和信任程度，没有在选取的指标中表达出来。

经过治理，金钩形小流域三种不同治理模式崩岗的各效益指标都有一定程度的改善：

（1）项目区通过种植一定的植被和经济作物，植被覆盖度有了明显的提高，不仅增加了植物多样性还提高了坡面的抗蚀能力。经过治理，当地的水土流失状况得到了极大的改善，土壤侵蚀模数和地表径流系数都降低了很多。种植观赏性植物和经济作物，加快了地表植物的恢复，植物的枝叶可以阻挡一部分降雨直接打击地表，同时植物的根系能够固结土壤，改善一定的土壤结构。

（2）治理后，从土壤物理性质来看，土壤容重比未治理的崩岗有所降低，土壤饱和导水率明显高于未治理的崩岗，土壤养分含量显著提升。产业经济型治理模式崩岗的含水量和孔隙度都最大，表现为产业经济型＞CK＞生态防护型＞修复完善型。从土壤化学性质来看，产业经济型＞生态防护型＞修复完善型＞CK，这可能是因为产业经济型治理模式主要通过工程措施，种植经济作物（奈李、脐橙等），一些农户会对种植的经济作物进行有机肥和化学肥料的投入，增加了新的养分来源，同时植物的残体和枯落物也会增加一部分养分来源。

（3）从实地调查和收集到的数据来看，治理后三种模式的崩岗经济社会效益是显著提升的，虽然投资回收期的年限不低，但是在国家和地方政府的政策支持下，项目区崩岗得到了根治，建成了脐橙果园基地 26.4 hm²，发挥效益后年直接经济效益达 500 万余元。同时，基地采取公司＋农户模式，吸纳当地贫困户群众从事生产经营务工，带动当地经济发展，实现崩岗治理与精准扶贫有机结合。与科研院所开展合作，发展新型技术。综合表明，崩岗经过治理后，无论是采用哪种治理方式，崩岗区生态、社会和经济都有明显的改善，对当地的生态环境可持续发展提供了有效的借鉴。

主 要 参 考 文 献

艾南山, 1987. 侵蚀流域系统的信息熵 [J]. 水土保持学报, 1 (2): 1-8.

安娟, 郑粉莉, 李桂芳, 等, 2011. 不同近地表土壤水文条件下雨滴打击对黑土坡面养分流失的影响 [J]. 生态学报, 31 (24): 7579-7590.

曾国华, 谢金波, 李彬燊, 等, 2008. 南方花岗岩区各种崩岗的整治途径 [J]. 中国水土保持 (1): 16-18.

曾昭璇, 1960. 地形学原理 (第一册) [M]. 广州: 华南师范学院出版社.

曾昭璇, 1992. 从暴流地貌看崩岗发育及其整治 [J]. 福建水土保持 (2): 18-23.

曾昭璇, 1993. 中国东部花岗岩地貌与水土流失问题 [J]. 热带地貌 (增刊): 102-112.

曾昭璇, 黄少敏, 1977. 中国东南部花岗岩地貌与水土流失问题 [J]. 广东师院学报 (自然科学版), 2: 46-61.

陈红星, 李法虎, 郝仕玲, 等, 2007. 土壤含水率与土壤碱度对土壤抗剪强度的影响 [J]. 农业工程学报, 23 (2): 21-25.

陈晓安, 2015. 崩岗侵蚀区土壤物理性质分层差异及其对崩岗发育的影响 [J]. 中国水土保持 (12): 71-72.

陈旭, 苏芳莉, 李海福, 等, 2020. 辽西沙化地区主要植被类型土壤抗剪强度研究 [J]. 人民长江, 51 (5): 84-88.

陈志彪, 朱鹤健, 刘强, 等, 2006. 根溪河小流域的崩岗特征及其治理措施 [J]. 自然灾害学报, 15 (5): 83-88.

单奇华, 2008. 城市林业土壤质量指标特性分析及质量评价 [D]. 南京: 南京林业大学.

邓羽松, 2018. 南方花岗岩区崩岗特性、分布与地理环境因素研究 [D]. 武汉: 华中农业大学.

邓羽松, 丁树文, 刘辰明, 等, 2015. 鄂东南花岗岩崩岗崩壁土壤水分特征研究 [J]. 水土保持学报, 29 (4): 132-137.

邓羽松, 李双喜, 丁树文, 等, 2016. 鄂东南崩岗不同层次土壤分形特征及抗蚀性研究 [J]. 长江流域资源与环境, 25 (1): 63-70.

丁光敏, 1989. 福建省植物措施治理崩岗的技术 [J]. 水土保持通报, 4: 25-27.

丁光敏, 2001. 福建省崩岗侵蚀成因及治理模式研究 [J]. 水土保持通报, 21 (5): 10-15.

丁树文, 蔡崇法, 张光远, 1995. 鄂东南花岗岩地区重力侵蚀及崩岗形成规律的研究 [J]. 南昌水专学报 (S1): 50-54.

方华荣, 郭廷辅, 1965. 封山治水改造低产田 [J]. 农田水利与水土保持 (1): 6.

冯明汉, 廖纯艳, 李双喜, 等, 2009. 我国南方崩岗侵蚀现状调查 [J]. 人民长江, 40 (8): 66-68.

付兴涛，张丽萍．2014. 红壤丘陵区坡长对作物覆盖坡耕地土壤侵蚀的影响 [J]. 农业工程学报，30（5）：91-98.

葛宏力，黄炎和，蒋芳市，2007. 福建省崩岗发生的地质和地貌条件分析 [J]. 水土保持通报，27（2）：128-131.

葛宏力，林敬兰，黄炎和，2010. 崩岗风化壳形成的地质作用 [J]. 福建农林大学学报：自然科学版，39（1）：73-78.

郭丽俊，李毅，李敏，等，2011. 娄土土壤水力特性空间变异的多重分形分析 [J]. 农业机械学报，42（9）：50-58.

何溢钧，2014. 南方花岗岩区崩岗综合治理技术体系及治理模式研究 [D]. 武汉：华中农业大学.

和继军，吕烨，宫辉力，等，2013. 细沟侵蚀特征及其产流产沙过程试验研究 [J]. 水利学报，44（4）：398-405.

黄斌，李定强，袁再健，等，2018. 崩岗治理技术措施研究进展与展望 [J]. 水土保持通报，38（6）：248-253＋262.

黄艳霞，2007. 广西崩岗侵蚀的现状、成因及治理模式 [J]. 中国水土保持（2）：3-4.

湖北省地质矿产局，1990. 湖北省区域地质志 [M]. 北京：地质出版社.

黄志尘，颜沧波，2000. 安溪县龙门镇崩岗调查及防治对策 [J]. 福建水土保持，1：39-41＋45.

李慧，黄炎和，蒋芳市，等，2017. 2 种草本植物根系对崩岗洪积扇土壤抗剪强度的影响 [J]. 水土保持学报，31（3）：98-101.

李建兴，何丙辉，谌芸，等，2013. 不同护坡草本植物的根系分布特征及其对土壤抗剪强度的影响 [J]. 农业工程学报，29（10）：144-152.

李双喜，桂惠中，丁树文，2013. 中国南方崩岗空间分布特征 [J]. 华中农业大学学报，32（1）：83-86.

李想，王瑄，盛思远，等，2017. 坡面不同土地利用类型土壤抗剪强度影响因素分析 [J]. 水土保持学报，31（1）：80-84＋90.

李小林，2012. 赣南崩岗治理模式探讨 [J]. 江西水利科技，38（3）：166-168.

李晓峰，何武全，2010. 利用圆盘入渗仪测定土壤水动力参数的入渗特征试验研究 [J]. 灌溉排水学报，29（5）：68-72.

梁音，宁堆虎，潘贤章，等，2009. 南方红壤区崩岗侵蚀的特点与治理 [J]. 中国水土保持（1）：31-34.

廖义善，唐常源，袁再健，等，2018. 南方红壤区崩岗侵蚀及其防治研究进展 [J]. 土壤学报，55（6）：1297-1312.

林金石，庄雅婷，黄炎和，等，2015. 不同剪切方式下崩岗红土层抗剪特征随水分变化规律 [J]. 农业工程学报，31（24）：106-110.

林敬兰，2012. 南方花岗岩地区崩岗侵蚀成因机理研究 [D]. 福州：福建农林大学.

林敬兰，黄炎和，张德斌，等，2013. 水分对崩岗土体抗剪切特性的影响 [J]. 水土保持学报，27（3）：55-58.

林盛, 2016. 南方红壤区水土流失治理模式探索及效益评价 [D]. 福建: 福建农林大学.

刘凡, 2009. 地质与地貌学 (南方本) [M]. 北京: 中国农业出版社.

刘瑞华, 2004. 南地区崩岗侵蚀灾害及其防治 [J]. 水文地质工程地质, 31 (4): 54-57.

刘希林, 连海清, 2011. 崩岗侵蚀地貌分布的海拔高程与坡向选择性 [J]. 水土保持通报, 31 (4): 32-36.

刘希林, 张大林, 2015. 基于三维激光扫描的崩岗侵蚀的时空分析 [J]. 农业工程学报, 31 (4): 204-211.

刘希林, 张大林, 贾瑶瑶, 2013. 崩岗地貌发育的土体物理性质及其土壤侵蚀意义——以广东五华县莲塘岗崩岗为例 [J]. 地球科学进展, 28 (7): 802-811.

刘鑫, 王一博, 吕明侠, 等, 2018. 基于主成分分析的青藏高原多年冻土区高寒草地土壤质量评价 [J]. 冰川冻土, 40 (3): 61-71.

刘窑军, 王天巍, 蔡崇法, 等, 2013. 植被恢复对三峡库区土质道路边坡抗剪强度的影响 [J]. 土壤学报, 50 (2): 396-404.

鲁胜力, 2005. 加快花岗岩区崩岗治理的措施建议 [J]. 中国水利 (10): 44-46.

吕玉娟, 刘俊民, 王红兰, 等, 2013. 土壤渗透特性的圆盘张力入渗法测定研究 [J]. 灌溉排水学报, 32 (1): 121-123.

倪世民, 冯舒悦, 王军光, 等, 2018. 不同质地重塑土坡面细沟侵蚀形态与水力特性及产沙的关系 [J]. 农业工程学报, 34 (15): 149-156.

倪世民, 张德谦, 冯舒悦, 等, 2019. 不同质地重塑土坡面水沙定量关系研究 [J]. 土壤学报, 56 (6): 1336-1346.

牛德奎, 1990. 赣南山地丘陵区崩岗侵蚀阶段发育的研究 [J]. 江西农业大学学报, 12 (1): 29-36.

牛德奎, 2009. 华南红壤丘陵区崩岗发育的环境背景与侵蚀机理研究 [D]. 南京: 南京林业大学.

牛德奎, 郭晓敏, 左长清, 等, 2000. 我国南方红壤丘陵区崩岗侵蚀的分布及其环境背景分析 [J]. 江西农业大学学报, 2: 204-208.

丘世钧, 1994. 红土坡地崩岗侵蚀过程与机理 [J]. 水土保持通报, 14 (6): 31-40.

任兵芳, 丁树文, 吴大国, 等, 2013. 鄂东南崩岗土体特性分析 [J]. 人民长江, 44: 93-96.

阮伏水, 1991. 福建崩岗侵蚀机理初探 [J]. 福建水土保持, 4: 33-37.

阮伏水, 1996. 福建崩岗沟侵蚀机理探讨 [J]. 福建师大学报 (自然科学版, S1): 24-31.

阮伏水, 2003. 福建省崩岗侵蚀与治理模式探讨 [J]. 山地学报, 21 (6): 675-680.

佘冬立, 高雪梅, 房凯, 2014. 利用圆盘入渗仪测定不同土地利用类型土壤吸渗率 [J]. 农业工程学报, 30 (18): 151-158.

佘冬立, 刘营营, 俞双恩, 等, 2014. 不同土地利用方式下土壤水力性质对比研究 [J]. 农业机械学报, 45 (9): 175-179+186.

佘冬立, 邵明安, 俞双恩, 2010. 黄土高原水蚀风蚀交错带小流域土壤矿质氮空间变异性 [J]. 农业工程学报, 26 (6): 89-96.

沈海鸥，2015. 黄土坡面细沟发育与形态特征研究 [D]. 杨凌：西北农林科技大学.

沈海鸥，郑粉莉，温磊磊，2018. 细沟发育与形态特征研究进展 [J]. 生态学报，38（19）：
6818-6825.

史德明，1984. 我国热带、亚热带地区崩岗侵蚀的剖析 [J]. 水土保持通报（3）：32-37.

史德明，1991. 南方花岗岩区的土壤侵蚀及其防治 [J]. 水土保持学报，5（3）：63-72.

史志华，杨洁，李忠武，等，2018. 南方红壤低山丘陵区水土流失综合治理 [J]. 水土保持
学报，32（1）：6-9.

水利部，中国科学院，中国工程院，2011. 中国水土流失防治与生态安全（总卷）[M]. 北
京：科学出版社.

孙昕，李德成，梁音，2009. 南方红壤区小流域水土保持综合效益定量评价方法探讨——
以江西兴国县为例 [J]. 土壤学报，46（3）：373-380.

覃超，2018. 基于立体摄影技术的黄土坡面细沟侵蚀发育过程量化研究 [D]. 杨凌：西北
农林科技大学.

陶禹，2020. 崩岗坡面壤中流及其水动力特征与崩岗侵蚀的关系 [D]. 武汉：华中农业
大学.

王道坦，黄炎和，王洪翠，等，2006. 花岗岩强度水土流失区的治理效益综合评价 [J]. 福
建热作科技（4）：4-7.

王军光，2013. 集中水流内典型红壤分离机制及团聚体剥蚀特征研究 [D]. 武汉：华中农
业大学.

王琦，杨勤科，2010. 区域水土保持效益评价指标体系及评价方法研究 [J]. 水土保持研
究，17（2）：32-36+40.

王秋霞，丁树文，夏栋，等，2016. 花岗岩崩岗区不同层次土壤分离速率定量研究 [J]. 水
土保持学报，30（3）：65-70.

王彦华，谢先德，王春云，2000a. 风化花岗岩崩岗灾害的成因机理 [J]. 山地学报，18
（6）：496-501.

王彦华，谢先德，王春云，2000b. 广东花岗岩风化剖面的物性特征 [J]. 热带地理（4）：
256-260.

王艳忠，胡耀国，李定强，等，2008. 粤西典型崩岗侵蚀剖面可蚀性因子初步分析 [J]. 生
态环境，17（1）：403-410.

王云琦，王玉杰，张洪江，等，2006. 重庆缙云山不同土地利用类型土壤结构对土壤抗剪
性能的影响 [J]. 农业工程学报，22（3）：40-45.

魏玉杰，2018. 花岗岩风化岩土体力学参数的试验研究与稳定性数值模拟 [D]. 武汉：华
中农业大学.

吴克刚，Clarke D，Dicenzo P，1989. 华南花岗岩风化壳的崩岗地形与土壤侵蚀 [J]. 中国
水土保持，2：2-5+62.

吴志峰，邓南荣，王继增，1999. 崩岗侵蚀地貌与侵蚀过程 [J]. 中国水土保持，4：
10-12.

吴志峰，王继增，2000. 华南花岗岩风化壳岩土特性与崩岗侵蚀关系 [J]. 水土保持学报，

14 (2): 31-35.

吴志峰, 钟伟青, 1997. 崩岗灾害地貌及其环境效应 [J]. 生态科学, 16 (2): 93-98.

夏栋, 2015. 南方花岗岩区崩岗崩壁稳定性研究 [D]. 武汉: 华中农业大学.

肖胜生, 杨洁, 方少文, 等, 2014. 南方红壤丘陵区崩岗不同防治模式探讨 [J]. 长江科学院院报, 31 (1): 18-22.

谢建辉, 2006. 德庆县崩岗治理及其防治对策 [J]. 亚热带水土保持, 2: 52-54.

辛琛, 王全九, 樊军, 2007. 负水头条件下的水平一维土壤吸渗特征 [J]. 农业工程学报, 23 (9): 20-26.

姚庆元, 钟五常, 1966. 江西赣南花岗岩地区的崩岗及其治理 [J]. 江西师范学院学报 (1): 62-75.

俞慎, 许敬华, 2016. 南方红壤区崩岗侵蚀治理综合效益评价 [J]. 福建农林大学学报 (自然科学版), 45 (4): 361-370.

詹振芝, 黄炎和, 蒋芳市, 等, 2017. 砾石含量及粒径对崩岗崩积体渗透特性的影响 [J]. 水土保持学报 (3): 85-90.

张爱国, 李锐, 杨勤科, 2001. 中国水蚀土壤抗剪强度研究 [J]. 水土保持通报, 21 (3): 5-9.

张大林, 刘希林, 2011. 崩岗侵蚀地貌的演变过程及阶段划分 [J]. 亚热带资源与环境学报, 6 (2): 23-28.

张光辉, 刘宝元, 张科利, 2002. 坡面径流分离土壤的水动力学实验研究 [J]. 土壤学报, 39 (6): 882-886.

张晶, 2015. 水土保持综合治理效益评价研究综述 [J]. 水土保持应用技术 (4): 39-42.

张乐涛, 高照良, 李永红, 等, 2013. 模拟径流条件下工程堆积体陡坡土壤侵蚀过程 [J]. 农业工程学报, 29 (8): 145-153.

张攀, 姚文艺, 唐洪武, 等, 2015. 模拟降雨条件下坡面细沟形态演变与量化方法 [J]. 水科学进展, 26 (1): 51-58.

张萍, 查轩, 2007. 崩岗侵蚀研究进展 [J]. 水土保持研究 (1): 170-172+176.

张淑光, 钟朝章, 1990. 广东省崩岗形成机理与类型 [J]. 水土保持通报, 10 (3): 8-16.

张晓明, 丁树文, 蔡崇法, 2012. 干湿效应下崩岗区岩土抗剪强度衰减非线性分析 [J]. 农业工程学报, 28 (5): 241-245.

赵辉, 罗建民, 2006. 湖南崩岗侵蚀成因及综合防治体系探讨 [J]. 中国水土保持 (5): 1-4.

赵良敏, 2018. 小流域治理环境质量综合评价指标体系研究 [J]. 黑龙江水利科技, 46 (7): 260-262+265.

郑粉莉, 唐克丽, 张成娥, 1995. 降雨动能对坡耕地细沟侵蚀影响的研究 [J]. 人民黄河 (7): 22-24+46+62.

郑粉莉, 唐克丽, 周佩华, 1987. 坡耕地细沟侵蚀的发生、发展和防治途径的探讨 [J]. 水土保持学报 (1): 36-48.

钟继洪, 唐淑英, 谭军, 1991. 南方山区花岗岩风化壳崩岗侵蚀及其防治对策 [J]. 水土保持通报，11（4）：27-28.

朱启疆，帅艳民，陈雪，等，2002. 土壤侵蚀信息熵：单元地表可蚀性的综合度量指标［J］. 水土保持学报，16（1）：50-53.

Abrantes J R C B，Prats S A，Keizer J J，et al.，2018. Effectiveness of the application of rice straw mulching strips in reducing runoff and soil loss：laboratory soil flume experiments under simulated rainfall［J］. Soil and Tillage Research，180：238-249.

Adunoye G O，2014. Study of relationship between fines content and cohesion of soil［J］. British Journal of Applied Science and Technology，4（4）：682-692.

Aksoy H，Kavvas M L，2005. A review of hillslope and watershed scale erosion and sediment transport models［J］. Catena，64（2-3）：247-271.

Ali M，Seeger M，Sterk G，et al.，2013. A unit stream power based sediment transport function for overland flow［J］. Catena，101（3）：197-204.

Ali M，Sterk G，Seeger M，et al.，2012. Effect of hydraulic parameters on sediment transport capacity in overland flow over erodible beds［J］. Hydrology and Earth System Sciences，16（2）：591-601.

Asadi H，Ghadiri H，Rose C W，et al.，2007. Interrill soil erosion processes and their interaction on low slopes［J］. Earth Surface Processes and Landforms，32：711-724.

Asadi H，Ghadiri H，Rose C W，et al.，2007. An investigation of flow-driven soil erosion processes at low stream powers［J］. Journal of Hydrology，342：134-142.

Asadi H，Moussavi A，Ghadiri H，et al.，2011. Flow-driven soil erosion processes and the size selectivity of sediment［J］. Journal of Hydrology，406（1/2）：73-81.

Assouline S，Ben-Hur M，2006. Effects of rainfall intensity and slope gradient on the dynamics of interrill erosion during soil surface sealing［J］. Catena，66：211-220.

Bagnold R A，1966. An approach to the sediment transport problem from general physics［J］. Geological Survey Professional，422-Ⅰ：231-291.

Ban Y Y，Lei T W，Feng R，et al.，2017. Effect of stone content on water flow velocity over loess slope：Frozen soil［J］. Journal of Hydrology，554：792-799.

Bennett S J，Alonso C V，Prasad S N，et al.，2000. Experiments onheadcut growth and migration in concentrated flows typical of upland areas［J］. Water Resources Research，36：1911-1922.

Berger C，Schulze M，Rieke-Zapp D，et al.，2010. Rill development and soil erosion：a laboratory study of slope and rainfall intensity［J］. Earth Surface Processes and Landforms，35：1456-1467.

Bertolini G，Guida M，Pizziolo M，2005. Landslides in Emilia-Romagna region（Italy）：strategies for hazard assessment and risk management［J］. Landslides，2（4）：302-312.

Bewket W，Sterk G，2003. Assessment of soil erosion in cultivated fields using a survey methodology for rills in the chemoga watershed，ethiopia［J］. Agriculture，Ecosystems and Environment，97：81-93.

Bischetti G B, Chiaradia E A, Simonato T, et al., 2005. Root strength and root area ratio of forest species in Lombardy (Northern Italy) [J]. Plant and Soil, 278 (1/2): 11-22.

Bradford J M, Ferris J E, Remley P A, 1987. Interrill soil erosion processes: I. Effect of surface sealing on infiltration, runoff, and soil splash detachment [J]. Soil Science Society of America Journal, 51: 1566-1571.

Brodowski R, 2013. Soil detachment caused by divided rain power from raindrop parts splashed downward on a sloping surface [J]. Catena, 105: 52-61.

Bruno C, Stefano C D, Ferro V, 2008. Field investigation on rilling in the experimental sparacia area, south italy [J]. Earth Surface Processes and Landforms, 33: 263-279.

Brunton D A, Bryan R B, 2000. Rill network development and sediment budgets [J]. Earth Surface Processes and Landforms, 25: 783-800.

Cao L, Zhang K, Zhang W, 2009. Detachment of road surface soil by flowing water [J]. Catena, 76 (2): 155-162.

Cerdà A, 1999. Parent Material and Vegetation Affect Soil Erosion in Eastern Spain [J]. Soil Science Society of America Journal, 63 (2): 362-368.

Chen J L, Zhou M, Lin J S, et al., 2018. Comparison of soil physicochemical properties and mineralogical compositions between noncollapsible soils and collapsed gullies [J]. Geoderma, 317: 56-66.

Chiang L H, Kotanchek M E, Kordon A K, 2004. Fault diagnosis based on Fisher discriminant analysis and support vector machines [J]. Computers and Chemical Engineering, 28 (8): 1389-1401.

Cochrane T A, Yoder D C, Flanagan D C, et al., 2019. Quantifying and modeling sediment yields from interrill erosion under armouring [J]. Soil and Tillage Research, 195: 104-375.

Costa F M, Bacellar L D A P, 2007. Analysis of the influence of gully erosion in the flow pattern of catchment streams, Southeastern Brazil [J]. Catena, 69 (3): 230-238.

De A P B L, Netto A L C, Lacerda W A, 2010. Controlling factors of gullying in theMaracujá Catchment, southeastern Brazil [J]. Earth Surface Processes and Landforms, 30 (11): 1369-1385.

De Baets S, Poesen J, Knapen A, et al., 2007. Impact of root architecture on the 23 erosion-reducing potential of roots during concentrated flow [J]. Earth Surface Processes and Landforms, 32 (9): 1323-1345.

Deng Y S, Cai C F, Xia D, et al., 2017. Soil Atterberg limits of different weathering profiles of the collapsing gullies in the hilly granitic region of southern China [J]. Solid Earth, 8: 499-513.

Derose R C, Gomez B, Marden M, et al., 2015. Gully erosion in Mangatu Forest, New Zealand, estimated from digital elevation models [J]. Earth Surface Processes and Landforms, 23 (11): 1045-1053.

Ding W, Huang C, 2017. Effects of soil surface roughness on interrill erosion processes and sediment particle size distribution [J]. Geomorphology, 295: 801-810.

Dong Y Q, Zhuang X H, Lei T W, et al., 2014. A method for measuring erosive flow velocity with simulated rill [J]. Geoderma (232-234): 556-562.

Elham A K, Hojat E, Mohammad R M, et al., 2018. Estimation of unsaturated shear strength parameters using easily-available soil properties [J]. Soil and Tillage Research, 184: 118-127.

Elliott C, 2008. Influence of temperature and moisture availability on physical rock weathering along the Victoria Land coast, Antarctica [J]. Antarctic Science, 20 (1): 61-67.

Everaert W, 1991. Empirical relations for the sediment transport capacity of interrill flow [J]. Earth Surface Processes and Landforms, 16 (6): 513-532.

Fang H Y, Sun L Y, Tang Z H, 2015. Effects of rainfall and slope on runoff, soil erosion and rill development: an experimental study using two loess soils [J]. Hydrological Processes, 29: 2649-2658.

Farmer E E, 1973. Relative detachability of soil particles by simulated rainfall [J]. Soil Science Society of America Journal, 37: 629-633.

Favis-Mortlock D T, 1998. A self-organizing dynamic systems approach to the simulation of rill initiation and development onhillslopes [J]. Computers and Geosciences, 24: 353-372.

Favis-Mortlock D T, Boardman J, Parsons A J, et al., 2000. Emergence and erosion: a model for rill initiation and development [J]. Hydrological Processes, 14: 2173-2205.

Ferro V, 1998. Evaluating overland flow sediment transport capacity [J]. Hydrol. Process, 12: 1895-1910.

Flanagan D C, Nearing M A, 1995. USDA-water erosion prediction project: Hillslope profile and watershed model documentation [J]. NSERL Report, 10: 1603-1612.

Foster G R, Lane L J, Mildner W F, 1983. Seasonally ephemeral cropland gully erosion. Proceedings of Natural Resources Modeling Symposium [J]. Pingree Park, CO, USA, 16-21: 463-365.

Foster G R, Meyer L D, 1972. Transport of soil particles by shallow flow [J]. Transactions of the ASAE-American Society of Agricultural Engineers, 51 (5): 99-102.

Garcia M, 2008. Sedimentation engineering: processes, measurements, modeling, and practice [D]. Reston: American Society of Civil Engineering.

Gardner W R, 1956. Representation of soil aggregate-size distribution by alogarithmicnormal distribution [J]. Soil Science Society of America Journal, 20: 151-153.

Gatto L W, 2000. Soil freeze-thaw-induced changes to a simulated rill: potential impacts on soil erosion [J]. Geomorphology, 32 (1): 147-160.

Geng R, Zhang G H, Ma Q H, et al., 2017. Effects of landscape positions on soil resistance to rill erosion in a small catchment on the Loess Plateau [J]. Biosystems Engineering,

160：95-108.

Giménez, R, Govers, G, 2001. Interaction between bed roughness and flow hydraulics in eroding rills [J]. Water Resources Research, 37 (3)：791-799.

Gong J G, Jia Y W, Zhou Z H, et al., 2011. An experimental study on dynamic processes of ephemeral gully erosion in loess landscapes [J]. Geomorphology, 125：203-213.

Govers G, 1990. Empirical Relationships for the Transport Capacity of Overland Flow [M]. [S. l.]：Iahs Publication.

Govers G, 1992. Evaluation of transporting capacity formulae for overland flow [M]// Parsons A D, Abrahams A D. Overland Flow, Hydraulics and Erosion Mechanics. [S. l.]：UCL Press：243-273.

Govers G, Gimenez R, Oost K V, 2007. Rill erosion：Exploring the relationship between experiments, modelling and field observations [J]. Earth-Science Review, 84 (3)：87-102.

Govers G, Poesen J, 1988. Assessment of the inter-rill and rill contribution to total soil loss from an upland field plot [J]. Geomorphology, 1：343-354.

Govers G, Rauws G, 1986. Transporting capacity of overland flow on plane and on irregular beds [J]. Earth Surface Processes and Landforms, 11 (5)：515-524.

Grabowski R C, Droppo I G, Wharton G, 2011. Erodibility of cohesive sediment：the importance of sediment properties [J]. Earth-Science Reviews, 105 (3)：101-120.

Gu Z J, Wu X X, Zhou F, et al., 2013, Estimating the effect of pinus massoniana, Lamb plots on soil and water conservation during rainfall events using vegetation fractional coverage [J]. Catena, 109 (10)：225-233.

Gumiere S J, Bissonnais Y L, Raclot D, 2009. Soil resistance to interrill erosion：Model parameterization and sensitivity [J]. Catena, 77 (3)：274-284.

Guo T L, Wang Q J, Li D Q, et al., 2010. Sediment and solute transport on soil slope under simultaneous influence of rainfall impact and scouring flow [J]. Hydrological Processes, 24 (11)：1446-1454.

Guo Z L, Ma M J, Cai C F, et al., 2018. Combined effects of simulated rainfall and overland flow on sediment and solute transport in hillslope erosion [J]. Soils Sediments, 18：1120-1132.

Guy B T, Dickinson W T, Rudra R P, 1987. The roles of rainfall and runoff in the sediment transport capacity of interrill flow [J]. Transactions of the ASAE-American Society of Agricultural Engineers, 30 (5)：1378-1386.

Guy B T, Dickinson W T, Rudra R P, 1992. Evaluation of fluvial sediment transport equations for overland flow [J]. Transactions of the ASAE-American Society of Agricultural Engineers, 35 (2)：545-555.

Guy B T, Rudra R P, Dickenson W T, et al., 2009. Empirical model for calculating sediment-transport capacity in shallow overland flows：model development [J]. Biosystems Engineering, 103 (1)：105-115.

Hairsine P B, Rose C W, 1992. Modeling water erosion due to overland flow using physical principles: 1. Sheet flow [J]. Water Resources Research, 28 (1): 245-250.

Hao H X, Wang J G, Guo Z L, et al., 2019. Water erosion processes and dynamic changes of sediment size distribution under the combined effects of rainfall and overland flow [J]. Catena, 173: 494-504.

He J J, Li X J, Jia L J, et al., 2014. Experimental study of rill evolution processes and relationships between runoff and erosion on clay loam and loess [J]. Soil Science Society of America Journal, 78: 1716-1725.

Hillel D, 1998. Environmental soil physics [M]. New York: Academic Press.

Hofer S, Frahm J, 2006. Topography of the human corpus callosum revisited-Comprehensive fiber tractography using diffusion tensor magnetic resonance imaging [J]. Neuroimage, 32 (3): 989-994.

Huang C H, Bradford J M, 1992. Applications ofa laser scanner to quantify soil microtopography [J]. Soil Science Society of America Journal, 56: 14-21.

Imeson A C, Kwaad F J P M, 1980. Gully types and gully prediction [J]. Geografisch Tijdschrift, 14 (5): 430-441.

Irfan T Y, 1996. Mineralogy, fabric properties and classification of weathered granites in Hong Kong [J]. Quarterly Journal of Engineering Geology and Hydrogeology, 29 (1): 5-35.

Issa O M, Bissonnaiset Y L, Planchon O, et al., 2006. Soil detachment and transport on field-and laboratory-scale interrill areas: erosion processes and the size-selectivity of eroded sediment [J]. Earth Surface Process and Landforms, 31: 929-939.

Jayawardena A W, Bhuiyan R R, 1999. Evaluation of an interrill soil erosion model using laboratory catchment data [J]. Hydrol. Process, 13 (1): 89-100.

Jiang F S, Huang Y H, Wang M K, et al., 2014. Effects of rainfall intensity and slope gradient on steep colluvial deposit erosion in Southeast China [J]. Soil Science Society of America Journal, 78: 1741-1752.

Jiang F S, Huang Y H, Wang M K, et al., 2018. Sediment selective behaviors of colluvial deposit materials on steep slopes and under heavy rainfall conditions in southeastern China [J]. Energy and Ecology, 73: 133-142.

Jiang F S, Zhan Z Z, Chen J L, et al., 2018. Rill erosion processes on a steep colluvial deposit slope under heavy rainfall in flume experiments with artificial rain [J]. Catena, 169: 46-58.

Jiang Y M, Shi H J, Wen Z M, et al., 2020. The dynamic process of slope rill erosion analyzed with a digital close range photogrammetry observation system under laboratory conditions [J]. Geomorphology, 350 (C): 106893.

Jomaa S, Barry D A, Heng B C P, et al., 2012. Influence of rock fragment coverage on soil erosion and hydrological response: Laboratory flume experiments and modeling [J]. Water

Resources Research, 48: 213-223.

Julien P Y, Simons D B, 1985. Sediment transport capacity of overland flow [J]. Transactions of the ASAE-American Society of Agricultural Engineers, 28: 755-762.

Kaiser H F, 1960. The Application of Electronic Computers to Factor Analysis [J]. Educational and Psychological Measurement, 20 (1): 141-151.

Kateb HE, Zhang H, Zhang P, et al. , 2013. Soil erosion and surface runoff on different vegetation covers and slope gradients: a field experiment in southern shaanxi province, China [J]. Catena, 105 (5): 1-10.

Kinnell P I A, 2005. Raindrop-impact-induced erosion processes and prediction: a review [J]. Hydrological Processes, 19 (14): 2815-2844.

Kinnell P I A, 2006. Simulations demonstrating interaction between coarse and fine sediment loads in rain-impacted flow [J]. Earth Surface Processes and Landforms, 31 (3): 355-367.

Kinnell P I A, 2012. Raindrop-induced saltation and the enrichment of sediment discharged from sheet and interrill erosion areas [J]. Hydrological Processess, 26: 1449-1456.

Knapen A, Poesen J, Govers G, et al. , 2007. Resistance of soils to concentrated flow erosion: A review [J]. Earth Science Reviews, 80 (1-2): 75-109.

Laeson W E, Pierce F J, 1991. Conservation and enhancement of soil quality [J]. Evaluation for Sustationable Land Management in the Developing World, Chiang Rai, Thailand, 9: 175-203.

Lan H X, Hu R L, Yue Z Q, et al. , 2003. Engineering and geological characteristics of granite weathering profiles in South China [J]. Journal of Asian Earth Sciences, 21: 353-364.

Le Bissonnais Y, Cerdan O, Lecomte V, et al. , 2005. Variability of soil surface characteristics influencing runoff and interrill erosion [J]. Catena, 62: 111-124.

Lehane B M, Liu Q B, 2013. Measurement of shearing characteristics of granular materials at low stress levels in a shear box [J]. Geotechnical and Geological Engineering, 31 (1): 329-336.

Lei T W, Zhang Q W, Zhao J, et al. , 2001. A laboratory study of sediment transport capacity in the dynamic process of rill erosion [J]. Transactions of the ASAE American Society of Agricultural Engineers, 44 (6): 1537-1542.

Leung F Y, Yan W M, Hau B H, et al. , 2015. Root systems of native shrubs and trees in Hong Kong and their effects on enhancing slope stability [J]. Catena, 125: 102-110.

Li G, Abrahams A D, 1999. Controls of sediment transport capacity in laminar interrill flow on stone-covered surfaces [J]. Water Resources Research, 35 (1): 305-310.

Li Z W, Zhang G H, Geng R, et al. , 2015. Rill erodibility as influenced by soil and land use in a small watershed of the Loess Plateau, China [J]. Biosystems Engineering, 129: 248-257.

Liao Y S, Yuan Z J, Zhuo M N, et al., 2019. Coupling effects of erosion and surface roughness on colluvial deposits under continuous rainfall [J]. Soil and Tillage Research, 191: 98-107.

Lin J S, Huang Y H, Zhao G, et al., 2017. Flow-driven soil erosion processes and the size selectivity of eroded sediment on steep slopes using colluvial deposits in a permanent gully [J]. Catena, 157: 47-57.

Lin J S, Zhu G L, Wei J, et al., 2018. Mulching effects on erosion from steep slopes and sediment particle size distributions of gully colluvial deposits [J]. Catena, 160: 57-67.

Liu Q J, Wells R R, Dabney S M, et al., 2017. Effect of water potential and void ratio on erodibility for agricultural soils [J]. Soil Science Society of America Journal, 81: 622-632.

Low H S, 1989. Effect of sediment density on bed load transport [J]. Journal of Hydraulic Engineering, 115 (1): 124-138.

Lu J, Zheng F L, Li G F, et al., 2016. The effects of raindrop impact and runoff detachment on hillslope soil erosion and soil aggregate loss in the Mollisol region of Northeast China [J]. Soil and Tillage Research, 161: 79-85.

Luffman I E, Nandi A, Spiegel T, 2015. Gully morphology, hillslope erosion, and precipitation characteristics in the Appalachian valley and Ridge province, southeastern USA [J]. Catena, 133: 221-232.

Luk S H, Dicenzo P D, Liu X Z, 1997. Water and sediment yield from a small catchment in the hilly granitic region, South China [J]. Catena, 29 (2): 177-189.

Luk S H, Woo M K, 1997. Soil erosion in South China [J]. Catena, 29 (2): 93-95.

Luk S H, Yao Q Y, Gao J Q, et al., 1997. Environmental analysis of soil erosion in Guangdong Province: a Deqing case study [J]. Catena, 29: 97-113.

Mahmoodabadi M, Ghadiri H, Yu B, et al., 2014. Morpho-dynamic quantification of flow-driven rill erosion parameters based on physical principles [J]. Journal of Hydrology, 514: 328-336.

Martin Y, Valeo C, Tait M, 2008. Centimetre-scale digital representations ofterrain and impacts on depression storage and runoff [J]. Catena, 75: 223-233.

Merritt W S, Letcher R A, Jakeman A J, 2003. A review of erosion and sediment transport models [J]. Environmental Modelling and Software, 18 (8-9): 761-799.

Merten G H, Nearing M A, Borges A L O, 2001. Effect of sediment load on soil detachment and deposition in rills [J]. Soil Science Society of America Journal, 65 (3): 861-868.

Morgan R P C, 2005. Soil Erosion & Conservation [M]. 3rd ed. Oxford: Blackwell publishing.

Moscatelli M C, Tizio A D, Marinari S, et al., 2007. Microbial indicators related to soil carbon in Mediterranean land use systems [J]. Soil and Tillage Research, 97 (1): 51-59.

Nash J E, Sutcliffe J V, 1970. River flow forecasting through conceptual models part i a discussion of principles [J]. Journal of Hydrology, 10 (3): 282-290.

Nearing M A, Norton L D, Bulgako D A, et al., 1997. Hydraulics and erosion in eroding rills [J]. Water Resources Research, 33: 865-876.

Nearing M A, Polyakov V O, Nichols M H, et al., 2017. Slope-velocity equilibrium and evolution of surface roughness on a stony hillslope [J]. Hydrology and Earth System Sciences, 21: 3221-3229.

Nearing M A, Bradford J M, Parker S C, 1991. Soil detachment by shallow flow at low slopes [J]. Soil Science Society of America Journal, 55 (2): 351-357.

Ni S M, Zhang D Q, Cai C F, et al., 2021. Exploring rainfall kinetic energy induced erosion behavior and sediment sorting for a coarse-textured granite derived soil of south China [J]. Soil and Tillage Research, 208: 104915.

Ni S M, Zhang D Q, Wen H, et al., 2020. Erosion processes and features for a coarse-textured soil with different horizons: a laboratory simulation [J]. Journal of Soils and Sediments, 20: 2997-3012.

Ollobarren P, Capra A, Gelsomino A, et al., 2016. Effects of ephemeral gully erosion on soil degradation in a cultivated area in Sicily (Italy) [J]. Catena, 145: 334-345.

Pieri L, Bittelli M, Hanuskova M, et al., 2009. Characteristics of eroded sediments from soil under wheat and maize in the North Italian Apennines [J]. Geoderma, 154: 20-29.

Poesen J, Nachtergaele J, Verstraeten G, et al., 2003. Gully erosion and environmental change: importance and research needs [J]. Catena, 50: 91-133.

Polyakov V O, Nearing M A, 2003. Sediment transport in rill flow under deposition and detachment conditions [J]. Catena, 51 (1): 33-43.

Prats S A, Abrantes J R C D B, Coelho C D O A, et al., 2017. Comparing topsoil charcoal, ash, and stone cover effects on the postfire hydrologic and erosive response under laboratory conditions [J]. Land Degradation and Development, 29: 2102-2111.

Prosdocimi M, Tarolli P, Cerdà A, 2016. Mulching practices for reducing soil water erosion: A review [J]. Earth-Science Reviews, 161: 191-203.

Prosser I P, Rustomji P, 2000. Sediment transport capacity relations for overland flow [J]. Progress in Physical Geography, 24 (2): 175-193.

Qin C, Zheng F L, Wells R R, et al., 2018. A laboratory study of channel sidewall expansion in upland concentrated flows [J]. Soil and Tillage Research, 178: 22-31.

Qin C, Zheng F L, Xu X M, et al., 2018. A laboratory study on rill network development and morphological characteristics on loessial hillslope [J]. Journal of Soils and Sediments, 18: 1179-1690.

Quansah C, 1981. The effect of soil type, slope, rain intensity and their interactions on splash detachment and transport [J]. Journal of Soil Science, 32: 215-224.

Rapp I, 1998. Effects of soil properties and experimental conditions on the rill erodibilities of selected soils [D]. Pretoria: University of Pretoria, South Africa.

Reubens B, Poesen J, Danjon F, et al., 2007. The role of fine and coarse roots in shallow slope stability and soil erosion control with a focus on root system architecture: a review [J]. Trees. Structure and Function, 21 (4): 385-402.

Rieke-Zapp D, Poesen J, Nearing M A, 2007. Effects of rock fragments incorporated in the soil matrix on concentrated flow hydraulics and erosion [J]. Earth Surface Processes and Landforms, 32: 1063-1076.

Rienzi E A, Fox J F, Grove J H, et al., 2013. Interrill erosion in soils with different land uses: The kinetic energy wetting effect on temporal particle size distribution [J]. Catena, 107: 130-138.

Römkens M J M, Helming K, Prasad S N, 2002. Soil erosion under different rainfall intensities, surface roughness, and soil water regimes [J]. Catena, 46: 103-123.

Rose C W, Hogarth W L, Ghadiri H, et al., 2002. Overland flow to and through a segment of uniform resistance [J]. Journal of Hydrology, 255 (1): 134-150.

Rose C W, Yu B, Ghadiri H, et al., 2007. Dynamic erosion of soil in steady sheet flow [J]. Journal of Hydrology, 333: 449-458.

Scott H D, 2000. Soil physics: agricultural and environmental applications [J]. Soil Science, 166 (10): 717-718.

Scott M D, Huang L J, 1997. Rainfall, evaporation and runoff responses to hill slope aspect in the Shenchong Basin [J]. Catena, 29: 131-144.

Shen H O, Zheng F L, Wen L L, et al., 2016. Impacts of rainfall intensity and slope gradient on rill erosion processes at loessial hillslope [J]. Soil and Tillage Research, 155: 429-436.

Shen H O, Zheng F L, Wen L L, et al., 2015. An experimental study of rill erosion and morphology [J]. Geomorphology, 231: 193-201.

Shen H O, Zheng F L, Wen L L, et al., 2016. Impacts of rainfall intensity and slope gradient on rill erosion processes at loessial hillslope [J]. Soil and Tillage Research, 155: 429-436.

Shen N, Wang Z, Guo Q, et al., 2021. Soil detachment capacity by rill flow for five typical loess soils on the Loess Plateau of China [J]. Soil and Tillage Research, 213 (4): 105-159.

Sheng J A, Liao A Z, 1997. Erosion control in south China [J]. Catena, 29: 211-221.

Sheridan G J A C, So H B A, Loch R J B D, et al. A, 2000. Estimation of erosion model erodibility parameters from media properties [J]. Soil Research, 38 (2): 265-284.

Shi Z H, Fang N F, Wu F Z, et al., 2012. Soil erosion processes and sediment sorting associated with transport mechanisms on steep slopes [J]. Journal of Hydrology, 454 (3): 123-130.

Shi Z H, Yue B J, Wang L, et al., 2013. Effects of mulch cover rate on interrill erosion processes and the size selectivity of eroded sediment on steep slopes [J]. Soil Science Society of America Journal, 77: 257-267.

Sioh M, Woo M K, Lain K C, 1990. Soil nutrients in eroded granitic areas of South China

[J]. Physical Geography, 11 (3): 260-276.

Slattery M C, Bryan R B, 1992. Hydraulic conditions for rill incision under simulated rainfall: a laboratory experiment [J]. Earth Surface Processes and Landforms, 17: 127-146.

Smettem K R J, Clothier B E, 1989. Measuring unsaturated sorptivity and hydraulic conductivity using multiple discpermeameters [J]. European Journal of Soil Science, 40 (3): 563-568.

Stocking M A, Elwell H A, 1976. Rainfall erosivity over Rhodesia [J]. Transactions of the Institute of British Geographers, 1 (2): 231-245.

Su Z L, Zhang G H, Yi T, et al., 2014. Soil detachment capacity by overland flow for soils of the Beijing Regiont [J]. Soil Science, 179 (9): 446-453.

Sugiyama M, Tsuyoshi, Nakajima S, et al., 2010. Semi-supervised local fisher discriminant analysis for dimensionality reduction [J]. Machine Learning, 78 (1-2): 35.

Sun W, Shao Q, Liu J, et al., 2014. Assessing the effects of land use and topography on soil erosion on the loess plateau in China [J]. Catena, 121: 151-163.

Tao Y, He Y B, Duan X Q, et al., 2017. Preferential flows and soil moistures on aBenggang slope: determined by the water and temperature comonitoring [J]. Journal of Hydrology, 553: 678-690.

Vaezi A R, Ahmadi M, Ceıda A, 2017. Contribution of raindrop impact to the change of soil physical properties and water erosion under semi-arid rainfalls [J]. Science of the Total Environment, 583: 382-392.

Van Dijk A I J M, Bruijnzeel L A, Rosewell C J, 2002. Rainfall intensity-kinetic energy relationships: a critical literature appraisal [J]. Journal of Hydrology, 261: 1-23.

Vásquez-Méndez R, Ventura-Ramos E, Oleschko K, et al., 2010. Soil erosion and runoff in different vegetation patches from semiarid central mexico [J]. Catena, 80 (3): 162-169.

Vinci A, Brigante R, Todisco F, et al., 2015. Measuring rill erosion by laser scanning [J]. Catena, 124: 97-108.

Wang B, Zhang G H, Shi Y Y, et al., 2014. Soil detachment by overland flow under different vegetation restoration models in the Loess Plateau of China [J]. Catena, 116: 51-59.

Wang J G, Li Z X, Cai C F, et al., 2014. Particle size and shape variation of Ultisol aggregates affected by abrasion under different transport distances in overland flow [J]. Catena 123: 153-162.

Wang J G, Li Z X, Cai C F, et al., 2012. Predicting physical equations of soil detachment by simulated concentrated flow in Ultisols (subtropical China) [J]. Earth Surface Processes and Landforms, 37: 633-641.

Wang L J, Zhang G H, Zhu L J, et al., 2017. Biocrust wetting induced change in soil surface roughness as influenced bybiocrust type, coverage and wetting patterns [J]. Geoderma, 306: 1-9.

Wang L, Shi Z H, Wang J, et al., 2014. Rainfall kinetic energy controlling erosion processes and sediment sorting on steep hillslopes: a case study of clay loam soil from the Loess Plateau, China [J]. Journal of Hydrology, 512: 168-176.

Wang L, Shi Z H, 2015. Size Selectivity of Eroded Sediment Associated with Soil Texture on Steep Slopes [J]. Soil Science Society of America Journal, 79: 917-929.

Wang X Y, Li Z X, Cai C F, et al., 2012. Effects of rock fragment cover on hydrological response and soil loss from Regosols in a semi-humid environment in South-West China [J]. Geomorphology, 151-152: 234-242.

Wang Y, Cao L X, Fan J B, et al., 2017. Modelling soil detachment of different management practices in the red soil region of China [J]. Land Degradation and Development, 28 (5): 1496-1505.

Wang Z, Yang X, Liu J, et al., 2015. Sediment transport capacity and its response to hydraulic parameters in experimental rill flow on steep slope [J]. Food Weekly Focus, 70 (1): 36-44.

Warrington D N, Mamedov A I, Bhardwaj A K, et al., 2009. Primary particle size distribution of eroded material affected by degree of aggregate slaking and seal development [J]. European Journal of Soil Science, 60: 84-93.

Wei Y J, Wu X L, Cai C F, 2015. Splash erosion of clay-sand mixtures and its relationship with soil physical properties: the effects of particle size distribution on soil structure [J]. Catena, 135: 254-262.

Wei Y J, Liu Z, Wu X L, et al., 2021. Can Benggang be regarded as gully erosion? [J]. Catena, 207: 105648.

Wei Z Y, 2018. Effects of soil type and rainfall intensity on sheet erosion processes and sediment characteristics along the climatic gradient in central-south China [J]. Science of the Total Environment, 621: 54-66.

Weiler M, 2017. Macropores and preferential flow-A love-hate relationship [J]. Hydrological Processes, 31 (1): 15-19.

Wells R R, Momm H G, Rigby J R, et al., 2013. An empirical investigation of gully widening rates in upland concentrated flows [J]. Catena, 101: 114-121.

Wells R R, Bennett S J, Alonso C V, 2009. Effect of soil texture, tailwater height, and pore-water pressure on the morphodynamics of migrating headcuts in upland concentrated flows [J]. Earth Surface Processes and Landforms, 34: 1867-1877.

Wirtz S, Seeger M, Ries J B, 2012. Field experiments for understanding and quantification of rill erosion processes [J]. Catena, 91: 21-34.

Wirtz S, Seeger M, Zell A, et al., 2013. Applicability of different hydraulic parameters to describe soil detachment in eroding rills [J]. PLoS One, 8 (5): e64861.

Woo M K, Huang L J, Zhang S X, et al., 1997. Rainfall in Guangdong province, South China [J]. Catena, 29: 115-129.

Woo M K, Luk S H, 1990. Vegetation effects on soil and water losses on weathered granitic hillslopes, south China [J]. Physical Geography, 11 (1): 1-16.

Wu X L, Wei Y J, Wang J G, et al., 2017. Effects of soil physicochemical properties on aggregate stability along a weathering gradient [J]. Catena, 156: 205-215.

Wu X L, Wei Y J, Wang J, et al., 2018. Effects of soil type and rainfall intensity on sheet erosion processes and sediment characteristics along the climatic gradient in central-south China [J]. Science of the Total Environment, 621: 54-66.

Wu X L, Wei Y J, Wang J G, et al., 2017. Rusle erodibility of heavy textured soils as affected by soil type, erosional degradation and rainfall intensity: a field simulation [J]. Land Degradation & Development, 29: 408-421.

Xiao H, Liu G, Liu P L, et al., 2017. Sediment transport capacity of concentrated flows on steep loessial slope with erodible beds [J]. Scientific reports, 7 (1): 2350.

Xu J X, 1996. Benggang erosion: the influencing factors [J]. Catena, 27 (s3-4): 249-263.

Yisehak K, Belay D, Taye T, et al., 2013. Impact of soil erosion associated factors on available feed resources for free-ranging cattle at three altitude regions: measurements and perceptions [J]. Journal of Arid Environments, 98 (11): 70-78.

Yu B, 2003. A unified framework for water erosion and deposition equations [J]. Soil Science Society of America Journal, 67 (1): 251-257.

Zhang C, Xue S, Liu G B, et al., 2011. A comparison of soil qualities of different revegetation types in the Loess Plateau, China [J]. Plant and Soil, 347 (1-2): 163-178.

Zhang F B, Yang M Y, Li B B, et al., 2017. Effects of slope gradient on hydro-erosional processes on an aeolian sand-covered loess slope under simulated rainfall [J]. Journal of Hydrology, 553: 447-456.

Zhang G H, Liu Y M, Han Y F, et al., 2009. Sediment transport and soil detachment on steep slopes: I transport capacity estimation [J]. Soil Science Society of America Journal, 73 (4): 1291-1297.

Zhang G H, Shen R C, Luo R T, et al., 2010. Effects of sediment load on hydraulics of overland flow on steep slopes [J]. Earth Surface Processes and Landforms, 35 (15): 1811-1819.

Zhang P, Yao W Y, Tang H W, et al., 2017. Laboratory investigations of rill dynamics on soils of the Loess Plateau of China [J]. Geomorphology, 293: 201-210.

Zhang Q W, Lei T W, Zhao J, 2008. Estimation of the detachment rate in eroding rills in flume experiments using an REE tracing method [J]. Geoderma, 147 (1-2): 8-15.

Zhang Q W, Lei T W, Huang X J, 2016. Quantifying the sediment transport capacity in eroding tills using a REE tracing method [J]. Land Degradation & Development, 28 (2): 591-601.

Zhang Q, Dong Y Q, Li F, et al., 2014. Quantifying detachment rate of eroding rill or ephemeral gully for WEPP with flume experiments [J]. Journal of Hydrology, 519: 2012-2019.

Zhang X C, 2005. Validation of WEPP sediment feedback relationships using spatially distributed rill erosion data [J]. Soil Science Society of America Journal, 69: 1440-1447.

Zhang X C, 2018. Determining and modeling dominant processes of interrill soil erosion [J]. Water Resources Research, 55: 4-20.

Zhang Y H, Xu X L, Li Z W, et al., 2019. Effects of vegetation restoration on soil quality in degraded karst landscapes of southwest China [J]. Science of the Total Environment, 650: 2657-2665.

Zhong B, Peng S Q, Zhang H M, et al., 2013. Ecological economics for the restoration of collapsing gullies in Southern China [J]. Land Use Policy, 32: 119-124.

Ziadat F M, Taimeh A Y, 2013. Effects of rainfall intensity, slope, land use and antecedent moisture on soil erosion in arid environment [J]. Land Degradation and Development, 24 (6): 582-590.